譲渡された鉄道車両

旅する電車たちが大集結

渡部史絵

東京堂出版

はじめに

鉄道は、直接線路が繋がっていなくても、会社間の繋がりはとても深い。その象徴的なもののひとつが、譲渡車両の存在だ。車両の存在自体が、新旧の会社間を取り持ち、さらには懐かしさを求め、譲渡車に乗りにいく利用者をも取り持つ。そして、それは国内のみならず、海外にまで波及している。目には見えない線路が、そこには、繋がっているのだ。

譲渡車両は、旅客車のみならず、機関車や貨車、事業車まで広範囲に存在する。探求すればするほど奥深く、あまりに多岐に渡るので、本書では紙幅の都合もあるため、主要な電車達だけを紹介し、すべてを網羅してはおりません。

特に、JRから第三セクターに移管された車両は、以前と姿があまり変わらないため省いております。では、皆さま、第二の職場で働く彼らの姿を、「旅する電車」に乗ってじっくりとご堪能ください。

2015年1月

渡部史絵

譲渡された鉄道車両 ―― 目次

はじめに 1

第1列車 譲渡車両の歴史 ―― 9

1 1号機関車も旅をした …… 10
一人の記者が救った1号機関車

2 官営鉄道から民営鉄道へ …… 12
譲渡の歴史は明治時代から

3 車両の高性能化による譲渡 …… 14
ベストセラーとなった譲渡車両達

4 これからの譲渡車両 …… 16
観光資源や保存を前提とした移籍

第2列車 旅する電車の身支度 ―― 19

1 電車の移籍には改造が必要 …… 20
電動車と付随車をパズルのように組み合わせる

2 モーターや駆動方式、制御装置にも種類がある …… 22
スピードのコントロール方式もさまざま

3 線路の幅も一定ではない …… 24
靴を履き替えるように台車の交換も必要

4 電流も電圧も異なる …… 26
直流と交流の違いだけではない

第3列車 JRから民鉄へ、民鉄からJRへ ―― 29

1 東日本旅客鉄道 253系 …… 30
海外旅行者の夢を運んだ特急車両

長野電鉄 2100系 …… 32
空港特急から温泉特急への転身

2 東日本旅客鉄道 165系 …… 33
国鉄が製造した直流急行形電車の代表

富士急行 2000系 …… 35
アルプスから富士山へ移った山男

3 東日本旅客鉄道 205系 …… 36
国鉄末期に誕生した通勤電車

富士急行 6000系・6500系 …… 38
通勤電車から観光路線へイメージチェンジ

4 東日本旅客鉄道 417系 …… 40
地方都市圏の通勤輸送を支えた国鉄電車

阿武隈急行 A417系 …… 41
生まれと同じ東北地方に再就職した電車

5 東海旅客鉄道 119系 …… 42
飯田線の新性能化に貢献した電車

えちぜん鉄道 7001形 …… 44
えちぜん鉄道初のVVVF電車
6 東京臨海高速鉄道 70-000形 …… 45
東京臨海部から埼玉まで駆け抜ける電車
東日本旅客鉄道 209系3100番台 …… 47
JR東日本に仲間入りした私鉄車両

第4列車 大手私鉄から地方私鉄へ（東日本編） — 49

1 小田急電鉄 10000形 …… 50
小田急ロマンスカーの顔として君臨
長野電鉄 1000系 …… 52
温泉エクスプレス
2 小田急電鉄 20000形「あさぎり」…… 54
小田急初の2階建て車両
富士急行 8000系 …… 56
2代目フジサン特急
3 東京急行電鉄 5000系「青がえる」…… 58
独特の愛嬌のある姿が印象的
熊本電気鉄道 5000形 …… 60
火の国を走る「青がえる」
4 東京急行電鉄 6000系 …… 62
セミステンレス車体を採用
弘南鉄道大鰐線 6000系 …… 64
今もなお新車の様な輝きを放つ
5 東京急行電鉄 7000系（初代）…… 66
日本初のオールステンレスカー
弘南鉄道 7000系 …… 68
雪国で頑張るステンレスカー
福島交通 7000系 …… 70
先頭車はすべて改造顔
水間鉄道 1000形 …… 72
帯色の異なる電車達
北陸鉄道 7000系 …… 73
ザ・ミックス電車
6 東京急行電鉄 7200系 …… 74
ダイヤモンドカットと呼ばれた電車
豊橋鉄道 1800系 …… 76
花の名のつくカラフルトレイン
上田電鉄 7200系 …… 78
丸窓電車を引き継いだ「まるまどりーむ号」
7 東京急行電鉄 8000系 …… 80
東急のスタンダード
伊豆急行 8000系 …… 82
都会からリゾートへ
8 東京急行電鉄 8500系 …… 84
東急の花形電車
長野電鉄 8500系 …… 86
長電初のワンハンドルマスコン車

9
東京急行電鉄 8090系 …… 88
軽量オールステンレス車両
秩父鉄道 7500系・7800系 …… 90
オリジナルの顔を持つ電車
富山地方鉄道 17480形 …… 91
富山地鉄初のオールステンレスカー
10
東京急行電鉄 1000系 …… 92
譲渡車両としては新しい電車
上田電鉄 1000系 …… 94
上田電鉄の車両近代化に貢献
伊賀鉄道 200系 …… 95
伊賀の派手な忍者列車
11
京王電鉄 3000系 …… 96
井の頭線に新風を起こした京王3000系
岳南電車 7000形・8000形 …… 98
秀麗富士の裾野を走る赤富士電車
上毛電気鉄道 700形 …… 100
上州の8人兄弟
北陸鉄道 7700系・8000系 …… 102
雪国に映えるオレンジ電車
アルピコ交通 3000形 …… 104
信州のダイナミックストライプ
伊予鉄道 3000系 …… 106
二度新型車となった電車
12
京王電鉄 2010系 …… 108
京王車両の礎を築いた2010系
銚子電気鉄道 2000形 …… 110
二度の転勤、都市から四国、関東を旅した電車
13
京王電鉄 5000系 …… 112
京王のプリンセス
富士急行 1000形・1200形 …… 114
バラエティ豊かなカラーリング
一畑電車 2100系・5000系 …… 116
首都圏から移ったRAILWAYS
高松琴平電気鉄道 1100形 …… 118
讃岐平野の王者
伊予鉄道 700系 …… 120
鉄道珍百景を拝める電車
14
京浜急行電鉄 600形（旧700形） …… 122
京急往年の電車
高松琴平電気鉄道 1070形 …… 124
琴電のスプリンター
15
京浜急行電鉄 700形（2代目） …… 126
赤い稲妻の名車
高松琴平電気鉄道 1200形 …… 128
金刀比羅宮や長尾寺参りに欠かせない電車
16
京浜急行電鉄 1000形 …… 130
近代京急の基礎となった赤い電車

高松琴平電気鉄道　1080形・1300形……132
港町を走る元・ミスター京急

17
西武鉄道　401系（旧411系）……134
初期型高性能電車

上信電鉄　150形（クモハ151、152）……136
新標準塗装で走る古参車両

三岐鉄道　101系……137
西武時代を色濃く残すベテラン車両

近江鉄道　700系……138
「あかね号」に変身

近江鉄道　800系・820系820番台……139
近江鉄道の大家族

18
西武鉄道　701系・801系……140
西武のネコ顔電車

上信電鉄　150形
（クモハ153、154）（クモハ155、156）……142
上信を走るラッピング電車

三岐鉄道　801系・851系……144
台車の違いにより異形式に区別された電車

19
西武鉄道　101系・新101系・301系……146
西武のベストセラー車両

秩父鉄道　6000系……148
急行型に出世した電車

流鉄流山線　5000形……149
流鉄ゴレンジャー

伊豆箱根鉄道　1300系……150
美しい風景に映えるスタイリッシュなカラー

三岐鉄道　751系……151
セメントロードを行く最新型

20
西武鉄道　5000系「レッドアロー」……152
正丸峠を越えて秩父へ走る

富山地方鉄道　16010形……154
観光列車、アルプスエキスプレスに変身

21
東京都交通局　6000形……156
都営地下鉄初の大形車

秩父鉄道　5000系……158
完全冷房化を達成させた電車

熊本電気鉄道　6000形……160
世界初!?　イーエフウィング台車を履いて走行中

22
帝都高速度交通営団（現・東京地下鉄）　2000形……162
東京地下鉄の一時代を築いた名車

銚子電気鉄道1000形……163
リバイバル塗装が大人気

23
帝都高速度交通営団　3000系……164
高度成長期の地下を走ったマッコウクジラ

長野電鉄　3500・3600系……166
走り続ける技術の伝承

第5列車　大手私鉄から地方私鉄へ（西日本編）— 167

1 名古屋市営地下鉄 250形 …… 168
中間車から先頭車へ

2 名古屋市営地下鉄 300形 …… 169
最後まで走り抜けた黄電

3 名古屋市交通局 1000形 …… 170
アルゼンチンにも渡った名城線車両

福井鉄道 600形・610形 …… 171
地下から路面へ

高松琴平電気鉄道 600形、700形 …… 172
動く電車の博物館で活躍する電車たち

4 愛知環状鉄道 100系 …… 174
オールラウンドプレイヤー

えちぜん鉄道 MC6001・MC6101形 …… 175
小回りのきく電車たち

5 阪急電鉄 2000系・2100系 …… 176
軽量車体構造の電車

能瀬電鉄 1500系 …… 177
復刻イベント電車

6 阪急電鉄 3100系 …… 178
宝塚本線専用

能勢電鉄 3100系 …… 179
能勢顔になった元・阪急電車

7 阪神電気鉄道 5101形 …… 180
ジェットカーの量産型となった車両

8 阪神電気鉄道 3301形 …… 181
初代・赤胴車

えちぜん鉄道 MC1101形 …… 182
えちぜんを走るジェットカー

えちぜん鉄道 MC2201形 …… 183
えちぜんを走る赤胴車

9 京阪電気鉄道 3000形「テレビカー」 …… 184
唯一無二のユニークな車両

富山地方鉄道 10030形 …… 186
ダブルデッカーエクスプレス

10 近畿日本鉄道 16000系 …… 188
なにわのスマート特急

大井川鐵道 16000系 …… 189
秘境を行く、元・近鉄特急

11 南海電気鉄道 21000系（21001系） …… 190
急勾配に果敢に挑戦したズームカー

大井川鐵道 21000系 …… 192
秘境を登るズームカー

一畑電車 3000系 …… 193
宍道湖のほとりを走るズームカー

12 南海電気鉄道 22000系（22001系） …… 194
通勤ズームカーと呼ばれ幅広く活躍

和歌山電鐵　２２７０系……195
大人気のユニークな電車たち
熊本電気鉄道　２００形……196
くまでんカラー唯一の現存車

第６列車　譲渡車両あれこれ――197

１　蒸気機関車の移籍……198
今もなお漆黒に輝くＳＬたち
２　ディーゼル機関車の移籍……199
名脇役として存在感を放つ車両たち
３　電気機関車の移籍……200
由緒ある栄光の機関車たち
４　気動車の移籍……202
非電化路線の立役者たち
５　客車・貨車の移籍……203
消えゆく思い出の車両たち
６　路面電車の移籍……204
街の足から街の足へ
７　電車から客車に変身……206
姿・形が変わっても、走り続ける車両たち
８　海外から、海外への譲渡……207
遠い異国の地で、第二の人生を送る車両たち
９　地方から地方へ……208
親しみやすく懐かしい顔ぶれたち

付　録　譲渡車両一覧――209

参考文献　250
おわりに　253

＊本文写真
結解　学
渡部史絵

第1列車　譲渡車両の歴史

東急の3000系一族は多くの仲間が地方に旅立った。現役時代のデハ3650形
蒲田　1973年(昭和48)２月

1号機関車も旅をした

一人の記者が救った1号機関車

「汽笛一声新橋を～」1872年（明治5）、新橋駅－横浜駅間に日本初の鉄道が開通した。その際、イギリスから5形式10両の蒸気機関車が輸入されたが、日本に到着した順に1からの番号が付けられた。そのため、たまたま一番に到着した機関車に、栄誉ある「1」の番号が与えられた。

ただし、当時の鉄道を管轄していた所轄官庁の民部省鉄道掛では、5形式の機関車に対して、クラスA～Eの称号で呼んでおり、「1」の番号が与えられた機関車はクラスE形と言われ、番号は1でもクラスは最後のEだった。

さて、この1号機関車は、1871年（明治4）に、イギリスのバルカン・ファウンドリー社で製造された動輪が2軸の1B形タンク機関車で、1形式1両のみの輸入だった。

1897年（明治30）に鉄道作業局が創設されるとA1形に形式が変更され、1909年（明治42）に、鉄道院が形式の整理を行った際には150形に変更された。

輸入当社は、開通したばかりの新橋駅－横浜駅間で使用されたが、東海道本線が延伸するに従い、長距離輸送に不向きなことから、次第に構内の入換作業に従事するようになり、1911年（明治44）の九州の島原鉄道開業に際して譲渡され、同社の1号機関車として活躍することとなった。

鉄道の歴史上貴重な機関車だったが、その当時は保存という考えよりも、地方鉄道での再活用が優先され、鉄道開業時に輸入された他の機関車の一部も、この島

大宮の鉄道博物館に安住の地を経た１号機関車は、一人の新聞記者により運命が変わった

原鉄道に譲渡されている。

ところが、昭和の初め頃に東京日日新聞（現在の毎日新聞）の鉄道省詰め記者だった青木槐三（あおきかいぞう）が、由緒ある1号機関車が島原鉄道に居ることを知り、返還運動を起こした。そのかいあって1930年（昭和5）に600形機関車656号と交換する形で、1号機関車は鉄道省に戻された。返還後は、しばらく大宮工場で保存と復元が行われ、1936年（昭和11）に開館した、東京・秋葉原（当時）の交通博物館で展示保存が開始された。

交通博物館の閉館後は大宮の鉄道博物館に移され、1958年（昭和33）に第1回の鉄道記念物、1997年（平成9）には重要文化財としての指定も受けている。

1号機関車は、一人の記者により見出され、安住の地を得たが、この返還の際、島原鉄道創業者でもある植木元太郎社長が、創業に尽力したこの機関車に対して「惜別感無量」の直筆プレートを装着した。現在もこのプレートは残されている。

2

官営鉄道から民営鉄道へ

譲渡の歴史は明治時代から

明治時代、日本の鉄道は政府により建設、運営が基本とされていたが、西南戦争が勃発すると国費の窮乏などで、鉄道建設は中断を余儀なくされてしまった。そこで、民間の資本による鉄道建設を容認する形で、新たな路線の開通を行うこととなった。現在の東北本線や高崎線などは、民間の日本鉄道により敷設された路線であった。

１８８７年（明治20）に、私設鉄道条例が施行され、公に民間による鉄道営業が認められ、地方にも民間の鉄道が多く敷設されるようになった。1号機関車が旅をした九州の島原鉄道も、１９１１年（明治44）に開業した民鉄だった。ただ、地方の民鉄は、潤沢といえるほどの資金があるわけではなく、多くの鉄道は鉄道院からの中古車両の払い下げを受けて営業を行った。譲渡車両の歴史は明治から始まったわけである。

ところで、日本最初の鉄道が開通した際にイギリスから輸入した機関車のうち、1号機関車のほかに鉄道院時代に１６０形となった2～5号の4両もこの島原鉄道に在籍した。この１６０形は3年後の１８７４年（明治7）に2両が増備され、引退後に中部地方の尾西鉄道（現・名鉄尾西線の前身）へ譲渡された。戦火を逃れ１９５７年（昭和32）まで奇跡的に生き残り、１９６５年（昭和40）から愛知県犬山市の博物館明治村で保存された。さらに１９７２年（昭和47）には、動態保存され園内で運行を開始したが、１００年以上前の蒸気機関車が今でも煙を吐いて走る姿が見られるのも、尾西鉄道への譲渡があり、昭和30年代まで生き残ったからだ。

蒸気機関車のみならず、電気機関車にも、移籍で近

東海道本線東京－国府津間電化用にアメリカから輸入されたＥＤ11形は、現在西武鉄道の横瀬車両基地に保存されている

年まで使用され、その価値が認められ保存された車両も多い。

現在、西武鉄道の横瀬車両基地に保存されているE61形は、鉄道省が1923年（大正12）に、東海道本線の東京－国府津間電化用にアメリカのゼネラル・エレクトリック社より輸入した1010形（後にED11形）電気機関車で、輸入された2両のうちトップナンバーの1両が、1960年（昭和35）に廃車され西武鉄道へと移った。

西武鉄道では、貨物列車の牽引に1980年代まで使用され、その後保存という安住の地を得ている。西武鉄道に移らなければ、廃車と同時に解体されていたかもしれない。

これ以外にも、当時の官営鉄道から民鉄への転身により、昭和まで生き残った車両達が保存されている例は多い。地方鉄道建設ブームは、譲渡車両の運命も変えてくれたのだ。

3 車両の高性能化による譲渡

ベストセラーとなった譲渡車両達

１９５０年代に入ると、国鉄や大手私鉄では、新しい技術による高性能電車を続々と誕生させた。それまでの加速やスピードも大きく異なるため、新車が登場すると、古い車両は廃車となっていった。

しかし、それは大都市の鉄道の話で、地方の鉄道には、大手私鉄で廃車になる車両よりもさらに古い車両が現役として活躍していた。そのような鉄道では、新車を増備するほど予算があるわけではない。そこで、大都市でいらなくなった車両を譲渡してもらい、車両の更新を行うこととなった。

１９６０年代から大量の車両が地方へと渡った例としては、東急３０００系一族が有名で、上田丸子電鉄（現・上田交通）、近江鉄道、熊本電気鉄道、加悦鉄道（現在は廃止）、日立製作所、豊橋鉄道、十和田観光電鉄（現在は廃止）、名古屋鉄道、弘南鉄道、京福電気鉄道（現・えちぜん鉄道）、福島交通などの11社に譲渡され、地方鉄道の車両更新に貢献した。

中には、名古屋鉄道への譲渡もあり、戦後の混乱期を除くと、大手私鉄から大手私鉄への転属はまれなケースと言える。本形式が名古屋鉄道へ渡ったのは、１９７３年（昭和48）に起きた第1次オイルショックが起因で、自動車から鉄道へ移った乗客をさばくため、当時クロスシート志向の同鉄道にとって急遽ロングシート車の導入が必要だったためだ。３７００系は１９７５年（昭和50）と１９８０年（昭和55）の2回に合計21両が名古屋の地に移り、１９８６年（昭和61）まで働いた。

東京急行電鉄は、その後も車両の譲渡には積極的で、

東急の3000形グループは、全国の私鉄に譲渡された。十和田観光電鉄のデハ3603は東急時代の塗装に戻されたが、残念ながら路線が廃止になった

5000系（初代）、5200系、6000系（初代）、7000系、7200系、7700系、8000系、8090系、8500系、10000系と、ほとんどの形式が地方の鉄道で足跡を残している。

また、1980年代からは、モーターの回転をコントロールする制御方式が、これまで長く続いた抵抗制御方式から、界磁チョッパ制御や界磁添加励磁方式、さらにはVVVFインバーター方式などに進化し、ブレーキ方式や台車なども次々と新しい技術が取り入れられるようになった。

そのため、大手の鉄道事業者では、予備部品の確保やメンテナンスの効率化のため、新しい方式の車両へと取り替えが進み、まだまだ使える車両達が地方へと転勤していった。

4 これからの譲渡車両

観光資源や保存を前提とした移籍

2000年代になってからは、車両の譲渡にも変化が見られるようになり、これまでの地方鉄道の車両更新にとどまらず、古い車両を呼び戻して、動態保存や観光列車などに活用するケースも見られるようになった。

2010年（平成22）に、いすみ鉄道が西日本旅客鉄道（以下、JR西日本）から譲渡を受けたキハ52は、当鉄道の観光列車として、オリジナルスタイルのまま運行が行われた。すでにこの鉄道にしか現存しない車両でもあり、鉄道ファンはもとより、一般の観光客も、青春時代の思い出やノスタルジックな光景を求めて大いに人気を博した。いすみ鉄道では、さらにキハ28をJR西日本から受け入れ、当線区の看板列車として運行を続けている。

また、JRや大手私鉄で名を馳せた特急車両などは、設備や車両技術面でも優れていることもあり譲渡車両としての人気も高い。小田急電鉄のロマンスカー10000系や東日本旅客鉄道（以下、JR東日本）の成田エクスプレス253系が長野電鉄へ、同じく小田急電鉄の20000系が富士急行で特急として使用されている例や、西武鉄道のレッドアロー5000系が富山地方鉄道でやはり特急として活躍をしている。この富山地方鉄道では、2015年（平成27）春の北陸新幹線の開業後、観光列車の目玉として、京阪電鉄3000系のダブルデッカー車も投入した。

このほか、大井川鐵道では、通勤や通学などの普通列車に使用する目的で、近畿日本鉄道の特急車16000系を購入して運行をしている。車内の座席などは

いすみ鉄道では、ＪＲ西日本からキハ52とキハ28を譲り受け、観光列車の目玉として運転が行われている

そのままの仕様のため、豪華な普通列車として話題を呼んでいる。

さらに、ＪＲ各社や大井川鐵道、真岡鐵道、秩父鉄道などでは、観光客の誘致対策として蒸気機関車を運行しているが、現役の蒸気機関車がすでに引退しているため、公園等に保存されていた機関車を復活して走らせた。国鉄で最後の勤めを終え、公園で子供達と余生を送っていた機関車に、再び第一線での活躍が命じられ復活した姿は、どこか人間の一生に近いものが感じられる。

本来の目的だった、地方鉄道への譲渡も今までどおり行われているが、東京急行電鉄の１０００系のように、同鉄道の１０００系以前の車両を置き換えるために使用せず、地方鉄道へ転属させている。これは、自動車の中古車と同じで、譲渡車両があまりにも古いと、数年で寿命が来てしまい、転入先からは敬遠されてしまうからだ。

譲渡車両の旅も、時代によって変わってきているのは事実だ。

第2列車　旅する電車の身支度

伊賀鉄道に譲渡された東急1000形が、大型トレーラーで輸送された。国道1号線で休息する車両は、まさに旅の道中だ

1 電車の移籍には改造が必要

電動車と付随車をパズルのように組み合わせる

大都市で働いていた電車が第二の職場を求めて、地方へと旅立つ。まるで人間の転勤のようだが、人と違って地方に行くには改造が必要となる。

電車は、架線からの電気でモーターを回転させて走る仕組みだが、ただ電気を流しては、速度の調整ができないため、制御装置を使って電圧を変化させる。自動車のアクセルにあたる主幹制御器（ノッチともよぶ）を操作すると、床下にある制御装置が変化した電圧をモーターに送り、回転を変えるのだ。

制御方式にはいろいろな種類があるので後で述べるが、大都市で働く電車は編成が長いため、全部の車両にモーターと制御装置を搭載してはコストがかかってしまう。そこで、モーターのない車両も連結して長い編成の電車を運行している。

モーターのある車両を電動車（M車）、モーターのない車両を付随車（T車）と呼び、このMT比で加速性能などが変化してくる。一般にM車の数が多ければ加速性能は良いが、コストはかかってしまう。また、乗り心地も付随車のほうが騒音や振動が少ないと言われており、使用する路線や用途によってMT比が決まってくる。

さらに、編成の長い電車では、すべての電動車に同じ機器を搭載すると、やはりコストがかかる。そこで2両の電動車に機器を分散し、一つの制御装置で2両分のモーターをコントロールする方式が用いられている。これをMM'方式と呼び、2両をユニットとして使用するため、切り離して1両で運転することができない。

武蔵野線を走る205系は、４Ｍ４Ｔの８両編成。最短の編成を組んでも４両編成なので、地方に行くには改造が必要となる

運転台のある制御付随車が2両、ＭＭ'ユニットの電動車を挟むと4両の編成が出来上がる。編成を長くするには、運転台のない付随車や電動車ユニットを足していけばよいわけだ。

さて、このような電車が地方に転勤するとなると、最短でも4両編成となる。しかし、地方の鉄道は輸送量の関係もあり、もっと短い編成を望むだろう。そこで、ＭＭ'方式の電動車を１Ｍでも動けるように機器の集約や、運転台のある付随車両を運転台付きの電動車に改造しなくてはならない。

電車の転勤には、大掛かりな身支度が必要で、すぐには働けないわけだ。

2

モーターや駆動方式、制御装置にも種類がある

スピードのコントロール方式もさまざま

電車のモーターには、大きく分けると直流モーターと交流モーターの2種類がある。これまで多くの電車は直流直巻モーターが使用されてきたが、メンテナンスの問題などで、現在は三相交流誘導モーターが主流になっている。

モーターの原理を簡単に述べると、直流直巻モーターはN極とS極の磁石に電流を流し電磁力を発生させ、コイルを回転させる。三相交流誘導モーターは、筒状の固定子の中に、回転子が収納されている。固定子には磁石の役割をする固定子コイルが接地されていて、電流を流すと磁界が発生し、電磁誘導によって回転子が回転するわけだ。その形状から、かご形回転子とも呼ばれ、よくモーター（主電動機ともよぶ。本書では各車両解説には主電動機の用語を用いる）の解説などに「かご形三相誘導電動機」の文字を見ることがあるだろう。

さて、今度はモーターの回転力を車輪に伝えるのだが、これを駆動装置と呼び、これにもいろいろな方式がある。まず大きく分けると、モーターを台車枠で支える台車装架式と車軸台車枠で支える直接装架式に分別される。

直接装架式は、よく言われる吊り掛け式モーターのことで、モーターの回転軸と車軸に付けられた歯車とを直接結ぶ。回転軸の力は小歯車を介して車軸の大歯車に伝わり、車軸が回転する仕組みとなっている。

単純な構造だが、直接モーターと歯車が繋がっているため、振動がモーターに伝わりやすい。さらに歯車とのかみ合わせにより、大きな音が発せられる。よく、古い電車に乗ると「グ～、ウィ～ン」と唸る

ような音が聞こえてくるが、これが吊り掛け式駆動装置の音なのだ。

台車装架式は、モーターの回転軸を角度が自由に変えられる自在継手によって車軸に回転力を与える方式だ。この方式を、カルダン式と呼んでいる。カルダンとは、自在継手を発明した数学者カルダーノの名前から付けられている。

カルダン式には、台車と平行に取り付ける平行カルダン式と直角に取り付ける直角カルダン式とがある。共に自在継手を介して動力の伝達が行われるが、現在は継手の方式の違いにより中空軸平行カルダン式や中実軸平行カルダン式（可とう継手式）なども用いられている。

制御装置は、電車のスピードをコントロールする装置で、１９７５年（昭和50）頃までは、「抵抗制御」方式が一般的だった。抵抗制御とは、電気回路に複数の抵抗器を設けて、抵抗を通る電流の容量で電圧をコントロールする仕組みだ。よく電車の床下に細長い箱型の機器が見られるが、これが抵抗器で、古い電車だとまるで菓子箱のように四角い物体が並ぶ機器を見たことがあるだろう。

制御装置は、その後、サイリスタによって制御する「チョッパ制御」や、電動発電機で電流を流して界磁電流を制御する「界磁添加励磁制御」、サイリスタをブリッジ状に配置した「位相制御」などが登場した。

現在は、電圧と周波数を自在に変化させる「ＶＶＶＦインバーター制御」が主流となっている。詳しい解説は省くが、加速度の面でも、コストの面でも優れているため、抵抗制御やチョッパ制御から改造する車両も見られる。

このように、電車の機器にもいろいろな方式が見られるわけで、譲渡先の電車に合わせた方式に変えて転勤する場合もある。やはりすぐには働けないわけだ。

台車から取り外されたモーター（主電動機）。出力などにより形式も異なっている

3

線路の幅も一定ではない

靴を履き替えるように台車の交換も必要

日本の鉄道は1872年（明治5）の鉄道開業時に、イギリス人技師から「狭い国土だから、建設費も安く済む狭い軌間（ゲージ）が有利」と助言を受け、1067ミリの軌間になったと言われている。以来、国鉄の在来線はこのゲージで線路が延伸され、多くの私鉄も、このゲージを使用してきた。

線路幅は、広いほうが車両の安定性がよく、高速での運転に向いており、一部の私鉄では、当初から世界の標準とされる1435ミリを敷設していた。1964年（昭和39）に開業した東海道新幹線から、国鉄も標準軌と呼ばれる1435ミリを採用している。

また、もともと馬車鉄道として開業したが、そのまま路面電車に変更したため、1372ミリという特殊なゲージとなり、現在も受け継がれている例もある。

表2-3を見ると、意外とさまざまな線路幅が存在することがわかる。

さて、このようにゲージが異なれば車両の幅も異なり、電車の移籍も簡単にはいかないことがわかるだろう。京王線を走っていた5000系が各地に譲渡されたが、譲渡先に線路幅が同じ鉄道は一つもない。車体の幅などをクリアーしても、ゲージが異なれば走れないわけだ。そこで、譲渡する際に移籍先の鉄道に合わせた台車と交換することになる。そのため、富士急に移った5000系は、営団地下鉄3000系で廃車となった台車を履いている。車体と台車が別々の鉄道からやってくるケースは意外に多く、今まで一度も出会ったことがない車両同士が、地方で一つの車両に変身する姿は、譲渡車両ならではないだろうか。

表2-3　日本の線路幅一覧

線路幅	現在使用している鉄道路線
1435mm	新幹線　新幹線が直通する在来線区間　京成電鉄　新京成電鉄　北総鉄道　芝山鉄道　京急電鉄　都営地下鉄・浅草線・大江戸線　メトロ銀座線・丸ノ内線　横浜市営地下鉄　箱根登山鉄道（小田原－入生田間を除く区間）名古屋市営地下鉄東山線・名城線・名港線　京都市営地下鉄　京福電気鉄道　叡山電鉄　大阪市営地下鉄　阪急電鉄　阪神電気鉄道　山陽電気鉄道　京阪電気鉄道　近畿日本鉄道（南大阪線・吉野線・道明寺線・長野線・御所線を除く路線）能勢電鉄　阪堺電気軌道　北大阪急行電鉄　北神急行電鉄　神戸市営地下鉄　高松琴平電気鉄道　広島電鉄　筑豊電気鉄道　西日本鉄道（貝塚線を除く路線）　福岡市営地下鉄七隈線　長崎電気軌道　熊本市電　鹿児島市電
1372mm	京王線（井の頭線を除く路線）　都営地下鉄新宿線　都電荒川線　東急世田谷線　函館市電
1067mm	上記と下記以外のＪＲ線・私鉄路線・地下鉄線・路面電車
762mm	近鉄内部・八王子線　三岐鉄道北勢線　黒部渓谷鉄道

ゴムタイヤ方式の地下鉄、索道、新交通、モノレール、工事用や森林軌道などを除く

三重県の桑名には、三つの線路幅が並ぶ場所がある。右が762ミリの三岐鉄道北勢線、中央が1067ミリのＪＲ関西本線、左が1435ミリの近鉄名古屋線

電流も電圧も異なる

直流と交流の違いだけではない

電気には、直流と交流の2種類があることはご存じだろう。また、交流は東日本と西日本とは周波数が異なることも承知のことだろう。

そのため、直流区間と交流区間を直通する電車は、交直両用の電車でないと走れないわけで、さらに交流の周波数が異なれば、3電源方式の電車にしなくてはならない。

例えば、大阪から青森まで日本海縦貫線を走る場合、大阪から敦賀まで直流、敦賀から糸魚川までが交流60ヘルツ、糸魚川から村上までが直流、村上から青森までが交流50ヘルツで、ここをかつて直通した特急「白鳥」は3電源を走れる485系が使用されていた。

さて、その直流と交流は、周波数以外にも電圧が異なる。JR各線の直流は1500ボルト、交流は20000ボルト、新幹線は交流25000ボルトとなっている。大手私鉄はこれと同じく直流1500ボルトが標準となっているが、地方の鉄道は、直流600ボルトや750ボルトを使用している事業者も多い。

表2－4は、各電流・電圧方式で、第三軌条方式の地下鉄は電圧の低い600ボルトや750ボルトを使用しているのがわかる。在来線に直通する新幹線の「こまち」や「つばさ」も、在来線区間では電圧が20000ボルトに変わるし、長野新幹線も軽井沢駅－佐久平駅間で周波数が変化する。

このように、路線によっては電流も電圧も異なるため、転勤にあたっては、その路線にあった電圧方式に改造しなくてはならない。

同じ直流電車でも、電圧が異なればすぐには走れな

表2-4　日本の鉄道の電流と電圧

電　流	電　圧	使用区間
交　流	25000V50Hz	東北・上越新幹線　北陸新幹線（高崎－軽井沢間）
交　流	25000V60Hz	東海道・山陽・九州新幹線・北陸新幹線（軽井沢以遠）
交　流	20000V50Hz	ＪＲ北海道の電化路線　ＪＲ東日本在来線の常磐線藤代、東北本線黒磯、羽越本線村上以遠と水戸線の電化区間（仙石線を除く）　青い森鉄道　IGR銀河鉄道　つくばエクスプレス（守谷－つくば）　阿武隈急行　仙台空港線　など
交　流	20000V60Hz	北陸本線敦賀－糸魚川間　九州のＪＲ電化路線（筑肥線を除く）　肥薩おれんじ鉄道（旅客営業は非電化）　など
直　流	1500V	表記以外の直流電化路線　など
直　流	750V	横浜市営地下鉄ブルーライン　箱根登山鉄道（箱根湯本～強羅）　遠州鉄道　近鉄内部・八王子線　三岐鉄道北勢線　大阪市営地下鉄の第三軌条区間　近鉄けいはんな線　北大阪急行電鉄　伊予鉄道横河原線・郡中線　など
直　流	600V	メトロ銀座線・丸ノ内線　東急世田谷線　江ノ島電鉄　銚子電気鉄道　静岡鉄道　名古屋市営地下鉄東山線・名城線・名港線　北陸鉄道石川線　えちぜん鉄道　福井鉄道　叡山電鉄　伊予鉄道高浜線　筑豊電気鉄道　表記以外の路面電車　など

ゴムタイヤ方式の地下鉄、索道、新交通、モノレールなどは除く

いわけだ。

このほか、ＡＴＳなどの保安装置も各事業者で異なるため、これも改造が必要で、使用路線によっては、座席の交換などもある。

また、地方の路線ではワンマン運転が主流となっており、ワンマン機器の搭載も行わなくてはならない。大都市で働いていた電車は、運転台と客室の間が仕切られており、壁と扉で遮られている。これでは、ワンマン運転で運転士が料金を収受できないので、扉の撤去や場合によっては仕切り壁の一部をカットする工事も必要となってくる。

このように転勤する電車は、大がかりな身支度が必要となるのだ。

交流と直流が切り替わる地点には、切替の表示が見られる　羽越本線村上－真島

第3列車　ＪＲから民鉄へ、民鉄からＪＲへ

国鉄時代に登場した「パノラマ・エクスプレス・アルプス」も、富士急へ譲渡された　中央本線上諏訪　1987年（昭和62）

東日本旅客鉄道　253系

海外旅行者の夢を運んだ特急車両

1991年（平成3）に、それまでの成田空港駅（現・東成田駅）に代わり、新たにに成田空港高速鉄道が、成田空港駅を開業させた。空港の直下に位置する新しい駅の開設に伴い、JR東日本は、首都圏からの直行アクセス列車として、新型車両の253系「成田エクスプレス」の運転を開始した。

車両のデザインは、正面中央部に非常用の貫通扉を設置し、全体に丸みを持たせた車体で、外観には航空機をあしらった「N'EX」のロゴが大きく描かれている。

車内面では、網棚を廃し、航空機をイメージさせる蓋付きの荷棚としたほか、シート表皮のカラーリング、普通車は当時珍しかった片持ち支持のシートなど、多くの新しい試みが取り入れられた。グリーン車は、前方に4人用の個室が設けられたほか、1人掛けのシートを2列に配置したクロ253-0番台と、1人掛けと2人掛けシートを千鳥状に配置した100番台とが用意された。その反面、普通車は急行のようなボックスシートの配列のため、いくら短距離とはいえ特急としては不評を買っていた。また、253系は、国際空港利用客向けに特化した車両だったので、当初は需給を勘案して3両編成での登場だった。しかし、運行が始まると、利用率は案外好成績で、その後の増備車は6両編成で登場している。さらに、中間車3両を新造し、一部の3両編成を6両編成に組み直し、3、6、9、12両の編成を組成できるようにしたため、需給に対して柔軟な対応が可能となった。ただし、編成間での移動は基本的にはできない。これは、貫通路が確保

海外旅行者の夢を運んだ初代「成田エクスプレス」253系も、６両が長野電鉄に移り、観光客の輸送にあたっている

されているものの、あくまでも非常時や業務用のものであり、一般旅客の通り抜けはできないからだ。増備車となる２００番台からは、座席の配置が変更され、グリーン車は２＋１の配列に、普通車は、不評だったボックスシートが、回転式のクロスシートに改められた。また、航空機風の荷棚も、一般的な蓋のない荷棚に改良され、少しずつではあるが、空港利用客に特化した車両としての熟成度を増してきている。これに伴い、在来車の座席の改良が行われたが、普通車はボックスシートから、集団見合い式のクロスシートに変更された。

２５３系は、活躍の場を、後継のＥ２５９系に託して、２０１０年（平成22）に引退した後は、最終増備車（６両編成×２本）だけは、制御器やボデー内外のリニューアルを経て、２５３系１０００番台に生まれ変わり、特急「日光」（新宿駅－東武日光駅）、「きぬがわ」（新宿駅－鬼怒川温泉駅）の専用車両として、国際的な観光地への送迎に特化した列車に変身を遂げた。

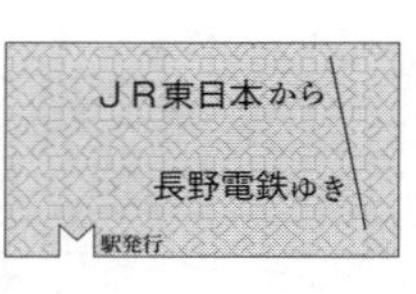

長野電鉄　２１００系

空港特急から温泉特急への転身

長野県長野市から湯田中温泉を目指し、のどかな景色の中を走るローカル私鉄といえば、長野電鉄だ。１９２２年（大正11）に開業した同社は、住民の通勤輸送や観光の大事な足として運行されている。湯田中駅などの温泉地で列車を降りれば、その先には、ノスタルジックな情緒あふれる石畳の風景が広がる。

そんな風情のある街並みや温泉地を走る長野電鉄２１００系は、元・ＪＲ東日本で「成田エクスプレス」として運行していた２５３系で、老朽化した２０００系の置き換えようとして導入された。２０１１年（平成23）２月26日から長野の地に転勤し、愛称を「スノーモンキー」と名乗り、特急列車として活躍している。長野電鉄入線にあたっては、ワンマン運転に対応できるように関連機器が増設され、正面の貫通扉をふさぐ工事が行われた。全部で３両編成２本の合計６両が導入されているが、外観はおおむねＪＲ時代のスタイルを引き継いでいるが、Ｅ２編成のみ、ホワイトとレッド（長電レッド）のカラーに塗装が変更され、湯田中寄りの先頭車（クハ２１５２）には沿線の山ノ内町が提供した温泉に入る猿の写真をラッピングした。ロゴマークも表示され、愛称も「Ｓｐａ猿～ん」とユニークだ。

なお車内設備は、元・グリーンの個室車両の構造を生かし、そのまま４人用の個室指定席となっており、自由で快適な空間を楽しめる。

運行は、２１００系の入線開始以前は、１０００系「ゆけむり」を「Ａ特急」、２０００系は「Ｂ特急」として区別していたが、２１００系導入後は、特に区別がなされていない。

2 東日本旅客鉄道　165系

国鉄が製造した直流急行形電車の代表

　165系は、直流急行形電車として、先代の急行形車両153系をベースに登場した、新性能電車である。1963年（昭和38）3月から営業を開始し、上越線や中央本線で活躍を始め、その後も東海道本線など、各地で見られるようになった。

　165系は、山岳路線用として製造された電車で、電動機の出力も、基調となった153系の100キロワットから120キロワットにパワーアップしたMT54主電動機を採用している。これは、1962年（昭和37）に日立製作所が設計、開発を行った機器で、以後国鉄の新性能電車の標準的な主電動機として多くの形式に採用された。主制御器も、勾配区間でのノコギリ運転を防止するため、ノッチ戻し可能なCS15系を搭載し、抑速ブレーキも装備している。また、寒冷地

165系を改造した「パノラマ・エクスプレス・アルプス」は、展望室を持つスタイル

での運用車両に対しては、耐寒耐雪装備を強化している。

車体は、153系から続く伝統的なスタイルで、増結時などに使用される正面の貫通扉や前面窓が、車体隅部に回りこむ形状で、曲面ガラスによるパノラミックウィンドウになり、車内は、デッキと客室が仕切られ、居住空間の確保を図っている。

1987年（昭和62）4月、国鉄分割民営化後の165系は、JR東日本・東海旅客鉄道（以下、JR東海）・JR西日本の各社に移行され、所属区のオリジナルカラーになった車両もある。

末期には、東海道本線の急行「東海」や「大垣夜行」などにも使用されたが、2003年度までに廃車された。

このうち、三鷹電車区に所属していた165系6両が、国鉄末期の1987年（昭和62）に大井工場でジョイフルトレイン「パノラマ・エクスプレス・アルプス」に改造され、小田急ロマンスカーのような前面展望車両に生まれ変わった。車内には大きなソファーを設置した「ラウンジ」を設けるなど、大きな改造工事が行われた。これは、国鉄車両初の、前面展望構造を採用した例で、画期的な改造工事であった。

2001年（平成13）にJRでの運用を終了した後に、富士急行に譲渡され、同社2000系として、主に「フジサン特急」で運用されている。半世紀にわたって活躍を続けている165系だが、富士山の麓を走るその姿は、今も決して輝きを失っていない。

「パノラマ・エクスプレス・アルプス」引退後は富士急に移り「フジサン特急」として活躍をしている

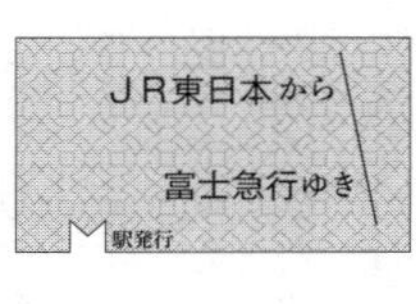

富士急行　２０００系

アルプスから富士山へ移った山男

富士急行２０００系は、ＪＲ東日本１６５系を改造したジョイフルトレイン「パノラマ・エクスプレス・アルプス」６両を、富士急行が２００１年（平成13）に購入し、同社の、「フジサン特急」として、同年の年末から翌年にかけての年末輸送でデビューを飾った。その後、２００２年（平成14）２月28日から、定期運行を開始している。

「パノラマ・エクスプレス・アルプス」時代は、３＋３の６両編成での運用が基本だったが、富士急行では、３両ずつに分割して２００１編成、２００２編成として使用されたため、展望車が編成により向きが異なっていた。

改造にあたっては、座席シートの張り替えや外観塗装の変更に留まっているが、２００２編成のクモロ１６５形のトイレは閉鎖された。外観塗装に関しては、白ベースの車体に「富士山」をモチーフに擬人化されたユニークなキャラクターが描かれており、「フジニッコリ」「フジサンクン」などと名前もついている。

２０１３年（平成25）に、２００２編成が引退を発表され、「パノラマ・エクスプレス・アルプス」当時の塗装に復元を行い、車番も当時の姿が再現された。同年11月30日から運行に就き、鉄道ファンの熱い視線を浴びながら、最後の雄姿を飾った。

現在は、２００１編成１本のみが運行を行っているが、同年７月12日より、小田急電鉄の特急ロマンスカーとして活躍していた２００００形「ＲＳＥ」が、３両編成に短縮改造され、２代目フジサン特急として運行を開始しており、残る編成も予断が許されない。

3 東日本旅客鉄道 205系

国鉄末期に誕生した通勤電車

国鉄205系登場の時代背景は、1980年代にさかのぼる。1981年（昭和56）に登場した先代の201系量産車は、旧型車の103系に比べ、大幅な省エネルギーを実現し、首都圏を中心とした中央本線などに投入されたが、制御器である電機子チョッパ制御のコストが思った以上にかかってしまった。そのため当時の国鉄は、コスト面も考慮した新形式車両の開発に着手した。

1985年（昭和60）に、比較的製造コストを抑えることのできる「界磁添加励磁制御」を採用した205系が誕生する。205系は、当時の国鉄としては通勤車で初のステンレス車となり、それまでの塗装された鋼鉄車と比べ、大幅な軽量化が図られた。

同年に登場した第一陣は山手線に導入され、一部は京阪神地区にも配置された。JR発足以降も、JR東日本では205系の増備が積極的に行われ、中央・総武緩行線、京浜東北線、埼京線、京葉線、南武線、横浜線などに広がっていった。

1990年（平成2）には、JR東日本が6扉の試作車サハ204-900番台を製造し、翌年の山手線11両化に合わせて全編成に組み込みを行った。ラッシュ時は座席が収納され、ラッシュ終了後は座席が使用できる画期的な方式で、その後は各路線や他形式に波及したが、ホームドアの設置の際、扉の位置が異なる車両は敬遠され姿を消してきている。

さらに、1990年代以降は新形式の209系やE231系など新しい通勤電車が続々と開発されるようになり、205系の働き場は徐々に狭まっていった。

国鉄時代に誕生した205系は、当初山手線に投入された。ＪＲ化以降も製造が続けられ、今でも関東、関西地区で見ることができる

山手線では、２００５年（平成17）４月に運用を離脱し、中央・総武緩行線や京葉線など各路線で活躍していた２０５系も、新型車両に押し出される形で運用を終えてしまった。

ただ現在も首都圏では、武蔵野線、南武線、相模線、川越線、八高線、鶴見線などで活躍する姿を見ることができる。

また、首都圏で運用を終えた２０５系は、仙石線、宇都宮線、日光線などのローカル線にも転用されているほか、一部は、短編成化した後に、富士急行線へ譲渡され、のんびりと余生を送っている。

山手線では６扉車両を連結して11両編成化された

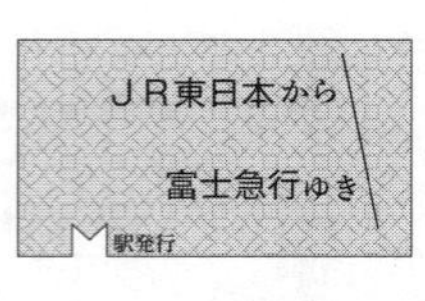

富士急行 6000系・6500系

通勤電車から観光路線へイメージチェンジ

富士急行に転属してきたＪＲ東日本205系は、2012年（平成24）2月29日（2・29の語呂合わせで富士急の日）から、富士急行線の新型車両として登場した車両で6000系と名付けられた。

6000系は、同社の保有車両としては初の3両編成で、同線への導入に際し、205系10両編成を3両編成に短編成化した合計4本12両が譲渡された。

このうち3両1編成は、205系の下降式窓タイプの車両のため、形式が6500系に変更された。

205系の入線にあたっては、さまざまな改造が行われている。もともと205系は、長編成を考慮した編成のため、電動車が2両ユニットではないと使用ができない。さらに先頭車はすべて付随車だったため、電動車ユニットの片割れモハ205に運転台を取り付ける改造をして3両編成を組めるようにした。この際、電動車化した先頭車には、シングルアームパンタグラフが2基設置され、1基は冬季の霜取り用に使用される。

また、寒冷地仕様として耐雪対策が施され、床下機器の耐寒耐雪強化も行われた。

改造工事は、ＪＲ東日本の系列「東日本トランスポーテック」が担当したが、車体のデザインなどは、ドーンデザイン研究所の工業デザイナー・水戸岡鋭治氏が行っている。

外観のデザインは、205系のスタイルをそのまま保っているが、ラインカラーとして、富士山をイメージした青の帯がまかれている。さらに、運転台窓下の黄色のラインは、青に似合うアクセントとなっている。

富士の裾野に活躍の場を移した205系。首都圏で働いていた当時は遠くに見えていた富士山が間近に見えるようになった

また、前面と側面の行き先表示器が、方向幕からLEDに変更された。

車内面では、つり革や床に、不燃化加工を施した木材を多く使用しており、木材の持つ「ぬくもり」が伝わってくる空間となっているほか、シートのモケット柄が数種類あり、隣り合うロングシートで組み合わせが異なるという遊び心が感じられる。

なお、モハ6000は、クモハ6000側の座席を1台撤去しており、車いすスペースを設けている。さらに室内の乗降扉上部には、LED案内表示器も設置し、千鳥式に配されている。車内放送の自動化も行われ、運転室には、新たな制御装置が取り付けられた。

6000系は、都会を走っていた電車とは思えないほど、落ち着きが感じ取れる印象にがらりと変わり、富士急行の通勤型車両として、これまでにない居心地の良さを目指した〝新しい〟ローカル列車の形を提供しているに違いない。

東日本旅客鉄道 417系

地方都市圏の通勤輸送を支えた国鉄電車

1970年代になると、仙台周辺では、通勤や通学客の鉄道利用は増加の途にあった。しかし、使われていた車両は昔ながらの旧型客車が中心で、各駅では乗降に時間を有していた。

交流区間を走る近郊電車としては、常磐線や鹿児島本線などで3ドアの415系電車が運行されていたが、仙台地区の東北本線は、ホームのかさ上げ工事が未施工だったため、ステップ付きの新形式電車417系が誕生した。

車体は、使用線区を考慮してデッキのない両開き2ドアとし、出入り口にステップを設けた。また、耐寒耐雪構造として、雪切室の設置やドアの半自動切替装置などが設置された。誕生時は冷房準備車だったが、1989年（平成元）から冷房改造が行われた。

3両編成を基本編成とし、3+3の6両編成での運行も行われた。登場時の塗色は交流、交直流近郊電車の標準色だったローズピンクにクリームの正面帯を巻く装いだったが、JR後に東北地域色と呼ばれるクリームに緑の帯を巻く姿に変わった。仙台周辺で活躍したが、2007年（平成19）に運行を終了した。

比較的短命な車両だったが、この417系の車体構成は、その後のJR他所におけるローカル形電車に影響を与えたことは確かであり、存在価値は十二分にあったといえる。

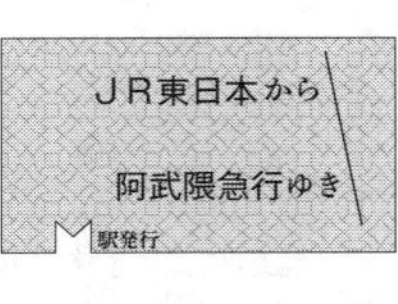

阿武隈急行　Ａ４１７系

生まれと同じ東北地方に再就職した電車

東北本線の仙台地区で活躍していた４１７系も、Ｅ７２１系の増備により２００７年（平成19）に運行を終了し廃車となった。このうち、状態の良い４１７系Ｋ－１編成（クモハ４１７－１＋モハ４１６－１＋クハ４１６－１）を、阿武隈急に譲渡することとなった。

改造は２００８年（平成20）に郡山工場で行われたが、塗装を阿武隈急行に変更し、編成全体の向きを変更した程度で大きな改造は行われずに入線した。

阿武隈急行は、もともと国鉄丸森線とそれに付随する未成線区間を引き継ぐ形で開業した第三セクターの路線で、１９８６年（昭和61）７月１日に既存の槻木（つきのき）駅－丸森駅間を引き継いだ。当時は非電化区間だったため、国鉄のキハ22の譲渡を受けて運転されていたが、１９８８年（昭和63）７月１日に福島駅－丸森駅間が開業し、同時に全線の交流電化が行われた。その際、８１００形交流電車が新製され、開業後は福島側からＪＲの電車が、福島側槻木側へは阿武隈急行の電車が乗り入れを行っていた。

そのため、８１００形電車はＪＲの電車に準じた装備を施しており、今回の４１７系の譲渡がスムーズに行われたのも、すでにＪＲ電車の取り扱いに慣れていたためだ。

現在、Ａ４１７系は、収容力の大きい３両編成を生かして、平日の朝夕を中心に梁川駅－福島駅間で運行されている。なお、福島側は、福島駅－矢野目信号所間を東北本線と線路を共有しているため、東北本線を走る４１７系の姿が再び見られることになる。

5 東海旅客鉄道　119系

飯田線の新性能化に貢献した電車

ＪＲ東海119系の誕生地であるＪＲ飯田線は、太平洋側の愛知県豊橋市「豊橋駅」と、内陸の長野県上伊那郡「辰野駅」の南北を1本で結ぶ。沿線の街並みや田園地帯を走り抜け、天竜川の渓谷美を堪能しながら、雄大な日本アルプスへと到達する195・7キロの路線だ。

また、94もの駅があり、ＪＲ本線以外のローカル線では、最長、最多駅数を誇る。そんな飯田線のことを語るうえで、はずせない電車が、119系なわけだ。

119系の歴史は、1980年代初期にさかのぼる。いわゆる国鉄時代末期だ。当時の飯田線は、各地から流れ着いた80系などの旧型国電を使用していたが、中部地区のローカル線の近代化を目的に、1982年（昭和57）から、119系の導入が開始された。飯田線沿線の輸送量に合わせ、短編成での運転も可能にした119系は、飯田線の短い駅間や、連続する急勾配を克服するため、加速性能に優れた当時最新のモーター「ＭＴ55」を装着し、さらに、下り勾配に対応した抑速ブレーキも採用した。また、急な故障時への装備として、バッテリー電源も取り入れている。なお、同線の車両限界にあわせ、パンタグラフを低く設置したことや、付随車に、廃車となった101系の台車や連結器、電動発電機などを流用するなど、廃車発生品を多くリサイクルし、コスト削減に貢献していることも、特記する。

万能電車である119系だが、そのベースとなったのは、当時の通勤形車両の105系で、性能の他、スタイルなども準じている。外観のデザインは、登場当初の国鉄時代には、飯田線沿線の天竜川をイメージしたスカイブルーに、アルプスの雪を思わせる白の帯を纏っていたが、民営化されＪＲ東海になってからは、アイボリーホワイトのオレンジとグリーンの帯に姿を変えた。

車内設備は、セミクロスシートを採用し、さらに長距離を乗車する利用者に配慮したトイレの設置が行われたほか、客室の両扉は片側３か所で、山岳地の寒冷を走る条件から、車内の温度を保つために、半自動扱いも可能としている。登場時の１１９系は、片運転台のクモハ１１９とクハ１１８の２形式だったが、輸送量の見直しで、９両のクモハ１１９に対して運転台の増設を行い、両運転台の１両編成での運転が行われるようになった。

第６水窪川橋梁を行く119系　飯田線城西駅－向市場駅間

この改造車は、１００番台の車号となっている。２００９年（平成21）に、一部の編成が、登場当初のスカイブルーの車体に復元され、注目を集める。往時を知る多くのファンが「幸せの青い電車」と呼び、その姿を追いかけた。１１９系は、時の流れとともに、省エネ対策などが本格化したこともあり、２０１２年（平成24）３月のダイヤ改正で、新型の３１３系に後を継ぐ形で引退した。

昭和から平成にかけての約30年間、山あり谷ありの厳しい飯田線の線形にも負けずに、ひたすら走り続けた１１９系。運行終了後の今も、同車の一部は、えちぜん鉄道に譲渡され活躍している。

えちぜん鉄道 ７００１形

えちぜん鉄道初のＶＶＶＦ電車

えちぜん鉄道は、福井県福井市と勝山市、そして坂井市を結ぶ第三セクター方式の鉄道で、勝山永平寺線（福井駅－勝山駅）と三国芦原線（福井口駅－三国港駅）の２路線を所有している。

もともとは、京福電気鉄道が所有していた鉄道だが、２０００年（平成12）12月と２００１年（平成13）６月に、２度の正面衝突事故を起こし、全線営業停止に陥り、営業収入がなくなり現状が悪化していくことから、やむなく廃止を決定した。しかし、２００２年（平成14）に福井市、勝山市が出資する「えちぜん鉄道」が誕生し、２００３年（平成15）に営業を引き継いだ。

開業時は、京福時代の車両を引き継いで使用したが、老朽化が進んだため、ＪＲ東海から１１９系10両を譲り受け、同線の仕様に改造のうえ、７００１形として２０１３年（平成25）２月より運転を開始した。

改造の主な内容は、制御方式を抵抗制御からＶＶＶＦインバータ制御に変更し、前照灯や尾灯、行き先表示機や車内灯などが、ＬＥＤ式に改良された。

また、クハ１１８に付いていたトイレ設備も撤去され、その部分はフリースペースおよび車椅子スペースとなっている。

前面のデザインは、同社のＭＣ６０００形に準じたスタイルになり変化しているが、側面などは、大きな改造は行われていない。

表情豊かな渓谷や、アルプスを駆け抜けていた万能電車は、新たなホームである福井県の地で、田園風景の中をまっすぐに走り、港町の香りを漂わせながら、活躍している。

6

東京臨海高速鉄道 70－000形

東京臨海部から埼玉まで駆け抜ける電車

東京臨海高速鉄道りんかい線は、東京都江東区の新木場駅と品川区の大崎駅を結ぶ12・2キロの路線である。

1996年（平成8）3月に、新木場と東京テレポート間が、2001年（平成13）3月31日に東京テレポート駅－天王洲アイル駅間が、2002年（平成14）12月に、天王洲アイル駅－大崎駅間が開業し全通した。

運営は、東京都が90％以上を出資する第三セクター方式の、東京臨海高速鉄道が受け持っている。同社の車両は、自社発注の70－000形が、開業当初から使用されており、全車両が川崎重工業で製造された。

基本的な車両構造は、JR東日本の209系車両に準じているが、前面のスタイルや車内インテリアに独自の思考が伺える。外観は、ステンレスボデーに、「海」を連想させるものとして、ライトブルーとコバルトグリーンの帯を巻き、JR東日本の209系に比べて、曲線を帯びている形状だ。また前面は、丸みを帯びたFRP（繊維強化プラスチック）カバーで覆う構造で制作している。

車内は、アイボリーを基調に、座席の仕切りや乗務員室の仕切り部分が木目調にデザインされ、モダンで温かみのある雰囲気を演出している。なお、りんかい線は、全線開業当時から、JR埼京線・川越線の川越駅まで直通運転を行なっている関係から、直通先で使用される保安装置も搭載している。

編成は、開業当初は4両編成と短かったが、その後6両編成となり、埼京線と直通運転をする全線開業時

ＪＲ東日本のＥ233系とともに埼京線で活躍する70-000形

には、10両編成で運転を開始し現在に至る。

10両化に際して、余剰となった車両6両がＪＲ東日本へ譲渡された。車両の譲渡は、ＪＲの旅客会社や大手私鉄から中小私鉄へ行く場合が一般的だが、この70－000形は、私鉄からＪＲに移った特殊な例で、観光列車への改造を目的とした移動は見られるが、通勤電車として活用するのは、この70－000形が初めてのようだ。

りんかい線は、東京観光に便利な路線で、特に東雲駅－新木場駅間が美しい車窓スポットである。この区間では、東京の新名所、「東京スカイツリー」や「東京ゲートブリッジ」の素晴らしい眺望が望めるのでおすすめだ。

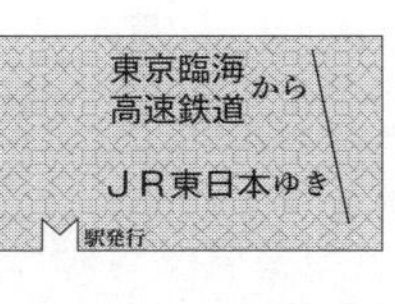

東日本旅客鉄道　209系3100番台

JR東日本に仲間入りした私鉄車両

ＪＲ東日本の川越線は、大宮と高麗川を結ぶ路線で、1985年（昭和60）9月30日の電化以来、大宮駅－川越駅間は埼京線との直通運転が行われ、現在は10両編成のE233系で運行されているが、川越以遠は、209系や205系の4両編成での運転と変わる。

一方八高線は、八王子と倉賀野を結ぶ路線で、八王子駅－高麗川駅間は1996年（平成8）3月16日に電化され、川越線の4両編成の電車が直通運転するようになった。

川越線の電化時は103系の4両編成が使用されていたが、八高線電化の際209系3000番台が登場し、その後、205系や本題となる東京臨海高速鉄道で使用されていた70－000形を改造した209系3100番台の投入で、103系は姿を消した。

東京臨海高速鉄道70－000形は、同線開業時は4両編成で運行を開始、その後6両、さらに一部は10両編成に増強された。2004年（平成16）10月のダイヤ改正から、全編成の10両編成化を行ったが、その際余剰となった先頭車4両と、中間車2両がＪＲ東日本に譲渡され、川越・八高線用に転用された。

改造に際しては、先に入線している3000番台にあわせた仕様とし、外観のデザインも、前面部分のカラーリングを209系3000番台に準拠したものへ変更した。他にも、前面行先表示器を字幕式からLED式への変更や、客室内のドアスイッチ（半自動）の追加、設備面で保安装置の変更工事やVVVFインバータ制御やブレーキ装置、制御伝送装置の改修なども行われ、2005年（平成17）から運用が開始された。

ＪＲ東日本に移籍して川越・八高線で活躍する209系3100番台

なお、不足する電動車2両は、ＪＲ東日本により新製され、３１０１の編成の中間電動車として組み込まれている。

３０００番台と３１００番台を外観で見分ける方法は、前面上部のデザインが若干異なるくらいであり、運用上も２０５系などと共通に使用される。運転区間は八王子駅－高麗川駅－川越駅間で、早朝のみ南古谷発の列車が設定されている。これは、南古谷に車両基地（川越車両センター）があるためだ。

70－０００形は、民鉄や第三セクター鉄道に在籍していた車両が、初めてＪＲ車籍に編入された貴重な例であり、特別な存在となっている。臨海地方の海を見ながら走っていたお台場の電車は、今や川越・八高線で、関東平野の淵を壮快に駆け抜けている。

第4列車

大手私鉄から地方私鉄へ（東日本編）

地上駅時代の京王線北野駅と5000系。どちらも姿を消した

1

小田急電鉄　10000形

小田急ロマンスカーの顔として君臨

小田急電鉄（以下、小田急）の10000形は、1987年（昭和62）に登場したハイデッカータイプの展望室付きロマンスカーで、4編成が誕生し2012年（平成24）まで活躍をした。

箱根の観光輸送に力を入れる小田急では、1957年（昭和32）の3000形登場以来、ロマンスカーの愛称で次々とグレードの高い特急車両を登場させてきた。特に3100形以降は、運転台を上部に設置し、前方の景色を楽しめる展望室を設け、ロマンスカーといえば展望室を想像させるほど一般にも定着してきた。

この10000形も、3100、7000形に次ぐ3番目の展望付きロマンスカーで、より風景を楽しめるように、展望室を除く一般座席を7000形よりも410ミリ高くし、乗降口には階段を設けている。

編成は11両だが、車体長は先頭車が約16メートル、中間車は約12メートルのため編成長は約146メートルで、通勤用20メートル車の7両分に相当する。台車も、3000形から受け継ぐ連接台車を使用しており、編成内の電動車比率は、編成では9M2Tだが、台車単位だと8M4Tとなる。

小田急は、3000形以降のロマンスカーに英文字の愛称を付けるのが伝統となっており、10000形はHigh DeckerやHigh Gradeなどから、「HiSE」と名づけられた。

一時は小田急ロマンスカーの顔として君臨したが、2000年（平成12）の交通バリアフリー法の施行により、階段状のハイデッカー構造では対応が困難なため、2005年（平成17）から廃車が始まり、最初に

小田急ロマンスカーとして活躍した10000形も過去の車両となった

廃車になった2編成のうち8両が長野電鉄に譲渡された。残った2編成も2012年（平成24）に運用を終了し廃車となった。

10000形の展望席。大人にも子供にも人気の座席だった

長野電鉄 1000系

温泉エクスプレス

信州の長野と湯田中を結ぶ長野電鉄は、沿線に湯田中や渋などの温泉地やスキーリゾートの志賀高原などを控え、古くから観光客輸送に力を注ぎ特急列車も運行されていた。小田急10000形導入以前は、1957年（昭和32）に登場した回転クロスシートを装備した2000系が特急として使用されていたが、老朽化が進み、小田急10000形2編成を譲り受け2006年（平成18）から使用を開始した。

導入にあたっては、11両の編成のうち先頭車2両と中間車2両を抜き取り4両に組み替えた。（53ページ下段の図参照）外観の塗装は、小田急時代のワインレッドから長野電鉄で使用している少し赤が強い色に変化したぐらいで塗り分けも変わらず、車内も大きな変化がないので、小田急時代をほうふつさせてくれる。

4両編成すべてが電動車で4Mの編成となるが、2・3号車間の台車は付随台車のため、台車単位では4M1Tとなる。

現在、列車名「ゆけむり」を名乗り、長野－信州中野・湯田中間のA特急とB特急に使用されており、特急券を購入すれば自由席として好きな席に座れる。なお、A特急・B特急の区別は停車駅の違いで区別されている。

2012年（平成24）3月16日に小田急で活躍していた残りの編成も引退し、同タイプの車両は、長野電鉄で活躍するこの1000系2編成のみとなった。ゆったりとした長野の旅を楽しむなら、この1000系「ゆけむり」にぜひご乗車いただきたい。沿線では、善光寺や栗おこわの名店など、沿線の見どころを堪能しながら、温泉郷・長野電鉄の魅力をたっぷりと伝えてくれる。

箱根への温泉客を運んだロマンスカーは、今度は信州で温泉客を運ぶ列車に変わった

1000系編成図

⬅湯田中　　　　　　　　　　　　　　　長野➡

S 1 編成

デハ1001 (デハ10031)	モハ1011 (デハ10030)	モハ1021 (デハ10022)	デハ1031 (デハ10021)

S 2 編成

デハ1002 (デハ10071)	モハ1012 (デハ10070)	モハ1022 (デハ10062)	デハ1032 (デハ10061)

2 小田急電鉄 20000形「あさぎり」

小田急初の2階建て車両

小田急電鉄では、1991年（平成3）3月16日から、JR東海の御殿場線に相互乗り入れを行い、新宿駅－沼津駅間に新型特急電車の運行を始めた。

それまで、小田急では初代の特急車両3000形を使用して、新宿駅－御殿場駅間で特急の運行を行っていたが、沼津乗り入れを機に、20000形を登場させた。

同時に、JR東海が投入した371系電車と構造、座席配置、性能、保安装置などをあわせるため、車体は小田急の特急車両では初の20メートルボギー車7両編成となり、2両の2階建て車両を組み込み、上階をスーパーシート（JR線内ではグリーン車）、下階をセミコンパートメントと普通座席とした。

スーパーシート席は、2＋1の座席配置で、運行開始当初は、座席の肘掛内に折りたたみ式の液晶テレビが設置され、BS放送などの放映も行われていた他、オーディオサービスも設置されていた。

また、その他の一般車両もハイデッカー構造とし、普通座席はリクライニングシートを採用、背面にはテーブルも設置された。これまでにない、豪華な特急車両となりRSE（Resort Super Express の略）の愛称が与えられた。

先頭のデザインも曲線を使った優雅なデザインで、前面ガラスはセンターピラーのない、超大型三次元曲面ガラスを使用し、客室からも前方の眺望や運転席の様子が一望できた。

20000形は2編成が製造され、新宿駅－沼津駅間の「あさぎり」にJR東海の371系とともに運行

小田急初の２階建て車両を連結した20000形も2012年（平成24）３月に引退した

されたほか、新宿駅－箱根湯本駅間の「はこね」や「あしがら」などでも使用された。

しかし、ハイデッカー構造のため、出入り口に階段があるので、近年のバリアフリー仕様への改造が難しく、2012年（平成24）3月の「あさぎり」沼津乗り入れ廃止とともに、20000形も引退となってしまった。

小田急初の2階建て車両、初のスーパーシート（グリーン車）など、小田急の歴史に残る車両だったが、第2編成のうち3両が富士急行に譲渡された他は、廃車となった。

小田急初の特別車両「スーパーシート・グリーン車」も20000形引退とともに消えた

富士急行 8000系

2代目フジサン特急

小田急電鉄で廃車となった20000形のうち、第2編成の先頭車2両（20002、20302）と、6号車の付随車1両（20052）が富士急行に譲渡され、2代目の「フジサン特急」として、2014年（平成26）7月にデビューした。

編成は、先頭車2両が電動車、中間車が付随車で、富士山方の1号車からクモロ8001+サロ8101+クモロ8051の2M1Tの編成となっている。

車内は、1号車の運転室背後にソファーと大形テーブルを設置し、助手席方の客室にキッズ運転台を設け、子供が運転士気分を味わえるようになっている。このキッズ運転台は、すでに5000系に設置されており、子供連れに好評を得ているものだ。

1号車の中央部分は、2+1のリクライニングシートを配し、連結面寄りには左右に1組ずつのセミコンパートメントが設置されている。

2号車の出入り口付近は、階段式のハイデッカーから平床構造に改造し、車椅子スペースと車椅子対応トイレが設置され、バリアフリーにも対応している。そのため、2号車は2+2の座席が並ぶ一般席との間に、階段が設けられている。

3号車は、2+2の座席配置で、小田急時代の内装や座席が使用されている。

外観の塗装は、従来の「フジサン特急」と同じく、フジサンキャラクターが配されている。このキャラクターは、「フジサン特急キャラ選挙」で選ばれた44作品と、一般公募による14作品の合計58のフジサン達だ。同じ姿が一つもないことで、観光客から好評を得てい

富士急8000系「フジサン特急」として新たな活躍の場を得た小田急の20000形

る。

８０００系の「フジサン特急」は、従来の２０００形とともに、大月駅－河口湖駅間で運行されている。平日も運行されるが、車両の検査などで代替の車両に変わることもある。運行日、時刻等は富士急行のホームページ上で確認することができる。

新しい８０００系と従来の２０００形の「フジサン特急」乗り比べも楽しいだろう。

車体には、「フジサン特急キャラ選挙」で選ばれた58のフジサンが描かれている

3 東京急行電鉄 5000系「青がえる」

独特の愛嬌のある姿が印象的

東京急行電鉄（以下、東急）5000系は、1954年（昭和29）から東横線に登場した東急初の高性能車両で、1959年（昭和34）までに、デハ5000形、デハ5100形、クハ5150形、サハ5350形の合計105両が、東急車輛（現・総合車両製作所）で製造された。

車体は、鉄道車両では珍しく航空機と同じ技術が採用され、卵形の張殻断面が特徴的なモノコック構造とし、車体の外板に応力を持たせている。この構造を採り入れたことで、車両の軽量化が図られ、全長18メートル級の電動車でありながら、自重28・5トンと、在来の鋼製車両よりも、約10トンも軽い車体になった。

デザインは、流線型を基調としているが、車体下部に向かってふくれている愛嬌のあるスタイルが個性的だ。

また、車体前面は、鼻筋の通った2枚窓のいわゆる湘南顔と呼ばれる顔つきで、さらに車体全体をライトグリーン1色で塗られたその表情から、「青がえる」のニックネームが付き、多くの人に親しまれた。

登場時は、付随中間車のサハを組み込んだ3両編成で誕生した。この時期に登場した多くの電車が、高加速度を得るために、オールMの全電動車編成にすることが多かったのに対し、5000系の電動車は、プロペラシャフトを使用し、モーターと車軸に動力を伝える機構である直角カルダン駆動を採用して、トルク効果の大きい方法をとった。そのため、オールMの必要がなく、付随車を編成に組み込むことになり、製造コストの低減と消費電力を抑えることを可能にした。さらに台車は、新たに設計された軽量加工が施された全溶接構造のＴＳ３０１形を装着し、当時の最先端技術を駆使した画期的な電車となった。

公式試運転終了後は、３両編成４本を使用して東横線での営業運転が始まった。１９５５年（昭和30）４月１日に実施されたダイヤ改正では、日中限定で渋谷駅－桜木町駅間の「急行列車」として運行が始まり、同線の看板列車となった。

なお、同年10月１日のダイヤ改正では、中間車両を増備し４両編成となり、５０００系による急行列車の運行が、日中のみだけではなく終日行われるようになった。１９５９年（昭和34）からは、増備や車両の改造が行われ、合計１０５両の５０００系が勢ぞろいした。最長時には６両編成で運転されることもあったが、１９７０年（昭和45）からは、田園都市線から転属してきたステンレス車体の７０００系に押され、少しずつ「東横急行」の座を譲り、田園都市線へ転属していった。１９７６年（昭和51）から始まった廃車を皮切りに、１９８０年（昭和55）には東横線を退き、大井町線や目蒲線に転属され、大井町線では５両編成、目蒲線では３両編成で運用に就き奮闘したが、１９８６年（昭和61）６月18日、最後に残ったデハ５０４７、サハ５３５４、デハ５０５０の３両編成が運行終了となり、全車が引退した。

東横線の急行車両として華々しく活躍した５０００系は、片運転台構造ながら、軽量車であることが幸いし、中小私鉄で重宝され、東急を引退した後も、長野電鉄をはじめ、福島交通、岳南鉄道、松本電気鉄道（現・アルピコ交通）、上田交通（現・上田電鉄）などに譲渡され全国各地のローカル線で愛されたが、老朽化により、現在はほとんど姿を消している。唯一、熊本電気鉄道で、５０００系２両が、同じく５０００系として現役で活躍している。

また、上田交通で活躍したデハ５００１号車は、静態保存のために親元の東急へ里帰りし、２００６年（平成18）に、床下機器および台車の撤去が行われ、短縮された車体の５０００系が、渋谷駅ハチ公前広場の中央に鎮座された。

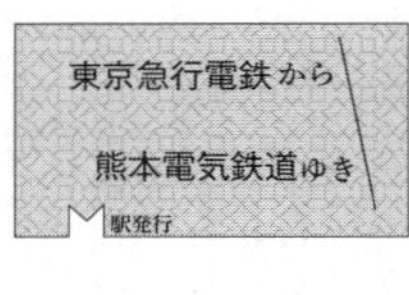

熊本電気鉄道 5000形

火の国を走る「青がえる」

東京から遠く離れた九州・熊本の地に、東急から譲渡された車両がある。熊本電気鉄道（以下、熊本電鉄）のモハ5000形だ。

5000形は、元・東急5000系で、1981年（昭和56）に2両、1985年（昭和60）に4両が譲渡され、熊本電鉄に入線した。最初の2両（5043、5044）は、大きな改造はされず、東急時代の仕様のまま、片運転台車で営業運転に入ったが、1985年に導入された4両（5101〜5104）は、東急電鉄長津田工場で、両運転台化の改造が行われ、単行運転が可能となっている。

東急時代は、その愛嬌ある下膨れの車体形状に、緑1色が塗装された姿から、「青がえる」というニックネームがつけられていたが、熊本電鉄では、「平面ガエル」と呼ばれている。これは、両運転台化された車両の増設運転台側が切妻貫通型で、オリジナルの運転台と比べて、平面的な顔をしていることからである。

合計で、2両編成1本の2両と、1両編成に単行化された車両4両の合計6両が、北熊本－上熊本間の運用に就き、それぞれ活躍したが、1986年（昭和60）に、5043＋5044もワンマン化が行われ、さらに1988年（昭和63）には、モハ5000形5043が両運転台化され、モハ5100形5105に改番されたが、5044は休車期間を経て廃車となった。

車体の塗装は、「ワンマン」仕様であることを意味するために、黄色と橙色の帯が入っていたが、1991年（平成3）からは、青を基調とした明るい塗装に

5101Aは、「ケロロ軍曹」のラッピングを施し子供達の人気を博したが、2014年10月に終了した

変更された。

1995年（平成7）から、元・都営地下鉄三田線の6000形が転入してきたため、廃車になる車両が発生した。2004年（平成16）には、残った2両（5101A、5102A）にATSを取り付け、車号にAを追加した。また、2両とも東急時代の「青がえる」の姿をほうふつとさせる緑1色の塗装に戻したことでも話題を呼んだ。また、2012年（平成24）10月からは、5101Aにアニメ「ケロロ軍曹」のラッピングを施して運行が行われ、子供達の人気となっていた。

ちなみに、元・東急5000系は、熊本電鉄以外にもさまざまな中小私鉄に譲渡されたが、いずれも引退しており、現在は、熊本電鉄に残るこの2両のみとなっている。東急時代の名車ということもあり、週末には、全国から多くの鉄道ファンが訪れ、カメラを向ける姿が見られる。ただ、誕生から60年近くが経っているため、老朽化は否めず、確実に引退の日は近づいているようだ。

東京急行電鉄 6000系

セミステンレス車体を採用

東京急行電鉄6000系は、1960年（昭和35）に登場したセミステンレス車体の電車だ。1958年（昭和33）から東横線で活躍していた先代5200系で得たセミステンレス構体の技術と経験を生かし、この6000系から本格的に採用が始まった。

6000系は、登場から2年間で4両編成5本20両が東急車輌（現・総合車両製作所）で製造された。全電動車方式を採用し、一つの台車に1モーター2軸駆動（2両1組のユニット方式）という、当時の鉄道車両としては珍しい方式だった。さらに、乗り心地を格段にアップさせる空気バネ台車や、輸送の効率を図るための両開き扉、省エネルギー機能を備えた回生ブレーキを東急で初めて導入し、新しい技術を多く採り入れた画期的な車両でもあった。なお、当時6000系を製造するにあたっては、営団地下鉄（現・東京地下鉄）日比谷線への直通運転も考慮され、車体を18メートル級3ドアで製造したが、1962年（昭和37）に登場した7000系で日比谷線直通運転が行われたため、残念ながら6000系が使用されることはなかった。

デビュー当初は、東横線の優等列車に充当され、最大6両編成で運行したが、1964年（昭和39）に田園都市線に一部転属した後、全編成が田園都市線に集合した。その後、目蒲線に渡り、一時は東横線に復帰したこともあったが、1981年（昭和56）には、大井町線に18両（6両編成3本）と、こどもの国線に2両編成1本が転用され、最後の活躍を続けた。

1984年（昭和59）にはVVVFインバータ制御の実用試験がこの6000系で行われ、先頭車のデハ

6202号車が日立製作所製のVVVFインバータ制御に改造され、台車もTS-1003形ボルスタレス台車へと交換された。

デハ6202号車の相方（ユニット）を組んでいるデハ6201号車は制御付随車代用となり、デハ6202号車の回生制動時に対応できるように足並みをそろえ「遅れ込め制御」ができるように改造されている。

改造後は、東横線、田園都市線などで試運転が行われた後、大井町線で営業運転を開始している。1985年（昭和60）には、デハ6302号車に東芝製のVVVFインバータ制御の改造が行われ、6002号車は制御器が変更された。台車は8000系で使用されていたTS-807形を採用した。これらの試験結果は、9000系や新3000系などの新系列車両で、本格的に反映されている。

1986年（昭和61）に、デハ6001、6002号車が廃車になり、その後も順次廃車化が進行され、その後1988年（昭和63）には、6006編成（6005、6106[*1]、6105[*1]、6006号車）6008編成（6007、6108[*1]、6107[*1]、6008号車）が、弘南鉄道に譲渡されることになり、デハ6005、6006、6007、6008の4両が、車号そのままにデハ6000形として弘南鉄道大鰐（おおわに）線でデビューし、第二の鉄道人生を歩むことになった。また、一部の廃車体は、倉庫として一般業者に販売されたケースもある。

なお、6003、6104号車は、日立製作所水戸工場に譲渡され、電装試験が行われた後、勝田駅から同工場までの職員輸送用として小型機関車に牽引された。

6000系は、東急に新しい風を吹かせ、輝かしい功績も残した貴重な車両なのだ。

※1 弘南鉄道に譲渡したうち、中間車両の6106、6105、6108、6107号車は、部品取り用の車両として使用されている。

弘南鉄道大鰐線　6000系

今もなお新車の様な輝きを放つ

弘前市の繁華街の裏通りにある中央弘前駅。この駅から住宅街や田園地帯を抜けて、温泉の湧き出る南津軽郡大鰐町の大鰐駅まで13・9キロを走るのが、弘南鉄道大鰐線である。

中央弘前駅の駅舎は、昭和の匂いを色濃く残した非常にノスタルジックな建屋で、小さい駅舎の中には、構内食堂もあり、始発駅らしいたたずまいをしている。その反面、ホームは1面1線で、シンプルで明快な構内配置となっている。

この大鰐線で注目したいのは、すでに他所では出会うことができない元・東急6000系デハ6000形が在籍していることだ。

1988年（昭和63）に、東急6000系のうち、東洋電機製造の電装品を採用し、C編成と呼ばれた6005と6007の各4両編成が、弘南鉄道大鰐線に譲渡され、デハ6000（6005+6006、6007+6008）の2両編成2本の合計4両に組み換えられた。この際に譲渡された中間車のデハ6100（6105、6106、6107、6108）4両は部品取り用となったが、車体は倉庫として津軽大沢車両検修所に1両、平賀車両管理所に3両が存続している。

入線時は、主に平日ラッシュ時の快速運転に使用されて活躍したが、2006年（平成18）に快速列車が廃止され、その役目を終えたかのように2008年（平成20）3月6日には、さよなら運転を実施したが、その後もイベント列車として何度か稼働をしている。

現在は、2編成とも津軽大沢車両検修所で、動態保存されており、イベント時は2編成を並べた撮影会な

東横線で急行電車で活躍していた頃の6007　学芸大学　1977年（昭和52）6月

ども行われ、鉄道ファンの人気を呼んでいる。

なお、弘南鉄道は、昨年大鰐線を２０１７年度に廃止する意向を表明したが、沿線自治体からの反対を受けいったん取り下げた経緯がある。そのため、６０００系とともに今後予断を許さない状況にある。

弘南鉄道に移った現在の6007

5 東京急行電鉄 7000系（初代）

日本初のオールステンレスカー

1962年（昭和37）、日本初のオールステンレスカーとして登場した東京急行電鉄7000系は、同社を代表する花形電車だ。

7000系の車体は、米国「バッド社」（Budd）の技術提携によって東急車輛（現・総合車両製作所）が製造し、車体の軽量化を図るため、屋根や台枠、床部まですべてが、高抗張力ステンレス鋼を使用している。

デザインは、技術提供を受けた関係から米国の地下鉄「SEPTA」の車両を参考にしたため7000系のベンチレーターが特殊な形をしている。また、機能面でも、バット社設計のTS－701形「パイオニアⅢ」形空気バネ台車を採用し、軸バネを省き、ブレーキディスクとバットが車輪の外側に出ている特殊な形状により、制輪子のメンテナンスを容易にした。台車の自重も4・5トンと非常に軽量で、軌道への負担も大きく軽減された。

これらのノウハウは、当時の営団地下鉄（現・東京地下鉄）日比谷線直通用車両の開発にもあてられた。営団との乗り入れ協定（乗り入れ会社同士が、共通の規格の車両を使用する協定）により車両の設計が行われたので、全長18メートル級の客室両開き3扉を採用、さらに、トンネル内を走行するため、車高を低く設定し、パンタグラフの折りたたみ時の高さも4000ミリに抑え、床面の高さも1125ミリという設定にした。

車両の構成は、全電動車2両1ユニット方式で、中空軸平行カルダン駆動方式を採用。また、回生ブレーキを搭載し省エネルギー化にも貢献したことから重宝され、合計134両が活躍した。当初は、東横線に登場し増備が繰り返され、１９６４年（昭和39）からは、同線の優等列車として急行にも充当され、前面には同社初の急行灯が設置された。また、７００７～７０２２編成、７０２５～７０３０編成に地下鉄線内用のＡＴＣと誘導無線装置を備え、日比谷線との直通運転を開始した。日比谷線内では、セミステンレス製の営団３０００系と並ぶ姿も見られ、近代的な両車は、新しい鉄道車両の時代の幕開けを象徴していた。

日比谷線内の編成増強に伴い、１９７１年（昭和46）のダイヤ改正から日比谷線や東横線の急行全編成が、８両編成化された。１９８０年代には大井町線に転用され活躍の幅を広げ、１９８７年（昭和62）に７０００系56両がＶＶＶＦインバータ制御化改造を受け、７７００系と名前を変えた。1年後の１９８８（昭和63）からは後継車の１０００系が順次投入され、１９８９年（平成元）に目蒲線に一部の車両が転属したが、それもつかの間で、１９９１年（平成３）には東横線、目蒲線から引退した。

その後は、こどもの国線専用車として７０５２号車と７０５７号車がワンマン化改造され、最後の奮闘を見せてくれたが、２０００年（平成12）に行われたさようなら運転を最後に、７０００系は全車が引退し、現在は７７００系のみが残っている。万能電車として名を馳せた７０００系は、譲渡車両としても好評で、地方鉄道に旅立った車両が多く、今でもその勇姿を見ることができる。

東横線で活躍する7000系急行桜木町行き　中目黒　1977年（昭和52）3月13日

弘南鉄道 7000系

雪国で頑張るステンレスカー

弘南鉄道は、青森県弘前市を中心に大鰐線と弘南線の2路線を持つ私鉄だ。

大鰐線は、奥羽本線の大鰐駅から、弘前市の市街地にある中央弘前駅を結ぶ13・9キロの路線。

一方、弘南線は、弘前駅から黒石駅を結ぶ16・8キロの路線だ。同じ弘前市内に駅はあるが、線路は繋がっていないため、二つの路線は別々の車両により運行されている。

この2路線には、元・東急の7000系が1988年（昭和63）から譲渡され、弘南鉄道の7000形として運行されている。

最初に投入されたのが大鰐線で、すべて先頭車だったデハ7000で統一されており、車番も、東急時代そのままなので、どの編成が譲渡されたかが一目でわかる。

翌年の1989年（平成元）からは、弘南線にも投入が行われたが、先頭車が不足したため、一部は中間車デハ7100の先頭車化改造で対処している。

入線にあたっては、回生ブレーキの撤去や寒冷地対策として、ベンチレーターカバーの取り付け、暖房強化などが行われた。先頭車への改造車は、新設した運転台が切妻の非貫通式のデザインで、前面窓を3枚装備し、左右でアシンメトリーな構造になっている。

弘南線への投入車からは、車号の改番が行われ、先頭車デハ7000からの車両はデハ7010・7020に、中間車からの改造車はデハ7100・7150となっている。

両線とも2両編成で、大鰐線はデハ7000＋デハ

弘南鉄道大鰐線ののどかな風景の中を行く7000系

7000、弘南線はデハ7010+デハ7020、デハ7100+デハ7150で組まれている。

また、7000形の予備部品の共有化を図るため、大鰐線は日立製作所製の電装品を、弘南線は東洋電機製の電機品を装備する車両でそろえられている。

大鰐線では、1991年（平成3）にワンマン化改造が施され、弘南線も、1992年（平成4）と1994年（平成6）の2回に分けてワンマン化改造が行われた。

弘南鉄道は、岩木山山麓に広がる津軽平野の中を走り、車窓からは雄大な岩木山の姿が望めるほか、秋には果樹園に実る真っ赤なりんごや、黄金色に輝く稲穂が迎えてくれる絶景のローカル線だ。都会から津軽の地に移った7000系の末永い活躍を期待したい。

福島交通 7000系

先頭車はすべて改造顔

福島交通・飯坂線は、福島県の福島県の福島駅－同県北部にある温泉地、飯坂温泉駅を結ぶ9・2キロの路線で、観光輸送のほか、地元通勤通学客の大切な足として利用されている。

福島交通は、1924年（大正13）に飯坂電車の前身である「福島飯坂電気軌道」によって、福島駅－飯坂駅（現・花水坂駅）8・9キロで運転を開始した。開業後は、路線を現在の終点である飯坂温泉駅まで延長し、さらに社名変更を重ね、現在に至る。

過去には、飯坂東線（軌道）とその支線も運行していたが、1945年（昭和20）に廃止となり、現在は飯坂線のみの運行となっている。「飯坂電車」や「いい電」などの愛称が付いており、地元に密着した路線であることがうかがえる。なお、現在同線を運行する電車は、東急7000系で統一されている。

導入の経緯は、1991年（平成3）に、福島交通の架線電圧を直流750ボルトから1500ボルトに昇圧した際だ。それまでの車両を改造するよりも、1500ボルト用の車両に置き換えたほうが、長い目で見るとコスト面で優れるからだ。当時、東急の7000系に余剰が発生したこともあり、導入を決定したが、譲渡車がすべて中間車のデハ7100形だったため、譲り受けた16両のうち14両の運転台を取り付け、残り2両は、電装を解除してサハ7300形となった。

先頭車両のデザインは、貫通扉を廃止し、運転席側窓を広くとり、運転士の視界がよくなっている。冷房装置は、2両編成中3本に、床置式の簡易冷房が設置されている。

福島駅に停車中の7000系。運転台を取り付けたため顔の印象が変わった

7000系の運転台。３枚窓から見た前方風景には単線の線路が伸びる

運用は、日中デハ７１００＋デハ７２００の2両編成を使用し、平日ラッシュ時に、サハ７３００を組み込んだ3両編成が運行されている。

全列車に車掌が乗務し、ワンマン運転を行っていないので、東急時代の雰囲気を味わえる。

水間鉄道 1000形

帯色の異なる電車達

水間鉄道水間線は、大阪府の貝塚市を走る路線だ。貝塚駅と水間観音駅を結ぶ参拝鉄道として、1925年（大正14）に開業した後、1926年（大正15）に全線が開通した。

現在は、沿線の宅地開発が進み、通勤通学の重要な足としても機能している。単線で、全長5・5キロと短い路線だが、中間地点の名越駅では、列車交換を行う設備がある。ちなみに、終点の水間観音駅は、開業当初から変わらない駅舎を使用しており、1999年（平成11）に、国の登録有形文化財に指定されている。

かつては、南海電気鉄道の中古車両が活躍していた同線だが、1990年（平成2）から、東急で活躍していた7000系が10両譲受され、同社でも同じ形式を名乗り、運転を開始した。

入線に際して東横車輌電設（現・東急テクノシステム）でワンマン化改造が実施され、中間車の一部は先頭車化改造も行われた。また、先頭車化された中間車4両には、50番台の車号が付けられている。

2006年（平成18）からは、バリアフリーに対応した改造や、ATS列車自動停止装置の装備を中心とした更新工事が行われ、新たに1000形へと改番された。また、現在活躍する1000形は、編成ごとに車体帯色が変更され（1001F：赤、1003F：青系、1005F：緑系、1007F：オレンジ系）、前面には、さらに白帯が入り、バリエーション豊かだ。なお、1000形への更新工事が行われなかった1編成が在籍するが、営業運転では使用されていない。

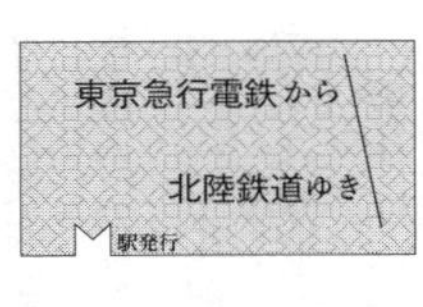

北陸鉄道 7000系

ザ・ミックス電車

北陸鉄道石川線は、石川県金沢市の野町駅－同県白山市の鶴来（つるぎ）駅間13・8キロを結ぶ路線だ。1915年（大正4）6月22日に、新西金沢駅－鶴来駅間が開通、1922年（大正11）10月1日に、野町駅－新西金沢駅間が開業し、全通している。

沿線には、住宅地や学校が多く、生活の足となる欠かせない路線として、住民からも愛されている。

そんな同線では、老朽化した車両を置き換えるため、1990年（平成2）に、東急から7000系が導入された。

入線にあたっては、東急の使用電圧が1500ボルトに対し、北陸鉄道が600ボルトのため、降圧改造を行っている。それに伴い床下機器を大幅に変更し、電装品や台車は、すべて他の廃車発生品から流用している。

北陸鉄道7000系は、2両編成5本の10両が存在しているが、改造を行った種車の違いにより、非冷房のまま使用されている7000形1本、冷房化された7100形が2本、中間車を先頭車化改造し、冷房も搭載された7200形が2本在籍している。

目で見てとれる車体の大きな変化といえば、前面や側面にオレンジの帯が巻かれたことや、車内にワンマン運転対応料金箱を設置していることが挙げられる。また、東急時代には決して見ることのなかった雪国独特の装置であるスノープロウも装着している。

田園風景が広がり、白山の山並みが目前に迫る中を走る7000系。自然に恵まれた表情豊かな路線に、ステンレスの輝きがまぶしい。

6 東京急行電鉄 7200系

ダイヤモンドカットと呼ばれた電車

東京急行電鉄7200系は、線内でも短編成で短距離線区へ導入するために開発された車両で、東急車輛（現・総合車両製作所）にて製造され、1967年（昭和42）に営業運転を開始し、1972年（昭和47）までに53両（ステンレス51両、アルミ2両）が登場した。

先代の7000系は、営団地下鉄（現・東京地下鉄）日比谷線に乗り入れるため、車体幅を2800ミリで製造したが、当時の東急線は、車体幅が地方私鉄規格だったので、7200系はその制約により2744ミリとした。デビュー時は、デハ7200形とクハ7500形の2形式のみであったが、1969年（昭和44）に、4編成化用に中間車のデハ7300形、デハ7400形が登場している。

車体は、先代7000系の流れを汲むオールステンレス製で、車体長18メートルの3扉、側窓は東急で初めて、一段下降式が装備された。機能面では、主電動機のパワーを110キロワットに強化した電動車と付随車で編成され、回生ブレーキを搭載し、省エネ対策が施された。

制御方式は、7000系の機能を受け継ぎ、パンタグラフや電動機器が、各電動車に取り付けられた、いわゆる1M方式である。台車は、電動車が軸ばね付きTS802形、付随車がパイオニアⅢ形TS702（707）形で、電装品は日立製作所や東洋電機の製品を採用している。

登場当初は、大井町線と田園都市線で活躍し、大井町から2+2の4両編成で運行されてきた列車は、閑散時間帯になると鷺沼で分割し2両編成で走行していた。

短編成での使用が可能なＭＴ編成が基本設計のため、Tc－Mcの2両から、中間車を組み込んで3両や4両、2両編成を増結して6・8両など、自由に編成が組めるので、東横線、目蒲線（現・目黒線、東急多摩川線）、池上線など、同社路線内のさまざまな路線に投入され活躍した。

１９８７年（昭和62）、全編成を3両化にする際、電動車が不足することから、クハ７５００形8両が、ＶＶＦインバータ制御化改造を受け、交流の主電動機を持つ新形式の７６００系となった。さらに、デハ７３００からも1両が改造され、暫定的についていたデハ７２００形と入れ換えが行われ、７６００系シリーズは計9両になり、デハからクハ、クハからデハへと機器の変更が行われ、ブレーキ系統の改造も受けた。

なお、池上線に転属していた７６００系は、ワンマン仕様の改造や室内の更新、行き先表示のＬＥＤ化など、新たな設備が採用され、時代に合わせた形状で活躍した。

２０００年（平成12）に、目蒲線が南北に分断された際、南側の東急多摩川線区間の運用が、雪が谷検車区の受け持ちとなり、７７００系、１０００系全編成と運用が共通化され、再び多摩川駅まで入線したが、同時にオリジナルの７２００系は営業運転を終了し廃車となった。

ただ、アルミニウム合金製車体の試作車である2両（デハ７２００、クハ７５００）だけは廃車を免れ、引退後に電気検測車・牽引車に改造された。

この試作車は、７２００系登場の際、ステンレスとアルミを比較するために、アルミ製で落成された車両である。事業車となったアルミ車の７２００系は、クハ７５００が電気検測車のデヤ７２９０、デハ７２００が牽引車になりその勇姿を見せてくれたが、２０１2年（平成24）に惜しまれながらも消えていった。

光輝くオールステンレスに、前面が上下左右に「くの字」の後退角がつけられていることから、ダイヤモンドカットと呼ばれ、多くの鉄道ファンの支持を集めた。

豊橋鉄道 1800系

花の名のつくカラフルトレイン

愛知県豊橋市の新豊橋駅から田原市の三河田原駅間18キロを繋ぐ豊橋鉄道渥美線には、東急7200系が30両譲渡され、渥美線の車両はすべて、この7200系ステンレスカーで統一されている。

城下町として発展した田原市や、開発が進む沿線から豊橋への通勤・通学路線として、市民の重要な移動手段であると同時に、三河田原駅で、豊鉄バスの伊良湖岬方面と連絡をしており、豊橋駅－伊良湖岬間を補完する行楽路線の役目も担っている。

渥美線は、その名の通り渥美半島を走る路線だが、ちょうど中央部を走っている形状ゆえ、意外にも車窓から海は拝めない。海沿いの地域を走っていないながら、景色は一面の田園風景という不思議でのどかな魅力がつまった路線で、特に春になると沿線の菜の花畑が、一面黄色のジュータンに変身し、車窓からの視界も、さらには香りも素晴らしく、大きな見どころのひとつになっている。

7200系は、渥美線の近代化のために譲受した車両で、2000年（平成12）12月から運行が開始された。それまで、渥美線の顔であった名古屋鉄道からの譲渡車両7300系から、東急7200系に総入れ換えが行われたのだ。

譲渡された7200系は、渥美線では1800系と名付けられた。これには理由があり、1800系の名前は、全長が18メートルであることが由来している。渥美線では、代々他社の譲渡車によって運用されており、1968年（昭和43）の大改番以降、車両形式4桁のうち、千の位と百の位で、車体長を表しているのだ。ただし、以前に在籍した7300系は例外となる。

付随車は、電動車の形式に1000をプラスした2000番台を附番するならわしがあり、1800系の制御付随車は、ク2800形となっている。3両編成9本が在籍しており、そのうち6本がMc－Mc－TC組成、3本がMc－M－TC組成だ。

渥美線は全線が単線で、各駅停車のみが運行されている。7200系導入後、渥美線ではフリークエントサービスのダイヤ改正を実施し、輸送頻度を高め、利便性の向上に努めている。

また、地方の私鉄にしては珍しくワンマン運転が実施されていないため、すべての列車に車掌が乗務しているのにも好感が持てる。

2008年（平成20）には、東急から上田電鉄に譲渡された7200系の一部が廃車となり、このうちの2両がさらなる転勤で豊橋鉄道に移籍された。

大都会東京を走っていた車両が、菜の花やつつじなど花の多い渥美半島をのんびりと走りゆく姿は、なんとも感慨深いものである。

豊橋鉄道の1800系。沿線の菜の花にちなみ、車両に花の愛称が付いている

上田電鉄　7200系

丸窓電車を引き継いだ「まるまどりーむ号」

上田電鉄別所線は、長野県上田市の上田駅から別所温泉駅までを結ぶ全長11・6キロの路線で、1921年（大正10）6月に、上田温泉電軌によって開業したのがはじまりである。

国鉄上田駅（現・JR上田駅）に乗り入れた1924年（大正13）に全通し、開業当初から、別所温泉などの観光地に向かう足としての役目を担っている。

また、上田電鉄は、前身の上田交通時代以前に、別所線の他にもさまざまな路線を運営していたが、廃止になってしまったため、現在は、この別所線のみの運行となっている。

上田電鉄7200系は、1993年（平成5）5月に東急から譲渡された車両で、2両編成5本の合計10両が入線した。この導入に際して、暖房能力が強化されたほか、車両番号の改番が行われている。なお、7200系は、上田交通初の冷房車で、長野県下の私鉄で初めて、冷房化100%を達成させた。

1997年（平成9）に別所線におけるワンマン運転開始に伴い、全編成に対応工事が施工され、ワンマン設備の追加や台車更新が行われた。2005年（平成17）1月、7200系2編成4両（7253編成、7255編成）に、かつて同社で丸窓電車の愛称で親しまれていたモハ5250形のイメージをほうふつとさせるラッピング改造が施され、「まるまどりーむ号」として運行を開始した。

なお、この丸窓電車の愛称は、戸袋窓が楕円形をしていることから名付けられたものだ。さらに、車内の中吊りにも、「丸窓電車」の現役時代の写真が展示さ

7253編成の引退で、孤軍奮闘する7255編成

れるなど、当時の雰囲気を内外装ともに楽しめる。

２００８年（平成20）からは、東急より１０００系が譲渡され、７２００系が余剰となったため、２両編成３本の６両が引退となった。７２５１編成のモハ７２５１、クハ７５５１は、豊橋鉄道に移籍となり、さらに７２５２編成と７２５４編成のモハ７２５２、７２５４の２両が、東急車輛（現・総合車両製作所）の構内牽引車両用として譲渡されたが、７２５２編成と７２５４編成のクハ２両は解体されてしまった。

２０１４年（平成26）４月現在では、７２５３と７２５５の２編成が在籍していたが、７２５３編成は、９月限りで引退を表明し、９月27日には「７２５３編成ラストラン・トレインイベント」も開催された。

これにより、上田交通に残る７２００系は、７２５５編成の１本になってしまった。

信州の小京都を走る最後の７２００系が、一日でも長く運行されることを願ってやまない。

7 東京急行電鉄 8000系

東急のスタンダード

東京の渋谷から、横浜まで走る東京急行電鉄の東横線は、東京のおしゃれな路線として、全国的にも人気が高い。2013年（平成25）には、渋谷駅が東京地下鉄（東京メトロ）の副都心線と相互乗り入れをする形で地下駅に移行し、東急車のみならず、メトロ・西武・東武の各車両も乗り入れている。

さらに、以前から乗り入れを行っている横浜高速鉄道や東急目黒線から直通する埼玉高速鉄道、都営地下鉄の車両などとともに、ひとつの路線で、7社の多彩な車両が見られる路線としても名高い。また、川越・飯能方面から都心を経由して、横浜まで乗り換えなしで行ける列車の価値は高く、通勤通学だけではなく、観光アクセスの一つとしても、活躍している。

ところで、この東横線を走る自社車両は、今でこそ東急5000系（2代目）ばかりだが、2004年（平成16）に「横浜高速鉄道みなとみらい線」が開業するまでは、東急8000系が幅をきかせていた。8000系は、その大所帯から、昭和の東急を代表する車両のひとつと言われている。

8000系の始まりは、1969年（昭和44）のことで、2008年（平成20）に引退するまでの間、東急線の多くの路線を走り続けた。特に東横線では、長大編成で走るスマートな銀色の電車として、多くのファンを魅了してきた。東急の顔というだけあり、その後8500系や8090系といった派生モデルまで誕生し、その優秀さから、それらが一線を遠のいた今でも、国内外問わず活躍している。製造は、東急のグループ会社でもある東急車輛（現・総合車両製作所）で、当時としては、数々の先進的なシステムを取り入れて製造された。

　それゆえ、８０００系の存在は、単に東急の車両というだけではなく、その後に国内で製造された車両に対しても、影響を与えたといえる、いわばエポックメイキングな車両であった。８０００系の新しい技術は、小さな部品から始まり、車体の構成など多岐にわたるが、目で見てわかるポイントのひとつとして、マスターコントローラーとブレーキ弁をひとつのハンドルで御する、ワンハンドルマスコンが挙げられる。

　今でこそ、大手事業者はもとより、中小私鉄や路面電車でさえも、当たり前になったワンハンドルマスコンだが、実用的に量産されたのは、国内ではこの８０００系からだ。この東急式ともいえるＴ形の両手操作型ワンハンドルマスコンは、その後逆Ｌ字形のハンドルなどの派生型も輩出したが、総じて大手事業者では、Ｔ形が主流のようである。このあたりも、東急８０００系が、いかに現代の電車の試金石になっているかがうかがえる。

東横線で活躍していた頃のオリジナル8000系

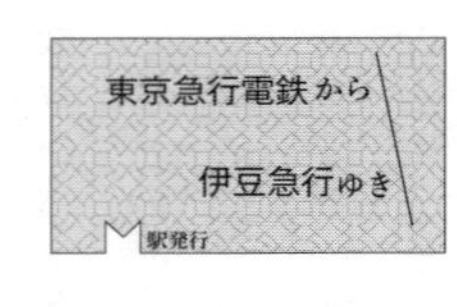

伊豆急行　8000系

都会からリゾートへ

静岡県伊東市の伊東駅から下田市の伊豆急下田駅間45・7キロを結ぶ伊豆急行線は、海と山に囲まれた癒しの路線だ。2004年（平成16）より、東急の8000系車両4両編成7本、2両編成6本が譲渡され、順次改造が行われた後に、運行を開始した（8500系を1両含む）。

東急時代は、赤い帯をまとっていた同車だが、伊豆急行では、同社のオリジナル車100系をほうふつとさせるハワイアンブルー塗装を基調としたデザインに変更された。また、同社の2100系・リゾート21の一部置き換えも考案した経緯から、車内も大幅にリニューアルされている。

まず、海側の座席をそれまでのロングシートからクロスシートに変更した。この際に、西武鉄道10000系の更新工事で不要になったクロスシートを再利用している。また、中間車の一部にトイレを設置し、車椅子利用者のスペースも確保している。

改造にあたっては、乗り入れ先であるJR東日本伊東線（伊東駅－熱海駅間）に対応するため、保安装置（ATS－P形）の増設や、列車番号設定器の設置工事を行った。そのため、伊東線内では、JR東日本の運転士が、東急形のワンハンドル形マスコンを取り扱う珍しい姿を拝める。

2008年（平成20）からは、全車両3両編成化に伴い、編成組み替えが実施され、各編成にトイレが設置された。現在は、3両編成15本の合計45両が活躍している。

伊豆急行は、東急とグループ会社ということもあり、

新天地の伊豆急で働く8000系。外観は変わらないが車内はクロスシートが設置された

過去に東急７０００系と７２００系が、夏季限定で貸し出され運用されている。このように会社間で、車両のやり取りが頻繁に行われているのは、活気があり素晴らしい。両社のやる気が感じ取れる。

8000系は３両編成単位で連結される

8 東京急行電鉄 8500系

東急の花形電車

東京急行電鉄8500系は新玉川線（現・田園都市線）向けに1975年（昭和50）から導入された車両で、当時東横線で活躍していた8000系を新玉川線の乗り入れ先である営団地下鉄（現・東京地下鉄）半蔵門線の規格にあわせるためにマイナーチェンジした6次車と呼ばれる田園都市線用の車両である。

それゆえ8000系とは、走行装置や軽量車体20メートル車などの共通点も多く、広義の定義では8000系と言われることもある。8500系は、1975〜1991年（昭和50〜平成3）と長期にわたり、400両が製造された。

車体はオールステンレス製で、1962年（昭和37）に登場した7000系から続いている、東急の車両を象徴する定番スタイルとなっている。

1976年（昭和51）に通勤用車両の基礎として、技術的に素晴らしい車両であることが評価され、鉄道友の会から「ローレル賞」を受賞しており、東急初の受賞となった。このことからも、東急において8500系は、通勤電車の集大成ともいえる車両なのだ。

8500系は、ATC搭載や高い座面の運転台が備えられ、前面に東急カラーの赤い帯をまとい、1980年（昭和55）に8090系が登場するまでは、東急の顔として活躍した。

当初は東横線で試用され、新玉川線開業により、目的の新玉川線、田園都市線（現在の大井町線の一部）で活躍が開始された。

また、1980年代からは車体装飾（ラッピング）が施された編成も登場し、TOQ-BOX号として楽器のイラストがラッピングされた編成やシャボン玉がラッピングされた賑やかな編成も見られた。２００６年（平成18）からは、伊豆の観光をＰＲする「伊豆のなつ号」として伊豆急８０００系（元・東急８０００系）と同じ配色（ハワイアンブルー）に帯色を変更した編成も登場している。

現在の東急８５００系は、田園都市線、現・大井町線のほかに、乗り入れ先である東京地下鉄半蔵門線、東武伊勢崎線、東武日光線でも、その姿を見ることができる。

しかし、２００２年（平成14）に登場した新５０００系の導入により、２００３年（平成15）より廃車が発生している。廃車となった車両の一部は、伊豆急行、長野電鉄、秩父鉄道など地方鉄道を中心に譲渡され、海外ではインドネシア共和国（ＫＲＬ ジャボデタベック）にも輸出され活躍している。

8500系は当初大井町線で使用された　自由が丘

長野電鉄　８５００系

長電初のワンハンドルマスコン車

長野電鉄は、長野駅から湯田中駅までを結ぶ33・２キロの路線で、地元の通勤、通学の足としての役割と、首都圏等からの観光客を迎える「観光鉄道」としての顔を併せ持つ。温泉やスキーに目がないという人なら、ご存じの方も多いだろう。そんな長野電鉄には、譲渡車両も多く存在する。

長野電鉄８５００系は、２００５年（平成17）に非冷房の旧形車両の置き換えを目的として、東急より譲渡された車両で、３両編成６本の合計18両が在籍している。外観は、東急時代と変わらず、ステンレス地肌に赤い帯のままだが、車体側面に取り付けられていた「ＴＯＫＹＵ ＣＯＲＰＯＲＡＴＩＯＮ」のロゴ・マークが、長野電鉄の社章に取り替えられ、新鮮な印象を受ける。

さらに、同社で初めてワンハンドルマスコンを搭載した車両で、両端の先頭車が電動車、中間車が付随車となっている。導入当初から冷房装置を備え、また、先に配置されていた３５００系（元・営団日比谷線の３０００系）の全長18メートル級の両開き片側３扉に比べて、20メートル級の４扉車体であることから、混雑緩和が図られ、利用者へのサービス向上に一役買っている。２０１３年（平成25）には、各編成の中間車（２号車）を「弱冷房車」として、より快適な車内環境にも貢献している。

なお８５００系は、勾配区間の緩い長野駅－信州中野駅間で活躍しているが、信州中野駅－湯田中駅間は、勾配対策に必要な抑速制動が装備されていないため、入線することができない。ちなみに、Ｔ６編成のデハ

元・東急8500系と元・小田急10000形が共演する長野電鉄

8506とデハ8516は、中間車からの改造車で、運転台が取り付けられた際、運転室上部の種別表示窓を省略して、この部分に車号を表示している異端車となっている。

東急の顔として広く親しまれた通勤電車は、今日もりんご畑や信州の山並みを横目に、のんびりと余生を送っている。

8500系の隣には東京メトロの3000系の姿が見られる。まるで東京のような光景だ

9

東京急行電鉄　８０９０系

軽量オールステンレス車両

東京急行電鉄８０９０系は、１９８０年（昭和55）から営業運転を開始し、合計8編成10本の80両が登場した。１９７８（昭和53）に先行試作された８０００系の中間車デハ８４００形（８４０1号車、８４０2号車）の実績に基づき、コンピューター化を図り設計された量産車で、約2トンもの軽量化を実現し、登場当初は、「軽量オールステンレス車両」と称されて話題を呼んだ。

車体前面は、3面に折られた非貫通切り妻式で、中央に赤い帯を配した。車体の鋼体も、それまで強度を保つために採用したコルゲートを廃止し、平板のビード加工を用い強度を保った。車体の断面は、上下が絞られた卵のような形状となっている。

車体長は20メートル級で、4扉を採用し、８０００系とほぼ同一の機器を使用しながらも、台車は空気バネを使用したＴＳ８０７Ｂ形（電動車用）、ＴＳ８１５Ｂ形（付随車用）を履き、当時としては珍しい「波形圧延車輪」を備え、走行音の低減に貢献した。

登場時は、東横線に7両編成1本が投入され、１９８２年（昭和57）には8両編成２本を増備した。最初に入った7両編成も、中間車が製造された後8両編成となった。１９８５年（昭和60）まで増備が続き、最終的に10本が出そろい、運行に就いていた。

１９８８年（昭和63）からは、地下線への乗り入れ（現・みなとみらい線）との直通運転に備え、前面貫通扉を付けた８５９０系が製造された。８０９０系は中間車を中心とした編成の組み替えを実施し、余剰となった5両編成10本が大井町線に転属となった。転属後の

東横線でデビューした8090系。軽量オールステンレスの車体を持つ

８０９０系は、２００６年（平成18）に、８０８１〜８０８９編成の前面帯を、赤とオレンジのグラデーションに変更、さらに翌年には、行先表示器の更新工事が行われ、幕式からフルカラーのＬＥＤに変わった。

２００８年（平成20）、大井町線の急行運転開始直前に、残りの全編成で前面帯のグラデーション化を行い、引退までその姿を楽しめた。

２００９年（平成21）、８０９１編成が運用離脱したのを皮切りに、２０１３年（平成25）年５月に最後の編成も引退したが、一部の車両は、秩父鉄道や富山地方鉄道で、現在も活躍を続けている。

大井町線を行く8090系

秩父鉄道 7500系・7800系

オリジナルの顔を持つ電車

秩父鉄道7500系は、1986年（昭和61）より同社で活躍していた1000系車両（元・国鉄101系）を置き換える目的で、東急で活躍していた8090系を改造して2010年（平成22）3月から運行を開始した。

東急から譲渡されたのは、先頭の付随車14両と中間の電動車7両で、3両編成7本を組むと出力が低下することから、三峰口方の先頭車にモーターを搭載して電動車化している。さらに、シングルアーム構造の集電装置を旧式の菱形パンタグラフに変更した。

また、バリアフリー対応で、一部座席の車椅子スペースへの改造や、客室用のドア開閉ボタンの新設、車内案内表示器の設置などが行われている。ラインカラーも、先に譲渡された7000系車両（元・東急8500系）に合わせ、緑と黄色のグラデーションに変更された。

また、東急8090系の中間車を改造した2両が、東急テクノシステムにて先頭車改造され、2013年（平成25）3月のダイヤ改正から7800系として2両編成で運行している。この車両は、中間車からの改造のため、前面は7500系の形状とは異なり切り妻に近い形となっている。

都会育ちの電車が、今度は秩父盆地の穏やかな風景の中を駆け抜けている。

富山地方鉄道　17480形

富山地鉄初のオールステンレスカー

富山地方鉄道（以下、富山地鉄）は、1931年（昭和6）に富山電気鉄道として開通したが、1943年（昭和18）1月1日に、富山県交通大統合実施が行われ、当時の富山県内の鉄道やバス会社を統合し、現在の富山地方鉄道が設立した。

同社は現在、総延長100キロを超える路線網を持ち、富山県を代表する鉄道会社となっている。*2（鉄道93・2キロ、軌道7・3キロ）

富山地鉄17480形は、2013年（平成25）7月に、東急大井町線などで活躍していた8590系を、東急テクノシステムから4両購入し、自社の稲荷町工場で2両編成2本に編成して、ワンマン化改造を施した車両である。改造の内容は、保安装置や列車無線装置、ワンマン機器の変更などのほか、富山地鉄では、客室ドア扱いは片側2扉のため、17480形は4扉のうち2扉が締め切り扱いとしている。

外観のデザインは、東急大井町線で活躍していた時代と同じで、ステンレス地肌に前面はグラデーション帯、側面は赤い帯を2本巻いており、富山地鉄初のオールステンレスカーとして話題を呼んでいる。

編成は、第1編成がモハ17481+モハ17482、第2編成がモハ17483+モハ17484で、この他に部品取り用として、デハ8181も譲渡された。広大な富山平野を走り抜ける元・東急のオールステンレスカーは、新鮮で魅力的でもある。

＊2　本線（電鉄富山〜宇奈月温泉）、立山線（寺田〜立山）、不二越線（稲荷町〜南富山）、上滝線（南富山〜岩峅寺）、富山市内軌道線（南富山駅前〜大学前・富山都心線を含む）

10 東京急行電鉄 1000系

譲渡車両としては新しい電車

東京急行電鉄1000系は、1988年（昭和63）に営業運転を開始した車両だ。

当時、営団地下鉄（現・東京地下鉄）日比谷線の直通車両として充当されていた7000系（初代）が老朽化したため、置き換え用車両として、東横線で活躍していた9000系車両を基本に設計された。車体は、全長20メートル4扉の9000系に対し、1000系は18メートル3扉で構築され、1993年（平成5）までに、東急車輛（現・総合車両製作所）で113両が製造された。

1000系は、9000系と同様のステンレス車体で、デザインも前面形状の非常扉が左側にオフセットされた左右非対称の構造になっている。先代の車両がベースになっていることで、乗務員の操作や、保守時の整備が容易となり、部品も同じ物を使用していることから、予備部品の削減を図り、コストダウンに貢献している。

制御装置も9000系と同様のVVVFインバータ方式となり、日比谷線直通を考慮した編成は、乗り入れ協定による性能保持のため、編成に組み込まれる電動車数を増やし、8両編成のうち先頭車以外が電動車の6M2Tで編成された。

登場とともに東横線、日比谷線で活躍し、1991年（平成3）からは、東急目蒲線にも4両編成で導入された。その後、池上線、多摩川線といった近郊路線向けに3両の編成も投入された。

1990年（平成2）に製造された1010F～1013Fは、東横線と目蒲線用の共同予備編成（4両編成）として製造され、4＋4で8両を組成し、東横・日比谷線で運用された。

地下鉄線内は編成を貫通させせなくてはならないため、クハ1011・1013と、新たに誕生した下り方の先頭電動車デハ1310・1312は貫通扉を中央に配置した前面スタイルとなり、他車と異なるイメージとなっている。

東横線と東京地下鉄副都心線直通運転開始の2013年（平成25）3月改正で、日比谷線との直通乗り入れが廃止され、1000系の地下鉄乗り入れも終了した。

現在、東急の1000系は、池上線、多摩川線で使用されており、編成も3両と短くなりワンマン仕様で運転されている。

2008年（平成20）からは、余剰となった車両が上田電鉄に8両譲渡され、翌年2009年（平成21）からは、伊賀鉄道にも10両が転勤している。また、2014年（平成26）からは、一畑電車への譲渡も行われるようになった。

都会で活躍する1000系は、賑やかな高層ビルの谷間を抜け、地下をもぐりながら走った。そして今、歴史ある温泉街や城下町、神話の国を行く地方の姿も見られる。

1000系は東京メトロ日比谷線乗り入れ車両として登場した。日比谷線直通の文字が懐かしい

上田電鉄 1000系

上田電鉄の車両近代化に貢献

上田電鉄1000系は、同社7200系の置き換え用として、2008年（平成20）に導入された元・東急1000系車両である。

譲渡に際しては、東急長津田車両工場にて改造が行われ、東急時代の3両編成から中間車を除いた2両編成に短縮化されている。

現在は、2両編成4本の合計8両が在籍しており、シングルアームパンタグラフが2基搭載され、東急時代とは形態が変わっている。また、バリアフリー設備として、英字表記併記の電動行先表示幕や車内液晶ディスプレイ、車椅子スペースの新設、さらにワンマン運転の対応として、運賃箱や運賃表示器なども設置された。

他にも、東急時代からのワンマスコンハンドルを用いた運転台や、VVVFインバータ制御、回生ブレーキシステム（登場当初は空気ブレーキのみ）、ボルスタレス台車などが、そのままこの車両に引き継がれ、上田電鉄の近代化に大きく貢献した。

外観のデザインは、東急時代とあまり変化がなく、ステンレス車体に赤帯を巻いた形が基本だが、1002編成と1003編成には、18種類の昆虫や植動物をモチーフとしたロゴが入り、客用扉には、環境をイメージした青、大地をイメージした黄、愛情をイメージした赤の3色に塗り分けられたラッピングデザインが施され、「自然と友だち1号」と「自然と友だち2号」という愛称が付けられている。

伊賀鉄道 200系

伊賀の派手な忍者列車

伊賀鉄道伊賀線は、三重県伊賀市の伊賀上野駅－伊賀神戸駅間16・6キロを走る路線で、2007年（平成19）に、近畿日本鉄道の路線だった伊賀線を分離して誕生した。

近鉄時代は、伊賀上野駅－上野市駅と上野市駅－伊賀神戸駅2区間で列車の運転が分離されていたが、伊賀鉄道に移管されてからは、全線通し運転される列車も存在している。伊賀鉄道移管当初は、近鉄の所属車両を借り入れる形で使用されていたが、2009年（平成21）12月からは、東急の1000系車両を改造し導入している。

主な改造点は、2両編成化やワンマン対応、入線時に下枠交差式パンタグラフの増設などが行われている。さらに、車体幅が在来車よりも広く、同社の建築限界に支障があるため、各駅のホームを削る工事も行われた。なお200系は、同社初の自社所有車両となっている。

現在は、2両編成5本の合計10両が活躍しており、左右非対称の前面を持つ編成や、先頭車化改造された非貫通の前面など、編成によって異なった顔を持ち、全編成でラッピングが施されているため、バラエティ豊かな印象である。

車内の施設面では、座席がロングシートから、一部固定セミクロスシートに変更されたほか、車椅子スペースも設置されバリアフリーにも対応している。

近鉄の遺伝子を持つ伊賀鉄道に、東急の遺伝子を持つ200系車両が在籍し、伊賀盆地をのどかに走りゆくその光景は、なんとも不思議な風景である。

11 京王電鉄 3000系

井の頭線に新風を起こした京王3000系

渋谷と吉祥寺を結ぶ京王帝都電鉄（現・京王電鉄、以下京王）井の頭線は、1933年（昭和8）に帝都電鉄が開業した路線で、同じ京王電鉄の京王線系統とは、少々毛色が異なり、京王線の1372ミリの軌間に対して、井の頭線は1067ミリの狭軌となっている。

これは、帝都電鉄が当初小田急の系列会社であったためで、今も下北沢駅がノーラッチで乗り換えができる構造などからもうかがい知れる。

帝都電鉄は1940年（昭和15）に小田急に吸収合併され、さらに1942年（昭和17）には、小田急電鉄や京王電気軌道（当時の名称）とともに東急に合併され、井の頭線と路線名を変えた。俗に言う大東急時代を過ごすわけだ。この井の頭線が京王に編入されたのは戦後で、大東急の解体により1948年（昭和23）に京王の一路線として編入されるが、その際帝都の名称を残すため京王帝都電鉄の名称となった。

戦後の井の頭線は、グリーン1色の電車が2～3両で走る路線だったが、1962年（昭和37）に、同社初のオールステンレスボデーの3000系が登場し、編成も4両に増強された。米国「バッド社」のライセンス生産によるステンレス車体を採用し、前頭部はFRP（強化プラスティック）で製作、編成ごとにカラフルな7色のパステルカラーを採用して、武蔵野の台地を走り出した。

このニューフェースは、当時の人々にとって、都会的なセンスに見えたことだろう。車両の機能面でも、登場時の新技術を駆使したディスクブレーキや、空気ばね台車などの搭載に加え、駆動装置に中空軸平行カルダン方式を採用している。１９６２年から１９８８年（昭和37〜昭和63）まで26年間にわたり量産され、最盛期は１４５両もの電車が活躍した。製造期間が長期にわたるため、製造時期ごとに差異が生じているのも、この電車の面白いところである。

目で見える大きな特徴としては、初期型の第１・２編成は、側面がストレートな２７００ミリの車幅で片開きの側扉を持つが、第３編成以降の増備車については、裾絞りの広幅車で車幅が２８００ミリに拡幅され、扉も両開きのうえ、開口幅も広くなっている。１９６９年（昭和44）に登場した第14・15編成からは、冷房装置を装備、１９７１年（昭和46）、１Ｍ車（デハ３１００）を加え、５両編成化が順次行われた。

その他、製造時の違いで、台車の型式が違うほか、制御方式にも違いがある。さらに後期型にあっては、延命のためのリニューアル工事が第16編成から第29編成に実施され、その際には、前頭部のＦＲＰ部分が通常の鋼製に変更されたうえで、色つけと運転台窓の拡大化が行われ、従来のイメージを残しながらも、渋谷らしい「今風」の電車に仕上げている。

井の頭線引退後の３０００系は、デザインが秀逸していること、車体がステンレスであること、車長が18メートル級であること、改造元である「京王重機整備」が、地方の鉄道向けに使い勝手の良い改造ノウハウを持っていたことなどにより、第二の職場でも重宝がられ、日本各地に転職していった。３０００系の優秀さが改めて認められた証しだと、筆者は考える。

井の頭線急行運転開始日の3000系　渋谷　1971年（昭和46）12月15日

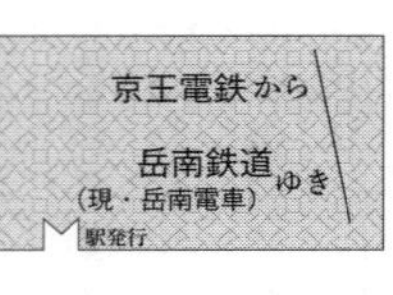

岳南電車 7000形・8000形

秀麗富士の裾野を走る赤富士電車

岳南鉄道は、静岡県富士市鈴川本町に位置する東海道本線の吉原駅を起点に、吉原本町駅などを経て岳南江尾駅までの9・2キロを走る単線のローカル私鉄で、富士山の絶景が拝める鉄道として名を馳せる。

岳南鉄道は、旅客輸送よりも貨物輸送が盛んな鉄道としても有名で、沿線に製紙工場が数多く点在し、さらに各工場には岳南鉄道からの引き込み線があり、吉原駅を介して全国に貨物発送ができる便利な環境が整っていた。しかし、その貨物輸送も工場の移転やトラック輸送に取って代えられ、2012年(平成24)3月16日をもって、運行が終了した。

現在は旅客輸送だけになり、経営は厳しい状況だが、地域行政の支援も得て、「岳南電車」として会社のスリム化を図り、地域の大切な公共輸送の一翼を担っている。この岳南電車には、7000形電車3両と、8000形電車2両1編成の計5両の電車が在籍している。そのすべては、京王電鉄井の頭線の3000系電車からの改造車である。

7000形は、京王井の頭線の中間車デハ3100形(1M方式の電動車)の両側に3000系を模した運転台を接合した両運転台車で、1996年(平成8)から翌1997年にかけて導入された。運転台の機器は、京王5000系の制御車からの発生品が使われ、モハ7001〜モハ7003が在籍しており、前頭部は朱色に塗装され、側面には朱色のラインが入る。このモハ7000形のうち、モハ7002と7003は、繁忙時に2両に連結して総括制御ができる仕様になっている。

８０００形は、繁忙時に対応するため、京王の中間電動車デハ３１００形とデハ３０５０形を組み合わせ、デハ３０５０形を電装解除し、それぞれ片方に新製した運転台を接合した。新製した運転台はやはり３０００系と同じスタイルで、モハ８００１とクハ８１０１の１Ｍ１Ｔ構成の２両編成として、２００２年（平成14）に導入された。前頭部は緑色に塗装され、側面には緑色のラインが配される。色合いを分けることで、７０００形との識別を強調している。また、この８０００形には、公募で「がくちゃんかぐや富士」と愛称が付けられ、利用者からの人気も高い。

　運転台は７０００形が一般的な２ハンドル式に対して、８０００形はＴ型のワンハンドル式のマスコンを装備している。これは、京王６０００系制御車の発生品を流用したといわれる。これら岳南電車７０００形と８０００形は、すべて京王重機整備で改造され、当時の岳南鉄道に納められたものだ。

　京王３０００系の譲渡車の中でも、中間車を両運転台車にした車両は、この岳南電車にしか存在しない。

岳南7000形は両運転台の１両編成で使用される

京王電鉄から
上毛電気鉄道ゆき
駅発行

上毛電気鉄道 700形

上州の8人兄弟

「上州のからっ風」で有名な、群馬の名峰赤城山。その南方裾野を東西に走る上毛電気鉄道（以下、上毛電鉄）は、中央前橋駅と西桐生駅間25・4キロを約50分かけて結んでいる。他社線に接続するのは、中間駅の赤城駅、東武鉄道桐生線だけで、始終点で他線との連絡がない珍しい路線となっている。この赤城駅から隣の桐生球場前駅までは東武線と併走するため、複線のように見えるが、実際はおのおのが単線なのである。

東武鉄道の車両と、上毛電鉄の車両が同時に併走する機会を日に数度拝めるのも見どころだ。中央前橋駅はJR前橋駅から約1キロ、西桐生駅はJR桐生駅の北側約300メートルに所在する。この微妙な位置関係が、上毛電鉄線をより一層ローカル線に仕立てている。

この上毛電鉄道には、京王3000系の譲渡車700形が16両在籍している。1998年（平成10）の導入にあたって、改造元である京王重機整備では、当時ストックしている車両の関係で、京王3000系の制御車（Tc）を2両編成にし、片方を制御電動車にしたMc－Tc編成と、中間電動車2両に運転台を新設し、片方を電装解除して制御車にしたMc－Tc編成を納入したが、性能による差異はない。

同社は、これら2両編成を8編成導入したが、導入当初は、すべての編成が上毛電鉄カラーのフィヨルドグリーンの前頭部に、グリーンと赤の側ラインを添えた姿だったが、2005年（平成17）からは、全般検査と同時に編成ごとの前頭部カラーを、次のように塗り分けした。

公式の名称では、1号車フィヨルドグリーン、2号車ロイヤルブルー、3号車フェニックスレッド、4号車サンライトイエロー、5号車ジュエルピンク、6号車パステルブルー、7号車ミントグリーン、8号車ゴールデンオレンジとなっており、京王在籍時はレインボーカラーの7色であったが、上毛電鉄では、1色多い8色展開になっている。カラフルな上州のからっ風として、赤城山の麓を走る姿がすがすがしい。

同社も、ご多聞に漏れず収支は決して良くはない。そのために「サイクルトレイン」と称して、車内に自転車の持ち込みができる制度もある。この「サイクルトレイン」を利用している人は、年間4000台にも上るそうだ。それだけ、地元の人々が頼りにしている立派な公共交通機関なのである。

また、パーク&ライドも規模は大きくないが、充実しており、お得な一日乗車券も用意されている。まさに、上州地方に根付いているローカル線だ。この本の読者であれば、乗りに行かない手はないはずだ。

上毛電鉄700形は８色の顔を持つカラフル電車だ

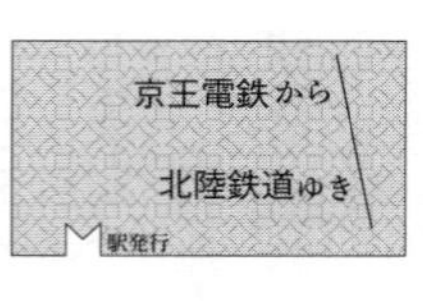

北陸鉄道 7700系・8000系

雪国に映えるオレンジ電車

かつては、石川県下に多くの路線を持っていた北陸鉄道だが、モータリゼーションや沿線人口の減少等により、現在は、浅野川線（北鉄金沢駅－内灘駅間6・8キロ）、石川線（野町駅－鶴来駅間13・8キロ）の2路線計20・6キロのみを有するローカル私鉄である。

ここにも、京王電鉄3000系を改造した浅野川線用の8000系と石川線用の7700系が在籍し「豪雪地帯の公共の足」として最前線で活躍している。豪雪地帯向けに細かい雪害対策やスノウプラウなども設置し、路線状況に即した電車に仕上げられているのが、大変興味深い。地下方式の北鉄金沢駅を起点とする浅野川線には、5編成10両の8000系が在籍している。

北陸鉄道では、600ボルトから1500ボルトへの昇圧と金沢地下駅に乗り入れる際の、不燃化車両が必要となり、1996年（平成8）より京王3000系が譲渡され、浅野川線で運行を開始した。京王時代の編成両端に位置する制御車（クハ3700とクハ3750）に、中間電動車（デハ3000とデハ3050）の機器を移設して、2両ユニットの制御電動車化（Mc1－Mc2）を施した。

浅野川線8000系の面白い点は、京王3000系の項でも記したが、初期ロットの片開き扉の幅狭車（2編成）と、後継の両開き扉の幅広車（3編成）が導入されていることだ。幅狭車は、8900番台、幅広車は8800番台と区別されているが、運用は共通化している。

京王時代に、レインボーカラーで塗り分けられた前頭部は、北陸鉄道のコーポレートカラーであるオレンジ色に統一されている。その見事な色彩は、雪国の白銀世界に良く映える。近代化された北鉄金沢駅で見る８０００系は、井の頭線のどこかの駅にいるような錯覚さえ覚えるほどで、大都会の雰囲気を醸し出している。

片や内灘駅は、典型的なローカル線の終端駅であり、浅野川線は都会とローカルという両極端の風景を兼ね備えたところがユニークだ。

石川線は、起点の野町駅が金沢市街南部に位置しており、一見、中途半端な場所に設置された駅に思えるが、その昔走っていた北陸鉄道金沢市内線に乗り継ぐことができたので、加賀一の宮や鶴来方面から金沢市中心部に行く人には重宝がられたそうだ。ここにも、２００７年（平成19）から元・京王３０００系の譲渡車である７７００系が２両１編成在籍している。

７７００系は、制御車（クハ３７００とクハ３７５０）からの改造車で、浅野川線の８０００系とは異なり、片方のみ制御電動車化して、１Ｍ１Ｔ方式（Mc－Tc）としている。石川線は架線電圧が６００ボルトだったことから、もともと１５００ボルトの電車であった京王３０００系をそのまま使用するには不都合が多く、機器の多くは同業他社数社の部品を流用して改造された。

一方の浅野川線は営業キロが短く、変電所が１か所なので、投資費用を検討した結果、１５００ボルトに昇圧し投入された経緯がある。そのため、見かけは８０００系と同じだが、電圧が異なるので形式は７７００系を名乗っている。こちらも東京急行から譲渡された７０００系と共通で運用されている。スノウプラウは豪雪地帯らしく、とてもいかつい物が飾られており、「軟派でナウな渋谷系電車」は、「硬派でスノウな電車」に変わっている。このあたりの様変わりも、楽しみながら乗ってもらいたい。

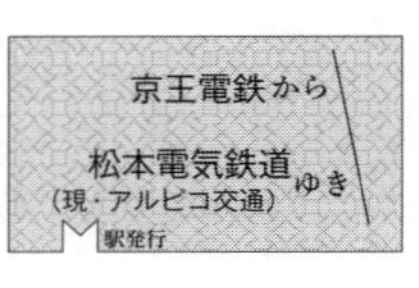

アルピコ交通　3000形

信州のダイナミックストライプ

アルピコ交通上高地線は、ＪＲ中央本線の松本駅から、上高地や乗鞍方面に向かう単線のローカル線である。

終点は、同じ松本市内に位置する新島々駅で、上高地や乗鞍に向かうのであれば、同駅でアルピコ交通のバスに乗り換えることとなる。つまり上高地線は、中央本線から乗鞍方面に向かう中継の輸送機関であり、また、郊外から松本市中心部への沿線住民の大切なアクセス路線も担っている。

２０１１年（平成23）４月までは、松本電気鉄道と名乗っていたが、長野県内のバス会社とともに、地域の公共交通網を堅持にするために合併し、あらたにアルピコ交通と名乗るようになった。そんな上高地線にも、京王井の頭線の３０００形が、１９９９年（平成11）に８両譲渡されている。岳南鉄道（現・岳南電車）と同じ手法で、京王３０００系の中間電動車に運転台を取り付け、１Ｍ１Ｔ編成にしたもので、２両編成が４編成在籍する。

この３０００形のモハ３０００は、１Ｍ方式の京王デハ３１００形がタネ車であり、クハ３０００は同デハ３０５０形を電装解除したもので、これらに、運転台部分を新製して結合させた。興味深いのは、この運転台部分が、京王３０００系の更新車仕様と同じ鋼製で、大きなフロントウインドウがついた近代的な顔つきの電車に仕上がっていることだ。運転台内部には、京王６０００系の発生品と察するワンハンドルタイプのコントローラが流用され、譲渡車とは思えないほどの様相を呈している。

また、雪国信州らしく、スノウプラウはもとより、一部のクハには、霜取り用のパンタグラフが運転台寄りに設置されており、他社の京王3000系譲渡車には見られない数々の装備が施されている。

車内は、運転台直後のシートが取り払われ、ワンマン仕様の運賃箱が真ん中にドンと設置されている。その横に車いすスペースが備えられているほかは、オリジナルのままのようだ。塗装は、ステンレス車の全体を雪国にあわせて白色にし、アルピコグループの鮮やかなダイナミックストライプが、車体の前後左右に彩りを添えており、目に鮮やかだ。

上高地線は、松本駅を出ると、目前に連なる上高地や乗鞍岳に向かい、真西に緩やかな坂を上っていく。沿線は自然が豊かで、その車窓の色変わりは四季折々である。渋谷を走っていたクールな電車から、信州を走るスマートな電車に生まれ変わった3000形に、会いに行っていただきたい。

美しい信州の山並みを行くダイナミックストライプ

伊予鉄道 3000系

二度新型車となった電車

愛媛県の松山市とその周辺は、伊予鉄道の郊外電車(鉄道)と市内電車(軌道)などが活躍し、活気がある街だ。この伊予鉄道は、1888年(明治21)に日本初の軽便鉄道として開業し、ドイツ製の蒸気機関車が客車を引いて運行していた歴史ある鉄道だ。

文学の世界でも有名で、夏目漱石の小説「坊っちゃん」の中で、主人公が四国・松山に赴任した際に見た「マッチ箱のような汽車」が、明治時代の伊予鉄道の車両だったと言われている。2001年(平成13)からは、この「坊ちゃん列車」を復元した列車を市内線で運行しているが、動力は石炭ではなく、ディーゼル機関を使用している。また、先進性のある事業者でもあり、同社のIC乗車券「モバイルい～カード」は、なんと日本で一番早く登場したモバイル乗車券で、JR東日本のモバイルSuicaよりも登場が早かったほどだ。

そんな伊予鉄道にも、京王3000系が10編成30両と大挙譲渡され、伊予鉄道での形式も3000系を名乗っている。京王からやってきた3000系は、2009年に導入されたため、3000系の後期タイプが導入された。京王時代にリニューアルが行われたため、前面窓は、大きなパノラミックウィンドウに変更されている。

改造を行ったのは京王重機整備で、5両編成からTc－M－Tcの(京王クハ3700－デハ3000－クハ3750)を抜き取り、伊予鉄道クハ3500－モハ3100－クハ3300の3両編成に改造している。床下機器は、台車とブレーキ装置を再活用しているが、主制御器をVVVFインバータ制御に変更し、主電動機も三相かご形誘導電動機（出力120キロワット）に交換している。そのためモハ3100形の床下機器の配置は全体的に変わり、クハ3300形はSIVの取り付け、クハ3500形も空気圧縮機が変更された。

このほか、M車のパンタグラフの離線対策のため、クハ3300形にもシングルアームパンタグラフを追加設置し集電を行っている。車内は、各車両連結面寄りに優先席のおもいやりゾーンが設けられ、クハ3500形の運転室背後に車椅子スペースを設置し、1号車のクハ3500形は、弱冷房車となった。これらの設置は、伊予鉄道初で、3000系は、本家京王時代よりも新しいシステムが取り入れられている。

外観の塗色は、京王時代に前頭部に採用されていたレインボーカラーを在来車のボデーカラーと同じアイボリーに統一し、側ラインも同じく在来車を引き継ぐ濃淡2本のみかん色で飾られている。他社に譲渡された京王3000系が、単行もしくは2両編成であるのに対し、伊予鉄道3000系は、中間車を組み込んだ堂々の3両編成であり、井の頭線を走っていた頃をほうふつさせる。

同社の鉄道線は、架線電圧750ボルト区間（郡中線・横河原線）と600ボルト区間（高浜線）で電車を共通に使用しているので、もともと1500ボルト仕様であった3000系は、降圧工事が行われた。ちなみに、この750ボルトと600ボルトのセクションは、松山市駅構内に位置し、そこでは、絶縁された無電区間がある。しかも、いわゆるデッドセクションではなく、電気的な回路で調整されている区間で、これも他ではあまり見られないシステムだ。もっとも、電圧差が小さいので、こういった小技ができるのだろう。

見かけは、井の頭線を走っていたリニューアル後の3000系ではあるが、内容的には新車然としている。そのため伊予鉄道を走り出した頃に「新型電車」というヘッドマークが掲出されたが、まさにその通りだと感じる。新天地の伊予鉄道で、3000系は新しい機能を付加し、2回目の新型車となったのだ。

12 京王電鉄 2010系

京王車両の礎を築いた2010系

京王電鉄は、路面電車を発祥とし、戦後の高度経済成長時代に、普通鉄道へと遷移していった。その設備へ移行する際の過渡期に製造された2010系と称されるグループは、1957年（昭和32）に新規格の京王線用車両として登場した2000系のバージョンアップ車両で、当時の近代的な車両性能を搭載し、1959年（昭和34）にデハ2010＋2060形の2両編成でデビューした。

2000系の駆動方式が、平行カルダン方式であったのに対して2010系は、WN駆動方式を採用し、電動機も改良が施され、100キロワットから110キロワットにパワーアップしている。また、全電動車方式による高加減速車の2000系とは異なり、MT比1：1での運用を実現した。

車体前面は、当時流行のデザインだった2枚窓の湘南顔で、前照灯は白熱電球1灯が上部に装備され、行き先表示にはサボが取り付けられたが、その後登場した2次車（デハ2015・2065）以降は、前照灯がシールドビーム2灯になり、行き先表示は電照式に変わっている。

1962年（昭和37）まで製造が続けられ、2両編成16本の合計32両が誕生した。2010系は、パワーのある性能を生かし、中間付随車2両を編成に組み込み、4両編成で運用に就き、本線系統を華やかに駆け抜けた。

1963年（昭和38）、大都市の大量輸送に対応すべく、架線電圧を1500ボルトに昇圧した際、特急運用増発に伴う車両不足を補うため、2019F～20

地上時代の調布駅を発車した2010系電車。地下化により風景は変わった

26Fの4両編成8本が特急運用に充当され、5000系をなぞらえたアイボリーホワイトの塗色にエンジ色の帯を巻いた編成も登場した。

さらに、1970年（昭和45）に本線旅客の急増に対応し、一部の先頭車両の運転台が撤去され、中間車に変わり、6両固定編成も組成された。

1984年（昭和59）に廃車になるまで、非冷房車のままであった2010系は、後の転職先である伊予鉄道で、冷房装置を取り付け、さらに、伊予鉄道から銚子電気鉄道に異動となり、今も4両が現役である。

2010系の電装品などの機能や設計コンセプトは、名車と語り継がれる京王5000系にも受け継がれており、2010系は、まさに近代京王車両の礎を築いた存在といえる。

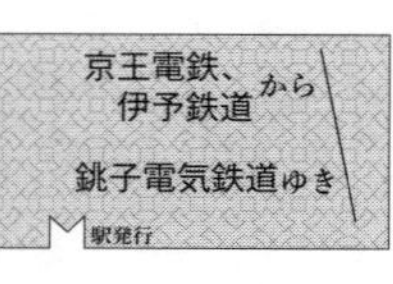

銚子電気鉄道 2000形

二度の転勤、都市から四国、関東を旅した電車

現在でも、多くの事業者で、譲渡車が活躍している。そして、これら多くの譲渡車は、新製した社局で数十年働き勇退した後に、小改造（中には、種車が判別できないほどの大改造車も存在する）を施したうえで、第二の職場に就役する例がそのほとんどだ。

昭和の時代では、中小事業者における車両製作費の問題や、保守の軽減、車両設備の充実を考慮すると、大手事業者から車両の譲渡を受けることが得策とされ、さらに3社目4社目と嫁ぐ車両も多かった。

だが、使い勝手や車両設備の陳腐化を敬遠する現代では、路面電車を除くと、複数の事業者を渡り歩く例は、あまり多くはない。その数少ない複数の社局を渡り歩いた車両が、銚子電気鉄道（以下、銚電）２０００形で、現在でも千葉県で元気に走っている。ＪＲ総武線・銚子駅のホーム先端から発着する銚電は、外川（とかわ）駅までの６・４キロを結ぶ小私鉄である。２０００形は、もともと京王電鉄の本線系統を走っていた２０１０系電車がオリジナルである。

京王電鉄は、１９８４年（昭和59）までに２０１０系の廃車を済ませたが、車齢が若く17メートル車で地方の私鉄では扱いやすいサイズだったため、伊予鉄道に18両が譲渡され、郊外電車として活躍することになった。

譲渡の際、軌間の違いがあるため、京王重機整備で、井の頭線１０００形車両の台車を流用して改軌を実施し、電圧の違いに対する改造も施され、制御電動車（Mc）２両と付随中間車（T）１両を組み合わせて、モハ８２０－サハ８５０－モハ８１０（Mc＋T＋Mc）の伊予鉄道800系として、松山の街を新車然と走り出した。

就役後まもなく冷房装置も設置され、郊外電車の近代化に貢献した後、旅客の動向に合わせ、1993年（平成5）に付随中間車（T）を制御車（Tc）化する改造が京王重機整備によって施工され（サハ850に運転台を取り付けクハ850に改造）、モハ820ークハ850ーモハ810（Mc＋Tc＋Mc）となった。新しく設置した運転台は、京王5000系に似通った貫通扉の付いたものになり、これにより、繁忙時には3両編成で運転し、閑散時にはモハ810を切り離して2両編成で運転という使い分けを行い、運用の効率化が図られたが、これらの800系も、京王からの譲渡車で、元・井の頭線用の3000系が現れると、世代交代を始め、2009年（平成21）に6両が廃車となった。この頃、同じく京王3000系の導入を計画していた銚電が、降圧改造などの諸問題を敬遠して、同じ600ボルト区間を持つ伊予鉄道800系の2両編成（モハ820ークハ850）を導入することにした。そのため、伊予鉄道のモハ822（デハ2070）ークハ852（サハ2575）とモハ823（デハ2069）ークハ853（サハ2576）の2編成4両は、再度、関東の地へ戻ることとなる。

同年、銚電に譲渡された800系は、京王時代に近い形式番号が付けられ、銚電2000形の登場である。現在、2001編成が京王時代のオリジナルカラーのライトグリーン一色、2002編成は、京王5000系をイメージさせるアイボリー地にエンジのシャープなラインをまとっている。

銚子側にオリジナルの湘南顔ともいえる非貫通形デハ2000形を、外川側には京王5000形に似た顔を持つ貫通形のクハ2500形とし、前後で京王を代表する二つの顔が見られるようになっている。

くしくも、この2000形2編成4両を導入することで、伊予鉄道からの譲渡車の先輩にあたる800形を追いやるわけだが、この800形も、銚子側が非貫通、外川側が貫通形という2000形と同じように二つの顔を持つ電車だった。

13 京王電鉄 5000系

京王のプリンセス

京王電鉄は、新宿から八王子・高尾山方面に走る1372ミリ軌間の京王本線系統と、渋谷駅－吉祥寺駅を走る1067ミリ軌間の井の頭線の2系統84・7キロを持つ。そのうち、京王本線系統は、起源が軌道であったため戦後遅くまで、13メートルや16メートル級の中小型車が活躍しており、架線電圧も軌道と同じ600ボルトのままであった。

5000系は、1963年（昭和38）に、架線電圧を一般の鉄道と同じ1500ボルトに昇圧させたのに合わせて登場した車両で、そのデザインは、正面貫通扉を挟み、運転台左右をパノラミックウインドウと呼ばれる曲面ガラスを採用した。当時は、中小型車に地味な緑一色の、いかにも古い電車ばかりというイメージだったが、明るいアイボリーに細く精悍なエンジの帯を入れた姿はスマートで、現代まで続く京王線のイメージアップに貢献した。

また、バリエーション豊かなことでも知られ、駆動方式は、吊り掛け車とカルダン車が在籍し、車体幅や主電動機の出力、冷房装置形式の違いなど、製造年代や製造会社によって多くの差異が見られた。6000系が登場するまで、特急から各停まで、フレキシブルな運用に対応し、当時の京王フラッグシップだった。

5000系は、日本車両製造・日立製作所・東急車輌（現・総合車両製作所）で155両が製作された。18メートル車で2800ミリ以下の車幅のため、同じ車幅を多く扱っている地方のローカル私鉄で重宝がられ、京王線で廃車後、傍系会社の京王重機整備で改造や整備を施工し、60数両が地方の鉄道会社に譲渡され、第二の活躍の場を得ている。

行楽特急「高尾」のヘッドマークをかざして走る5000系。もっとも輝いていた時代だ

地上時代の」京王八王子駅と5000系　1977年(昭和52)6月19日

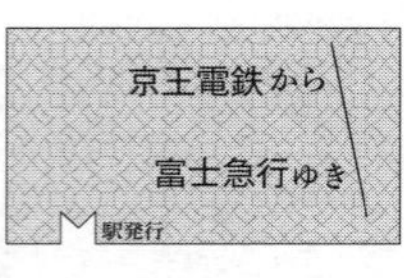

富士急行 1000形・1200形

バラエティ豊かなカラーリング

山梨県大月市にある大月駅から、同県富士吉田市の富士山駅（旧・富士吉田駅）までを結ぶ大月線と、富士山駅から河口湖駅までの河口湖線からなる富士急行線。この路線で活躍している譲渡車のひとつに元・京王5000系がある。

1993年（平成5）、富士急行5700形（小田急からの譲渡車）を置き換えるため京王から5000系を譲り受け、1000形はロングシートに、1200形はセミクロスシートに改造され使用を開始した。最終的には1000形2両2本、1200形2両7本が誕生し、富士急の一大勢力となった。

導入にあたり、異なる軌間（京王は1372ミリ、富士急は1067ミリ）のため、台車を廃車となった営団3000系より発生したFS510形に変更し入線した。なお、1002・1207編成が分散式冷房装置で、他は集中式冷房装置を搭載している。

2006年（平成18）に1205編成が「マッターホルン」号になり、車体カラーを赤と白のツートンに変更したが、2009年（平成21）に開業80周年事業で、水戸岡鋭治氏デザインによる「富士登山電車」へ改造された。

そのため「マッターホルン」号は、1201編成が受け継ぐことになった。このほか、開業80周年事業では、1202編成が1956年（昭和31）登場の3100形のカラー（その後の5700形までの標準色）となり、1001編成が1945年（昭和20）代のマルーンとクリームのツートンカラーとなり人気を博した。さらに1001編成は、2012年（平成24）に京王

京王時代の塗装に変更された1001編成、「陣馬」のヘッドマークも懐かしい

５０００系誕生50周年記念で京王カラーによみがえり、車番もオリジナルの５８６３と５１１３に改番、タイフォンも京王時代に戻すなど凝った仕様で、鉄道ファンから熱い視線を浴びている。

　現在１０００形は1編成しか在籍しないため、ロングシートを生かしてビール電車に用いられている。１２０６〜１２０８編成は以前「ふじやま」号に使用されていたため、車内にテレビが設置されており「フジサン特急」が検査などの際は代走として使用される。なお１２０７編成はテレビアニメの『エヴァンゲリオン』号として運用されたこともある。

　残念ながら、２０１１年（平成23）の１２０８編成を皮切りに１００２、１２０３、１２０７編成が６０００系の導入に伴い廃車され、現在は5本が活躍するのみとなっている。ちなみに富士急行では、末尾４と９は、忌み数として欠番としている。京王時代から、名車として謳われる車両ゆえに、末長い活躍を期待したい。

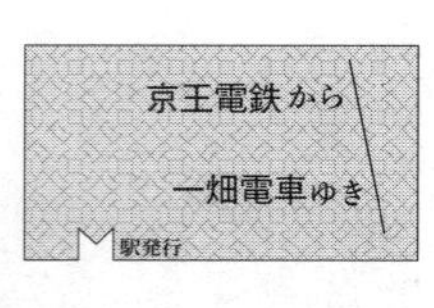

一畑電車 2100系・5000系

首都圏から移ったRAILWAYS

現在、山陰地方唯一の民鉄である一畑電車。少し前までは一畑電気鉄道と名乗っていたことをご存じの方も多いだろう。この一畑電車もご多聞に漏れず、経営面に苦しんでいる。最近では、自治体などから支援を受けており、鉄道部門を単独会社としてスリム化を図り、一畑電車と名乗るようになった。地元では、「バタデン」と呼ばれ愛されている。

同社は、ＪＲ山陰本線の出雲市駅に接続し、途中駅の「川跡駅」から縁結びの神様として有名な「出雲大社駅」に行く大社線と、宍道湖の北側をぐるりと回り、松江城に近い「松江しんじ湖温泉駅」までの北松江線の2路線、計42・2キロを走る鉄道だ。

最近では、２０１０年（平成22）に封切られた映画「ＲＡＩＬＷＡＹＳ 49歳で電車の運転士になった男の物語」のロケ地で使用され、全国的にも知られるようになった。そんな同社にも、京王５０００系の譲渡車が活躍している。２１００系と５０００系と称し、２１００系は4編成在籍、ほぼ京王時代の外装ではあるが、中央の扉を埋設し2ドアにされたものと、オリジナルの3ドアが、それぞれ2編成運用されている。

種車は、京王時代のTc車とMc車を組み合わせ、京王重機整備で2両ユニットのMc＋Mc編成とし、一畑電気鉄道（当時）に納められた。なお、譲渡車の関係から、２１０４編成のみ京王時代Tcだった2両を電装化して、Mc＋Mc編成とした。現在２１００系は、4編成がそれぞれ違った外装色で走行している。

２１０１編成は、京王５０００系時代の、白地に臙脂のシャープなラインが入った外装色で、京王５００

0系誕生50周年を記念して、一畑電車や富士急行とともに展開している3社共同企画の塗装となっている。2102編成は、昭和の終わり頃に走っていた一畑の標準色で、黄色いボデーにブルーの鋭いラインを配す。2103編成は、イベント対応電車に改装されており、外装色は白地で、ドア部や裾部などが朱色に塗られている。

また、内装も腰掛の配置などが変更されており、2104編成は、「ご縁電車しまねっこ号」と称し、ピンク系の外装色に、島根県観光キャラクター「しまねっこ」をあしらった愛らしいデザインで人気だ。

一方、一畑5000系は、2104編成と同じく、京王時代にTc車だったものを2両編成とし、制御電動車化、Mc＋Mcの編成にした2編成が納入されている。この一畑5000系は、京王時代と外装が大きく違う。側扉は2ドアになり、前面の貫通扉は埋設され、前部標識灯は、丸形一灯となり、後部標識灯と通過標識灯も同じく丸形となった。塗色は、窓回りが薄いクリーム、腰部に黒色、裾部と上部が紺色、アクセントに黄色のラインを施している。内装も、ドア間は1人掛けの転換シートと2人掛けの回転クロスシートが配置され、同じ京王5000系ベースでも、2100系よりも優等列車向きの仕様になっている。

しかし、これら京王5000系譲受車の一部代替情報がある。特に、京王カラーと旧一畑カラーは、その去就が注目される。車齢を考えれば、代替は免れない。

縁結びの神様・出雲大社は、恋人同士の縁だけではなく、人と人とを結びつける「縁」のことをいっているそうだ。ならば、この本がさらなる縁になりたい。ぜひ、一畑電車に乗り、通称「バタデン」の人や地元の方々とふれあっていただきたい。

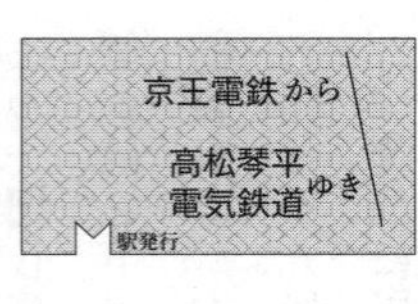

高松琴平電気鉄道 1100形

讃岐平野の王者

高松港は、1988年（昭和63）に本四備讃線（瀬戸大橋線）が開業するまで、四国の玄関口として名を馳せた。本州側・宇野港からの宇高連絡船をはじめ、多くの船舶が到着したターミナルは常に賑わい、連絡船から下船して来た旅客が、すぐに列車に乗り換えられるように、隣接して高松駅（現在の駅は、下り方に後退し、新築している）が設けられた。ホームからは、四国各方面への列車が頻繁に発着していたので、四国を鉄道で訪れる人は、必ず通過した駅だ。

そんな高松港には、もう一つの始発駅が隣接している。四国の観光地のひとつ、金刀比羅宮への参拝客や、高松市周辺の通勤通学の足となる「高松琴平電気鉄道」（以下、琴電）の高松築港駅である。この琴電にも、京王電鉄5000系が、琴電1100形と形式を変えて在籍している。

1100形は、1997年（平成9）に、当時の京王帝都電鉄から譲渡され、琴平線高松築港駅－琴電琴平駅間を、2両編成ないし4両（2両編成×2）で走っている。

琴電入線時には、京王重機整備で改造を受け、すべてがMc＋Mc編成ながら、種車により改造内容が異なっている。一つは、5000系の中間電動車（M）を2両に繋ぎ、別のドナー制御車（Tc）の運転台部分を移植したMc＋Mc編成、もう一つは、制御車（Tc）を2両繋ぎ、ドナーの5000系電動車（M）から主要機器を移植し電装化した、Mc＋Mc編成で、それぞれ2編成ずつ、計8両が在籍している。

台車は、京王線が1372ミリ、琴電が1435ミリと異なるため、すでに琴電に譲渡されていた京浜急行電鉄1000形の台車（東急車輌のTS310形）に履き替えている。さらに1000形の発生品を使用し、東洋電機の主電動機を取り付け、奇数車（1105号・1107号）にあっては、パンタグラフの取り付けも行われた。琴電譲渡時は、当時同社が経営していた百貨店の包み紙の色を配した車体色であったが、現在は琴平線のラインカラーであるアイボリーにイエローをまとい、さわやかな印象を受ける。

種車は、京王時代の車両番号で追うと、京王5000系としては、1969年（昭和44）に最終増備されたグループの車両であり、いわば最も新しい5000系譲渡車といえる。そのため、中小私鉄に譲渡された5000系の中では、外装を見る限りは、比較的コンディションが良いように思える。特に1101～1106の編成は、京王時代最後まで残った4両編成5022編成と5023編成からの改造車が6両含まれ、お別れ運転にも使用された経歴を持っている。京王5000系最後の姿をカメラに収めた方なら、お別れ運転で披露された。かつてのヒゲを再現したクハ5722の勇姿が思い出されるだろう。琴電1106こそ、そのクハ5722なのだ。

讃岐平野を、さっそうと駆け抜けるその姿は、王者の風格さえ感じさせてくれる。

京王5000系は四国の地にも足跡を残した

伊予鉄道 700系

鉄道珍百景を拝める電車

四国を走る民鉄は、どこも地元に根付いていて、街全体からパワーを感じる。決して人口が多いわけではないが、都市機能の一つとして、立派に公共交通の重責を果たしている。そんな四国では、ここでしか見られない貴重な鉄道風景が存在する。その一つは、鉄道線（普通鉄道）と軌道線（路面電車）が平面交差する踏切だ。

それは、松山市内、伊予鉄道の大手町駅前に存在し、平面で交差する部分をダイヤモンドクロスと呼び、この交差部が、ちょうど踏切になっている。鉄道の列車が近づくと踏切が閉まり、路面電車は、自動車と一緒に通過を待つ光景が見られる。軌道同士や、斜めに交差する例はいくつかあるが、鉄道の営業路線と軌道の営業路線が踏切で交差するのは、現在この伊予鉄道大手町駅前の踏切が、唯一の存在であろう。

この伊予鉄道には、１９８７年（昭和62）から１９９４年（平成6）にかけて、28両の５０００系が譲渡され、７００系に形式を変えて使用されている。伊予鉄道では、２両編成と増結用の１両が必要のため、先頭車のみの譲渡で一部のクハは電動車化されている。

他社に移った５０００系の中で、一番早く譲渡が開始されたため、初期の狭幅車（２７００ミリ）が在籍している。７１０～７１３編成とモハ７２０～７２５で、見分け方は、扉下の張り出しの具合でわかる。モハ７２４と７２５は、広幅車（２８００ミリ）の基本編成と連結しているため、広幅車と狭幅車の違いを、目近に楽しむことができる。

譲渡にあたっては、京王線と線路幅が異なることから、電動車の台車を元・小田急２２２０形のＦＳ３１６、元・東武２０００系のアルストム式台車ＦＳ３４０に変更し、クハはオリジナルの日車や日立台車の車軸を交換して対応した。クハの台車は、現在大手私鉄では皆無となり、いずれも貴重な存在である。また、初期の５０００系のうちデハ５１００は吊り掛け式駆動方式だったが、台車交換の際にカルダン駆動方式に変更されている。

現在、鉄道線全線で運用されているが、一部の３両編成の列車は朝のラッシュが終わると増結用のモハ７２０形１両を松山市駅で切り離す。その後、切り離されたモハ７２０は、片運転台車にもかかわらず、そのまま「トカゲのしっぽ切り」のように、後部標識もなく引き上げていく。同一駅構内ならまだしも、場所によっては、そのまま本線上を回送列車として、数駅先にある古町（こまち）電車庫まで引き上げて行く場合もある。これは、鉄道ファンならずとも必見で、まさに鉄道珍百景の一つといえる。ただ、伊予鉄道７００系も、初期型は製造後50年を過ぎ、老朽化という表現を避けることができない年になってきた。事実、すでに廃車となっている車両もある。この先、新しく導入される電車があるたびに、恐らくは、この７００系から廃車が行われるだろう。先にも記したが、初期の狭幅車は、ここ伊予鉄道だけの存在なので、現車を確認できるのは今しかない。

路面電車との平面交差点を行く700系

14 京浜急行電鉄 600形（旧700形）

京急往年の電車

関東の大手私鉄の中でも京浜急行電鉄（以下、京急）は、他の私鉄とは少々異なる要素を持っている。多くの私鉄は、JRの在来線と同じ線路幅1067ミリに対し、京急は乗り入れ先の京成電鉄や北総鉄道、都営浅草線などとともに、新幹線と同じ1435ミリを採用している。

また、車両の大きさが、おおむね1両あたり全長17・5メートルと小型なことや、関東では一番遅くまで片開き扉を採用していた他、いち早く、車掌のワイヤレスマイクによるホーム放送を実施していることなどが挙げられる。

線路幅が広いことも起因して、最高時速120キロで駆け抜ける高速性能や、高加速高加減速を実現し、並行する東海道本線の列車と品川駅ー横浜駅間でデッドヒートを演じている。また、複々線を持たずに、多様な種別の列車を頻繁に走らせていることなど、まさに京急イズムともとれるポリシーを感じるものがある。

京急700形は、1956年（昭和31）に登場した京急初の新性能電車で、Mc＋Mcの2両固定連結の全電動車として登場した。1958年（昭和33）の2年間で、20編成40両が、東急車輛（現・総合車両製作所）と川崎車輛（現・川崎重工）で、それぞれ製作されたが、電機品や内装に相違が見られることから、形式が区分された。

この頃、2社で製造を分担するケースは、国鉄（現・JR）も含めよくあることで、東急製のデハ700形（11両）＋デハ750形（11両）が、東洋電機の中空軸平行カルダン駆動方式、川崎製のデハ730形

（9両）＋デハ780形（9両）が三菱電機のＷＮ駆動方式と、異なる自在継手方式を採用したが、連結運転では問題がなく、区別されることなく運用された。車体前面は、2枚のフロントウィンドウを配した、当時流行した湘南スタイル形状で、車体は2扉としてセミクロスシートを配した。

その快適な乗り心地と輸送空間から、主に優等列車として運用された。京急車両のシンボルカラーといえる真っ赤なボディーに、700形から太くなったラインカラーの白線が一段と映え、当時、日本一の工業地帯だった京浜地区を高速で走り抜ける姿は、まるで閃光を放つ稲妻のようで、スタイリッシュかつ情熱的な印象の赤い電車に、多くの人が魅了された。

1966年（昭和41）から1968年（昭和43）にかけて、旅客の需要増加から、乗車定員を増やすこととなり、当形式半数の20両を中間車にするため、運転台を撤去し、貫通扉を設置する改造工事を行った。同時に車両番号を整理し、600形（2代目）に改番された。最終的には、1966年（昭和43）に4両固定編成化を実施。その後、1971年（昭和46）には、車体更新にあわせて冷房化され、集中式、分散式、床下集中ヒートポンプ式の3タイプが存在した。1986年（昭和61）に引退する頃まで、快速特急などの優等列車を中心として運用に就き活躍した。1974年（昭和49）から運行が開始された朝の通勤ラッシュ時に走る私鉄最大の12両編成の特急列車や、1981年（昭和56）に登場した通勤快特にも、1986年（昭和61）まで活躍した。

京急沿線の工業地帯や行楽地を駆け抜けた花形電車は、まさに往年の名車である。

高松琴平電気鉄道　1070形

琴電のスプリンター

京急600形（旧700形）も、うどんで有名な香川県で三つの路線「琴平線」「長尾線」「志度線」を持つ高松琴平電気鉄道（以下琴電）に譲渡され、琴電1070形として活躍している。

琴電は、太平洋戦争中の1943年（昭和18）11月1日に、高松電気軌道、讃岐電鉄、琴平電鉄の3社が、国策という当時の交通統制によって統合されたことから誕生した。それまでの経緯は、1911年（明治44）11月18日に東讃電気軌道（後の讃岐電鉄）が、現在の志度線を開業。翌年の1912年（明治45）4月30日に高松電気軌道が長尾線を、そして、1926年（大正15）12月21日に琴平電鉄が、琴平線をそれぞれ開業している。

東讃電気軌道（後の讃岐電鉄）が今橋駅－志度駅間で営業を開始してから、2011年（平成23）に開業100周年を迎えた。

琴電は、京急と同じ1435ミリの線路幅ということもあり、京急600形が譲渡された。はるばる四国の地にやって来たのは、1984年（昭和59）から1987年（昭和62）にかけて、いずれも東急車輛の制御電動車でそろえた6両達で、入線にあたって、1070形1071（京急デハ605・改造前デハ703）＋1072（京急デハ608・改造前デハ754）、1073（京急デハ613・改造前デハ709）＋1074（京急デハ616・改造前デハ758）、1075（京急デハ609・改造前デハ705）＋1076（京急デハ612・改造前デハ756）の車両番号が付された。

同社初の冷房車として琴平線にデビューした107

0形の前面は、京急時代の湘南形2枚窓から、中央に貫通扉を配した形状に変わり、京急時代の顔からは想像できないほどの変貌を遂げた。テールライトは京急時代のものを再利用している。

また、琴電に導入する際に、シートが一般的なロングシートに置き換えられた。細かい点を挙げれば、京急の本線を走る際に必要な性能は琴電では不要で、マスコンの段数が減らされ、速度リミッターを追加している。かつて京浜地区を12両編成で走っていたスプリンターは、四国に移り住んでも、そのオーラは変わっておらず、2両ないし4両で讃岐平野を駆け抜けている。2011年（平成23）、1075+1076編成が廃車となり、琴電1070形は4両の小世帯になった。

ところで、京急が走っている横浜は讃岐うどんの本家有名なのに対し、琴電の走る高松は家系ラーメンが本元で、麺繋がりがあるのも面白い。昭和のスプリンターが、この讃岐の地で、うどんの麺のように太く長く続いてくれることを、願わずにはいられない。

貫通扉が付いて大きく印象が変わった元・京急600形（旧700形）

15

京浜急行電鉄 700形（2代目）

赤い稲妻の名車

旧・国鉄時代の通勤型電車の頃から、大都市における通勤電車のドア数は4扉が多い。もちろん5扉や6扉などの車種も存在するが、ラッシュ時以外の着席機会を考えれば、最大でも4扉以下とする方が得策だ。

地方のローカル線にいたっては、現在でも2扉や3扉が主流で、まれに4扉車が走っているが、それは確実に、都市部から移り住んできた移住車である。

京浜急行電鉄が、戦後新造した電車の中に、京急初の片側4扉車、京急700形（2代目）がある。700形は、1967年（昭和42）から1971年（昭和46）にかけて、東急車輛（現・総合車両製作所）と川崎車輛（現・川崎重工）で、計84両が製作された。電動車2両に対し、付随車2両の4両固定編成を組み、型式は、デハ700（Mc）とサハ770（T）の2種類で、それぞれ42両が登場し、ラッシュ輸送の緩和に寄与した。

初期ロット5編成（20両）の先頭車は、高床運転台として製造され、運転士の着座位置が10センチほど高くなったことから、フロントウィンドウも高い位置に設置され、1000形など他の車両とは異なる個性的な顔つきの車両であった。

そんな700形は、混雑時の対策として、利用者の乗降がスムーズにできるように貢献し、4扉車の実績を上げたが、京急の標準車体長が18メートル級と短いため、ドア間で開閉可能な窓が1か所しか設置できず、片側で4か所しか窓が開かなかった。非冷房時代に乗車した方は、さぞかし暑かったことだろう。2次車からは京急1000形に似た顔つきに変更され、先述の

18メートル級４扉の700形の初期車は高床運転台だった　新馬場　1977年(昭和52)3月21日

初期ロットの車両も、１９８０年（昭和55）以降に冷房装置を設置した際の車体更新工事において、２次車と同じ顔つきに改造され、判別がつかなくなった。

全盛期には、通勤快速の増結車として運用に就き活躍したが、末期は同社の大師線でローカル運用となり、１９９８年（平成10）頃から廃車が始まった。２００５年（平成17）に完全引退し、京急の線路上から消えたが、２００２年～２００５年（平成14～平成17）廃車分の先頭車は、高松琴平電気鉄道に譲渡された。その数は、京急７００形先頭車の半分以上にも及ぶ。

高松琴平電気鉄道 1200形

金刀比羅宮や長尾寺参りに欠かせない電車

2003年（平成15）から逐次、高松琴平電気鉄道に譲渡された京急700形（2代目）は、四国初の片側4扉車として琴電1200形（琴平線用）と1200形50番台（長尾線用）として使用が開始された。

2両の編成を組み、琴平線用のラインカラー（白に黄色）、長尾線のラインカラー（白と緑）に塗装され、通勤輸送はもちろんのこと、金刀比羅宮や長尾寺参りの大切な足としても愛され、活躍している。

譲渡に際しては、機能面の改造が行われた。主電動機の一部撤去を行い、連結寄りの台車のみ主電動機を持ち、運転台側をトレーラーとしたため実質1M1T編成と同じ仕様だ。また、運転台機器の交換や奇数号車のパンタグラフが廃止となった。

保有する11編成（22両）のうち、7編成が琴平線、4編成が長尾線に配置され、その中には、初期ロット車の1201－1202編成、1211－1212編成、1213－1214編成が含まれている。元・高運転台車だが、京急時代に改造されたため、他車との差異はほとんどない。

なお、1200形と1200形50番台の違いは、一部電気機器の仕様の違いに過ぎない。そのため、琴電入線後に、車両の需給関係から、琴平線から長尾線に、1215－1216編成が移動したが、形式番号は変わらずに活躍している。1253－1254編成は、元・京急742と743なので最終製造車であり、1211－1212編成が、元・京急702と701で、初期製造車であることから、京急700形の初期製造車と最終製造車が、琴電に在籍していることになる。

琴電1200形は琴平線用に投入された車両

ちなみに、長尾線の本形式は、川崎車輌（現・川崎重工）の車両で統一されているのも興味深い。

　京浜地帯を快走していた赤い稲妻は、昔を回想しながら、讃岐平野を快走している。

1200形50番台は長尾線用として使用される

16

京浜急行電鉄 1000形

近代京急の基礎となった赤い電車

東京から神奈川県の三浦半島を目指して走る京浜急行電鉄は、同社の象徴といえる赤い電車で知られ、社名に急行と文字が入るだけに俊足を誇る。さらに、特急よりも早い列車種別「快速特急」を古くから使用しており、その速さは、赤いボデーの稲妻と称されるほどだ。

この赤い電車の名車といえば、1959年（昭和34）から1978（昭和53）までの間に、356両も製造された初代1000形で、今はすべて引退しているが、京急最大の量産車であり、快速特急から普通列車まで、幅広く活躍した。また、製造時期が19年もの長期にわたるため、改良による仕様変更や搭載機器の違い、車両製造会社別の特色など、製造時期による数種類のグループ分けができることも、興味深い。

1000形は、都営地下鉄浅草線（1号線）や京成電鉄、北総開発鉄道（現・北総鉄道）との相互乗り入れを意図し、直通車両規格に基づき製作された車両で、編成中すべてが電動車で構成されている。片側3扉のドアや窓の配置、車両の大きさなども、東京都交通局や京成電鉄、北総鉄道の乗り入れ用車両と共通仕様であるが、都営や京成、北総の車両が、前面に貫通扉を持つのに対して、1000形の先頭車形状は、当時流行した湘南形スタイルで、2枚の大きなフロントウィンドウを持つ優美な非貫通式だった。そのため、非常時に前後方からの脱出ができないため、1968年（昭和43）の都営浅草線との相互乗り入れができないかもしれないことが予想された。

そこで、1961年（昭和36）から製造する1000形には、貫通扉付きの新たなマスクを与えた。それまでの2枚のフロントウィンドウ車は、当時の流行したデザインであったが、貫通扉の付いたニューフェイスは、精悍な雰囲気を放ち登場した。また、京急には1000形が登場する以前に、先行試作車として初代800形という先輩車両が存在した。ボデーは、1000形初期車とほぼ同じで、顔つきも同じ湘南形だが、1000形の4両編成に対して、2両編成で、2編成計4両が製造された。

この初代800形は、数々の機器を試験的に搭載され、1000形の性能向上のために役立ち、1965年（昭和40）には、1000形に編入改番して1095+1096、1097+1098と名乗るようになった。初期の1000形非貫通車とこの元・800形は、1969年（昭和44）から1973年（昭和48）にかけて、貫通扉の付いたタイプの顔に改造され、地下鉄線内にも乗り入れるように改修工事を受け、量産車との区別はほとんどなくなった。

1971年（昭和46）からは、京急初の新製・冷房装置搭載車なども製造されたほか、主要機器の変更など多くのバリエーションを交え、京急一の大所帯に成長した。

その数は、1000形352両に、元・800形からの編入車4両を加えた総勢356両。まさに、戦後から現代にいたる近代の京急の基礎を築いた名車である。乗り入れ先の鉄道会社にも評価され、1000形が京成グループにリースで貸し出されたことや、北総鉄道に譲渡されたことも納得できる。こうして2008年（平成20）までの40年間、地下鉄を経由し、京成電鉄、北総鉄道に乗り入れ、遠くは千葉県まで足を延ばした。需要に応じて編成は、2・4・6・8両編成が組まれ、朝のラッシュ時には12両編成の特急列車の運用にも就いたが、新製車両の増備に伴い、次第に数を減らしていった。

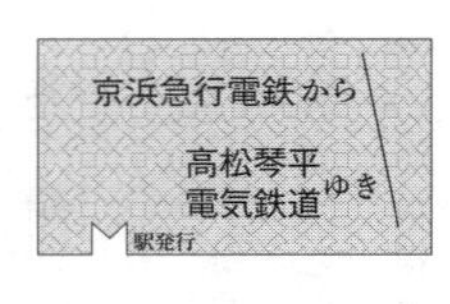

高松琴平電気鉄道 1080形・1300形

港町を走る元・ミスター京急

香川県の高松琴平電気鉄道で、今も京急1000形が活躍している。

琴電には、第1期の1988～1991年（昭和63～平成3）、第2期の2007～2011年（平成19～23）と、2期に分けて導入された。時期や改造方法が異なるため、形式を1080形、1300形として運用している。第1期に導入された1080形は、京急1000形の初期車の譲渡車で、いわゆる湘南タイプの前面非貫通だった形状を、貫通扉付の前面に改造したタイプだ。

初期車は、京急時代オール電動車4両編成であったが、琴電導入時に、品川寄りの2両目の中間車に三崎口寄りの運転台を移植改造し、2両固定編成化され、6編成計12両（1081号から1092号）が、琴電に納められた。塗色は、上部アイボリー、下部イエローの車体色とされ、琴平線の運用に就いた。初期車の第1期は、分散式クーラーが搭載されており、当時非冷房であった同路線の冷房化を推進した。なお、1089～1090編成は2011年（平成23）に廃車になったので、現役は、2両編成5組10両である。

琴電1300形は、京急時代の1000形の最終増備車であり、いずれも1978年（昭和53）製のもので、6両編成もしくは4両編成の両端に有する制御電動車を2両ユニット化改造のうえ、琴電に納められた。このうち、琴電1307＋1308は、京急時代の1243と1250にあたり、これは京急1000形の最終生産車で、足回りは空気バネ台車を履き、集中式クーラーを備えている。

京浜急行を代表する 1000 形は琴電で 1080 形と 1300 形に変化した

塗色は、上部アイボリー、下部グリーンに塗られ、長尾線で活躍している。こちらの1300形は、最も新しい京急1000形といえるもので、納入された2両編成4組計8両が、元気に讃岐平野を疾走している。また、1080形が琴電入線時、他の在来車両と連結をするため、マスコンやブレーキを改造して、自動加速車と非自動加速車の連結を可能としていたが、1300形は、長尾線で使用するため他形式との併結がないことから、マスコンやブレーキ関係をオリジナルのままとした。そのため両車は形式名も異なり、連結しての運転もできない。

「ミスター京急」と呼ばれる京急初代1000形。その雄姿は、首都圏では見られなくなってしまったが、場所が変わっても、港町横浜から同じ港町高松に移り住み、輝きは全く失くしていない。四国を訪ねた際は、一時代を築いた名車を満喫していただきたい。

17

西武鉄道　401系（旧411系）

初期型高性能電車

西武鉄道（以下、西武）は、新宿や池袋を拠点に、都内から北西部に路線を持つ大手の鉄道会社である。小江戸と呼ばれる川越や秩父、さらには秩父鉄道に乗り入れ、長瀞や三峰口などを結んでいる。2013年（平成25）からは、東京地下鉄副都心線などを介して、横浜の元町・中華街駅まで乗り入れを行っている。

そんな同社の車両だが、現在は30000系や6000系など、キリの良い数字の形式称号を与えているが、かつては、関東の大手私鉄の中で唯一、形式称号の下一桁に1を付け、101系や601系という国鉄風の形式称号であった。その中でも特筆される電車が、20メートル全鋼製の401系2代目という電車で、1964年（昭和39）の登場時は、411系と称していた。

初代の401系は、吊り掛け式駆動の国鉄63系電車を譲り受け改造したグループだったが、411系は、機器のみ払下げを受け、それに自社製の車体を搭載した半新造車だった。クモハ411形＋クハ1451形（Mc＋Tc）の2両19編成38両が登場し、形式称号は初代401系の後継として411系を与えられた。

外観は、1959年（昭和34）に登場した451形の切妻タイプを採用し、側面は同時期に製造された701系を基本とした折衷型となった。3次車（423編成）以降は、雨樋を上部に移動し張上屋根風の車体に変更された。

1978年（昭和53）には、大幅な車両性能の向上が図られ、下回り機器がすべて換装され、吊り掛け駆動からカルダン駆動の高性能電車になった。この時、

切妻タイプの401系の顔は、国鉄の101系を思い起こさせる

冷房化も施工され、当時すでに廃車となっていた初代401系の形式称号を受け継ぎ、晴れて401系と名乗るようになった。

また、この新性能化工事で編成がMc＋Mcとなり、車号は、電装品を備え電動車化された元・クハ1451形が奇数番台、元・クモハ411形が偶数番台となった。さらにこの際塗色が、赤とベージュのツートンカラーから、鮮やかなレモンイエロー一色に衣替えされ、10両編成の増結用として活躍したが、新形式の車両が次々に誕生し、身を引くこととなった。1997年（平成9）2月を最後に引退となり、廃車後は19編成すべてが地方鉄道に譲渡された。401系2代目は、もともと同時期に登場した701系の増結用として製造され、共に同社から引退している。同じ時代を駆け抜けた一心同体の電車達だった。

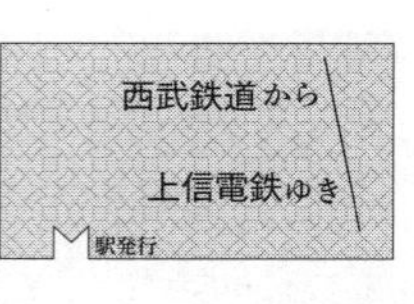

上信電鉄 150形（クモハ151、152）

新標準塗装で走る古参車両

上信電鉄は、1895年（明治28）に上野鉄道（こうずけてつどう）として設立された。1897年（明治30）5月に、群馬県高崎市の高崎駅と甘楽群甘楽町福島にある福島駅（現・上州福島駅）が開業、続けて9月に甘楽群下仁田町の下仁田駅まで延長して全線が開業した。

1921年（大正10）には、社名を上信電気鉄道に変更して、新駅開業や駅の名称変更も行っている。現在の「上信電鉄」の社名になったのは、1964年（昭和39）のことである。上信電鉄上信線は、営業キロ33・7キロ、駅数20の路線で、在籍している電車は、西武鉄道からの譲渡車が多くみられる。

上信電鉄150形は、同社の旧型車両である100形（元・西武451系）の置き換え用として、1992～1996年（平成4～平成8）にかけて、2両編成3本の合計6両が導入された。その中の第1編成で、最初に導入されたクモハ151とクモハ152が、元・西武401系（旧411系）407編成だ。西武401系から改造されたため、前面のスタイルが切妻形で、国鉄の103系を思わせるようなデザインである。車両の構造は、自社発注車両の200形2次車とほぼ同一であることから、上信電鉄に譲渡されるきっかけになったと言われている。

150形は、1993年（平成5）から運用に就いており、登場当初は、当時の上信電鉄の標準色であるコーラルレッド（朱色）に塗られていたが、1999年（平成11）からは、広告塗装が主体となった。そして2012年（平成24）からは、現在のクリームにグリーンの帯を配した塗装へと変化した。

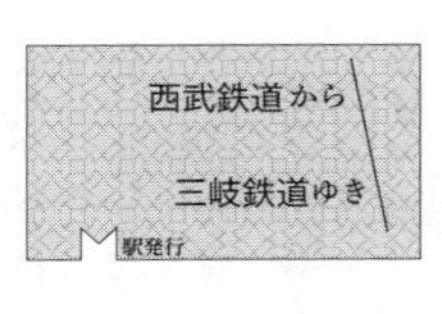

三岐鉄道 101系

西武時代を色濃く残すベテラン車両

三岐鉄道は三重県で北勢線と三岐線の2路線の鉄道路線を保有する鉄道会社で、会社名は三重県と岐阜県を結ぶことを計画したことから由来している。

同社の創業は、1928年（昭和3）9月で、その後1931年（昭和6）7月に、三重県四日市市の「富田駅」-いなべ市の「東藤原駅」間で、三岐線が営業を開始した。翌年の1932年（昭和7）には、「西藤原駅」まで路線を延ばし、26・6キロを結ぶ鉄道路線として、全線が開業した。

同社では、かつては自社オリジナルの車両も在籍していたが、現在は西武からの譲渡車両が多くなっている。三岐鉄道101系は、1990年（平成2）に、当時廃車となる旧型車両の置き換え用として、西武から401系を譲り受け、クモハ401、クモハ402が、三岐鉄道101系（101+102）となり、2両1編成が誕生した。

翌年、1991年（平成3）には、追加で1編成クモハ405、クモハ406（103、104）が、さらに1993年（平成5）に1編成クモハ409、クモハ410（105、106）が導入されて、現在は2両編成3本の合計6両が活躍している。

入線にあたっては、コイルばね台車FS342に換装を行ったほか、塗装や保安装置の変更、ワンマン運転に対応した改造なども行われた。なお、外観のスタイルは西武時代のままで、切妻の顔立ちに、運転台窓3面と、国鉄103系のような顔立ちをしている。

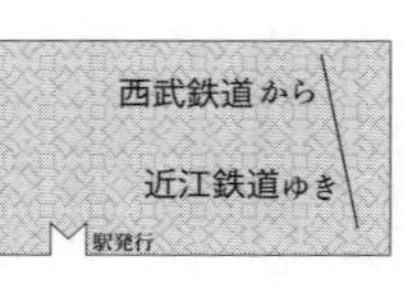

近江鉄道 700系

「あかね号」に変身

近江鉄道は、滋賀県東部で鉄道とバス事業を行う鉄道会社で、西武グループの一つでもあり、創業は1896年（明治29）にさかのぼる。1898年（明治31）に、本線の一部となる彦根駅－愛知川駅間が開業し、延伸開業を繰り返して、1931年（昭和6）に本線の米原駅－彦根駅間が開業した。

現在では、本線のほかに、多賀線（高宮駅－多賀大社前駅）、八日市線（近江八幡駅－八日市駅）の支線が運行されており、滋賀県を代表する鉄道会社となっている。また、2013年（平成25）のダイヤ改正からは、本線と支線を合わせて、四つの区間に分けられ、愛称とラインカラーが設定されている。

近江鉄道700系は、西武で活躍していた元・401系437編成（クモハ438、クモハ437）の2両で、近江鉄道の彦根車庫で改造された。

改造にあたっては、イベント列車などでの使用を考慮して、前面はリゾート特急を思わせる3枚窓の流線型スタイルとなり、車内も転換クロスシートが設置された。塗色は、クリームを基調として赤と青のラインが側面に塗られ、デラックスカー「あかね号」と、命名された。

ただ、床下機器などは西武時代のままで、台車もオリジナルのFS372を履いている。

編成は、2両編成MMユニットで、貴生川（きぶかわ）寄りで、パンタグラフの付いたモハ701形と米原寄りのモハ1701形の1本のみが改造されたが、計画時は2編成が登場する予定で、改造予定の種車はその後800系810編成となっている。

近江鉄道　800系・820系820番台

近江鉄道の大家族

西武で活躍していた401系が、1990〜1997年（平成2〜平成9）にかけて、15編成30両が近江鉄道に譲渡され、彦根工場にて改造が行われた。この改造工事は長きにわたり、2009年（平成21）まで順次竣工されていった。

800系は、長い期間をかけての導入となったため、編成による改造の詳細が異なり、改造形態によって800、820（820番台）の2系統に区分されている。現在は、800系11本、820系2本の合計26両が活躍している。

800系の登場は、1998年（平成10）10月で、802編成が最初となる。トップナンバーの801編成は、追加工事の関係で、翌年のデビューとなった。

主な改造内容は、運賃箱や料金表、バックミラーなどワンマン装置の追加や、ブレーキ制御を、電磁直通ブレーキから電気指令式ブレーキへ変更した。また、連結面がホームなどに干渉しないように、裾部分を削ぎ落としているほか、パンタグラフの一部撤去が行われている。

車体に関しては800系のみ、ブラックフェイスと角型ライトの近江オリジナルの前面に変更されたが、1997年（平成9）に登場した820系は、切妻・非貫通顔のままで、車体下の裾を削ぎ落とす改造のみとなったため、車端部の裾落とし以外は、西武時代そのままの姿が見られる。

同社の近代化を推し進めた800系だが、すでに製造から50年を迎える車両もあり、いつ置き換えが発生するかわからない状態である。

18

西武鉄道 701系・801系

西武のネコ顔電車

西武鉄道は、プロ野球チームを保有する鉄道会社のひとつで、通勤通学輸送のみならず、スポーツや観光事業などにも力を入れている。そんな同社の一時代を築いた電車が、今回紹介する701系や801系だ。

701系は、先輩格にあたる601系の走行部や制御機器を基本に、大幅に車体設計の変更を行った車両で、1963年（昭和38）に登場した。車体デザインは、非貫通の前面に、当時流行した2枚窓の湘南顔を近代風にした雰囲気とし、前照灯を前面窓下部左右に配し、代わりに行先表示器を前頭部に備えた。車体塗色は、赤とベージュのツートンカラーの鮮やかなイメージで、前面裾部に補強と装飾を兼ねたステンレス板を張り付けている。この洗練された外観は、同系列の801系や、高出力型の101系の前期車など、同社の車両デザインに大きな影響を与えた。

701系の登場時は、Tc＋M＋M＋Tcの4両編成で、Tc車とM車それぞれ合計192両が自社の所沢工場で製造された。その後、1967年（昭和42）から車体側面の雨樋を上方に移設し張り上げ屋根風とした車両が増備されたが、すでに型式番号がインフレ状態だったため、この車両からは801系を名乗り、20両を製造した。701系と801系は双子に近い兄弟車だが、張り上げ屋根の採用や701系の制御車が中古の台車だったのに対し、空気バネ台車を履いている点など、異なる部分も多い。

ところで、登場時は4両編成だった701系だが、その後、需給の関係で一部の編成を組み換えて、6両編成が登場した。また、その際に車両供給の都合で、

西武鉄道の標準的な通勤車両として活躍した701系　萩山　1977年(昭和52)7月

601系の中間電動車を701系に編入し組成した6両編成も誕生している。さらに、4両編成の中間車を6両化用の転用したため余剰となった制御付随車を電動車化し、Mc+Mcの増結用の2両編成も登場した。この2両編成は、形式を501系（3代目）とし、新宿寄りのMc車にはダブルパンタが搭載されていた。

1975年（昭和50）以降、冷房改造と同時に高性能のブレーキに交換され、車体塗色がレモンイエローに変更となり、主に新宿線の運用に就き健闘した。

廃車は、1988年（昭和63）から始まり1997年（平成9）に同社の線路上からは引退し、譲渡先で活躍を続けている。

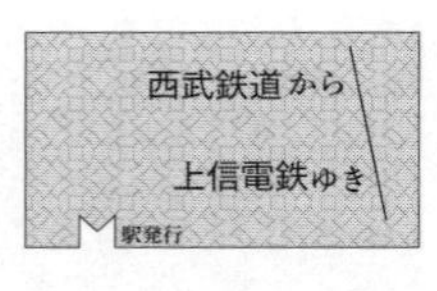

上信電鉄 150形（クモハ153、154）（クモハ155、156）

上信を走るラッピング電車

1994年（平成6）から登場した上信電鉄150形の第2編成である、クモハ153とクモハ154、そして、1996年（平成8）に登場した第3編成のクモハ155とクモハ156は、元・西武の701系・801系から改造された車両である。第2編成が元・801系、第3編成が元・701系だ。

西武時代は4両編成で活躍していたが、上信電鉄へ入線する際に、中間車に運転台を取り付ける先頭車改造が施された。

改造にあたっては、種車となるモハ802にクハ1802の運転台を、モハ801にクハ1801の運転台を取り付けたため、前面スタイルは801系と変わらず、401系改造の150形第1編成とは趣が異なる。

同じく、第3編成となる701系からの改造車も、種車となるモハ756にクハ1756から、モハ755にクハ1755の運転台を取り付けている。

登場当初は、同社オリジナルのカラーであるコーラルレッドをまとっていたが、クモハ153とクモハ154は、1997年（平成9）から「群馬サファリパーク」の広告電車となり、車体は「ホワイトタイガー」をイメージした塗装が施されている。しかし、利用者からは、その模様のデザインから、「シマウマ電車」と呼ばれることが多いという。

クモハ155とクモハ156は、1999年（平成11）から、上信地方の名産であるこんにゃくを生かした、「マンナンライフの蒟蒻畑」の広告電車になっていたが、2012年（平成24）に、クモハ151、ク

上信電鉄のクモハ153＋154は元・西武の801系からの改造車だ

モハ152と同じクリームにグリーンの帯を配した塗装に変更された。しかしその後、「下仁田ジオパーク」の広告電車へと変わったが、塗装はそのままで、部分ラッピングが施されている。

なお、上信電鉄には、新101系からの改造車、クモハ500形も4両在籍している。西武時代と外観の大きな変化はなく、車体帯は、クモハ501+502は緑、クモハ503+504が赤となっている。

100年以上の歴史を持つ上信電鉄は、高崎から下仁田にかけて、街から渓谷へと走り抜けていく。沿線には、世界文化遺産に登録された富岡製糸場があり、城下町や古碑、歴史深い庭園や史跡も楽しめる。さらに極上の秘湯などもあり見どころは多い。

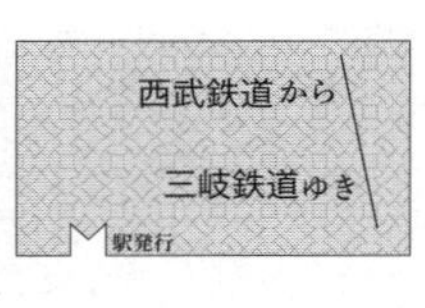

三岐鉄道 801系・851系

台車の違いにより異形式に区別された電車

西武の電車は、第一線を退いた後も、地方に渡り活躍している電車が多い。その中でも三岐鉄道には、多くの西武鉄道の電車が譲渡されている。現在、一番多く在籍している形式が、西武鉄道の701系電車だ。

この西武701系は、1989年（平成元）に、三岐鉄道501系（元・西武501系）の置き換え用として登場したのを皮切りに、1997年（平成9）まで、3両編成4本の合計12両が導入されており、三岐鉄道801系・851系の2形式に分かれている。

801系は、元・西武701系を改造した車両で、3両編成1本801編成（801+802+1802）の3両が最初に登場した。西武時代は、クハ+モハ+モハ+クハの2M2Tの4両編成だったため、三岐鉄道への入線に伴い、編成組み変え化の改造工事が実施された。先頭車のクハに電装化を行い、クモハに変えたことで、3両編成が組めるようにした。なお、この編成は、三岐鉄道で最初の冷房搭載車となり、車両の近代化を促進した。

のちの1992年（平成4）に、第2編成の803編成（803+804+1804）、続けて1997年（平成9）に、805編成（805+806+1852（851系））が登場しており、いずれも導入に際して、ATS装置の変更やワンマン装置の新設工事が行われた。外観の塗装は、他車両と同じ三岐鉄道標準塗装になったが、近年では広告ラッピングが施された姿も見られた。現在は、契約期間の終了により、広告が剥がされている。

851系は、1995年（平成7）に、一足先に譲渡された801系と同じく、同社の501系を置き換える目的で導入された。851系は、801系と同じ元・西武の701系だが、西武時代の新製時期や改造時期によって、車内や屋根上の配管、ランボードの形状の作りが異なっている。台車は、801系の全車がFS342を搭載しているが、851系は、三岐鉄道初の空気バネ台車で、FS372・FS072を採用している。そのため、851系と別形式を名乗るようになったわけだ。さらに、801系の最後に導入された編成のうち805編成のクハも、性能的には851系のため、851系クハ1851形1852となっている。

編成は、クモハ(851)+モハ(881)+クハ(1851)の1編成と、801系との混結されたクハ1852が登場したが、2012年(平成24)に信号見落とし冒進による脱線事故が発生したため、クハ1851が事故廃車となった。その代替車両として、部品確保用として以前購入していた、元・西武新101系のクハ1238を新たに改造して、クハ1881形1881として編成を復帰させた。

このクハ1881は、2009年(平成21)に導入した751系のような鼻筋の通った前面2枚窓のスタイルをしているため、編成の前後では正面が異なった形をしている。側面の雨樋も、他の851系のものより高い場所に位置しており、連結面のドアの形状も異なっている。

三岐鉄道初の空気バネ台車を履いた851系

19 西武鉄道 101系・新101系・301系

西武のベストセラー車両

黄色い電車で有名な西武鉄道の通勤車は、どこか旧国鉄を思わせる雰囲気がある。それは、国鉄の101系や80系電車に似た顔の車両があることや、実際に国鉄63系電車の払い下げ車両が在籍したこともあるが、何といっても、車体側面に表記された形式に、クモハやクハ、モハなどの表記があることだろう。通常私鉄では車両の番号のみを表示するが、西武では車種を表す表記も記されていた。さらに、電動車は私鉄ではデハを名乗ることが多いのに対して、ここでは国鉄と同じモハを使用しているのだ。

そんな西武には、2期にわたって製作された電車がある。それが、ここで記す西武鉄道101系、そして101系と同じ車体や性能を持つ新101系、さらにその番台分けの位置付けを持つ301系だ。そもそも101系は、1969年(昭和44)、西武秩父線が開通した際に登場した高性能の通勤型電車で、1976年(昭和51)までに合計278両が製造され、西武一の大所帯になった車両だ。

101系が投入された西武秩父線は25パーミル前後の坂が延々と続く、いわゆる山岳路線で、101系はこの急勾配を克服するために、大出力のモータや抑速ブレーキを装備した。また、制御車、電動車ともに乗り心地が良い空気バネ台車を採用、平坦線の通勤輸送にも対応することから、AS(Allround Service)カーと呼ばれ活躍した。なお、同社でレモンイエローとベージュの2色塗装が登場したのも、この101系からだ。先輩格にあたる701系やその増結用の801系と同じ低運転台の車両デザインで、一見すると、70

1系や801系との判別がつきがたく、この時代の代表的な西武顔とも言える。

101系の製造終了から3年後の1979年（昭和54）には、新101系と称する高運転台の車両が登場する。前面は、鼻筋が通った2枚窓を黒色で縁どり、それまでの101系のイメージを一新する精悍な顔つきが特徴だ。

当初は、汎用の2両編成で製造されたが、需給により4両編成も登場し、1983年（昭和58）に最終製造された8両編成は301系に形式が変更された。実際は編成両数の違いだけで、仕様や性能は101系と差異はない。こうして、新101系と301系は、合計156両が登場した。101系、新101系、301系は、黄色3兄弟の電車で親しまれたが、現在は新101系のごく一部が同社のワンマン線区などで活躍する以外は廃車され、かつての長い編成を見ることはできない。

101系は、地方私鉄への譲渡も多く、流鉄、上信電鉄、秩父鉄道、伊豆箱根鉄道、三岐鉄道、近江鉄道などで第二の人生を送っている。また、初期の101系譲渡車を置き換えるため、新101系が送り込まれる例もあるのは、ベストセラー車両たるゆえんだろう。

西武通勤車の顔ともいえる101系。写真の後期タイプは新101系と呼ばれる

秩父鉄道 6000系

急行型に出世した電車

秩父鉄道は、2005年（平成17）に西武鉄道から新101系が譲渡されている。4両編成3本の合計12両を購入し、3両編成に改造を行った後、2006年（平成18）3月から秩父鉄道の急行列車「秩父路」として運行を開始した。

改造の内容は、主に中間車両の先頭車両化、急行列車用設備への改良、バリアフリー化などが実施された。通勤車両として運用されていた西武鉄道時代とは異なり、座席はクロスシートを設置している。改造の際、西武鉄道10000系で使用していたクロスシートを再利用した。

なお、客室ドアも3扉だったが、真ん中のドアが埋められ、2扉になっているほか、バリアフリー対応のため、車椅子スペースの設置やドアチャイム、車内案内装置の新設も行われた。先頭車前面も大きく改造され、ヘッドライトが丸型から角形の物に変更されたほか、LED式の愛称表示器も設置された。

2007年（平成19）からは、ワンマン運転を実施している。ちなみに「急行秩父路」に乗車するには、普通乗車券のほか、急行券大人200円（小児100円）が必要だが、野上駅－長瀞駅や、秩父駅－御花畑駅－影森駅間のように、連続で停車する区間のみを乗車する場合は、急行料金は不要となっている。

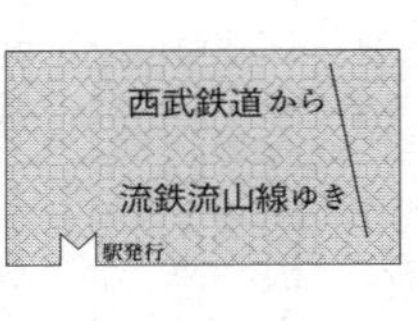

流鉄流山線 5000形

流鉄ゴレンジャー

流鉄流山線は、千葉県松戸市の馬橋（まばし）駅と、流山市流山駅の全長5・7キロを結ぶ全区間単線の路線で、東京に近いローカル鉄道である。同社は、1913年（大正2）11月、流山軽便鉄道として設立し、1916年（大正5）3月に軽便鉄道を敷設し開業している。当時の軌間は、762ミリと狭かったが、1924年（大正13）に、国鉄（現・JR常磐線）と貨車の直通運転を開始するにあたり、1067ミリに拡幅された。その間に、社名変更を繰り返しており、現在の社名になったのは、2008（平成20）8月のことである。これは、総武流山電鉄からの改名で、この際に路線名も、総武流山線から流山線となった。

現在、主力として活躍しているのは5000形で、西武鉄道の新101系6両を、2009年（平成21）に譲り受けたものである（営業開始は2010年1月）。その後順次、旧型車両との置き換えが行われ、2013年（平成25）に5編成10両のすべてが5000形に変わった。西武鉄道から譲渡された新101系は、流鉄用に改造を受けており、ワンマン対応の2両編成化と、行き先表示器のLED化が行われている。車体カラーは、従来同様の編成毎に異なった塗色を採用した。また、愛称もついており、「水色（流馬）」「橙色（流星）」「臙脂色（あかぎ）」「黄緑（若葉）」「なの花（黄色）」になっている。なお、流鉄は、過去にも西武鉄道から旧型車両を譲渡しており、3000形（旧101系）や2000形（701系・801系）や1200・1300形（501・551・601系）も存在した。

伊豆箱根鉄道 1300系

美しい風景に映えるスタイリッシュなカラー

伊豆箱根鉄道は、神奈川県では大雄山線（小田原駅－大雄山駅）、静岡県では駿豆線（三島駅－修善寺駅）の鉄道輸送を行っている西武鉄道グループの一員だ。

駿豆線は、JR東海道本線と接続している静岡県三島市の三島駅から同じく静岡県の伊豆市の修善寺駅の19・8キロを結ぶ路線で、1898年（明治31）に豆相鉄道として三島町駅（現・三島田町駅）－南条駅（現・伊豆長岡駅）で開業したのが始まりである。

現在は、通勤通学の利用者が多く、生活に密着した路線である。また、東京から東海道本線の特急「踊り子号」も乗り入れるため、長岡、修善寺の温泉街への足として利用する観光客も多い。

伊豆箱根1300系は、2008年（平成20）に、老朽化した元・西武の1100系を置き換えるため、同じく西武で当時使用していた新101系を譲渡した車両で、3両編成2本の合計6両が導入された。

入線にあたっての主な改造は、2両編成と4両編成を組み替えて3両編成化にしている。また、先頭車にスカートを設置し、外観塗装を黄色から白地に変更したうえで、通称「ライオンズブルー」と呼ばれる青帯をまいている。車内は、スタンションポールや案内表示器の新設など、仕様変更による改造工事が行われた。

駿豆線への入線以降は、1100系に続くロングシート車両として、主にラッシュ時に重宝されている。ちなみに伊豆箱根鉄道の自社発注車両である3000系や7000系よりも、車歴としては長いため、今後の動向に目が離せない状態だろう。

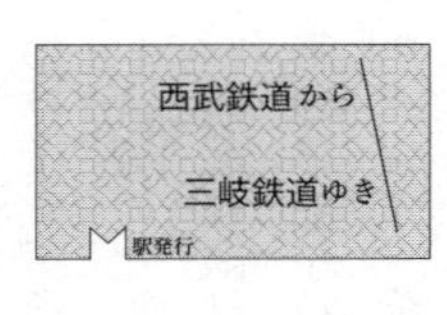

三岐鉄道 751系

セメントロードを行く最新型

三岐鉄道751系は、2009年（平成21）に、旧型車両である601系（元・西武571系）の置き換え用として、西武鉄道から譲渡された新101系だ。

三岐鉄道では、同社の751系として運行に就いた。入線にあたって、3両に編成組み替えを行い、それぞれ、クモハ283がクモハ751、モハ236がモハ781、クハ1236がクハ1751となった。2014年（平成26）8月現在の時点で、3両編成1本の合計3両のみが在籍している。

また、三岐鉄道用のATS（列車自動停止装置）などの保安装置の変更や、ワンマン機器用の料金箱の設置なども行われた。

外観塗装は、三岐鉄道のオリジナル塗装に変更されて、黄色をベースに、前面下部の腰回りや裾のラインがオレンジ塗装となっている。細かい部分では、クハ1751の運転席後の座席が撤去されており、車椅子スペースを設けてバリアフリーに対応している。また、行き先表示機も、同線初のLED表示に変更されるなど新機能も採用された。

なお、三岐鉄道では、751系を導入したことにより、冷房化率100パーセントを達成している。

蛇足だが、三岐線の交換駅は、電車が短編成でありながら貨物輸送を行っているため、200メートル前後の有効長が取られており、長い構内に短い電車が停まる光景が楽しめる。

勤務先が変わった新101系は、秩父の武甲山に変わり、藤原岳を見ながら走る。どちらも石灰石の採掘場と知られており、何かの因縁を感じる。

20

西武鉄道 5000系「レッドアロー」

正丸峠を越えて秩父へ走る

西武鉄道5000系は、同社の秩父線開業に伴う観光需要を見込んで、1969年（昭和44）から運転を開始した西武初の特急車両である。

秩父線は、勾配区間が連続するため、定格出力150キロワットの高出力主電動機を搭載し、抑即ブレーキも装備している。主要機器や性能は、同時期に誕生した秩父線用の通勤車両101系と共通となっており、部品や保守の統一化も図られている。

外装色は、国鉄形特急にも通ずるクリームに臙脂色のライン、そして高運転台の前面の窓下には、ステンレス製の化粧版を配しアクセントを与えている。

前部標識灯は、前照灯2灯と後部標識灯1灯を化粧版の下部左右に配し、中央部に愛称表示板を掲げるデザインで、新しい特急電車らしいアクの強いマスクとなっている。

車内設備は、車端にデッキを置き、座席は回転式クロスシートとしており、屋根上に集中式の冷房装置が搭載されている。シートモケットは各車ごとに異なった配色で、青、金茶、臙脂色、若草（薄緑色）などであった。

登場当初は、4両編成だったが、1974年（昭和49）に登場した第5編成からは6両編成となり、多客時は6＋4の10両編成での運転も行われたが、1976年（昭和51）にすべての編成が6両編成となった。1978年（昭和53）まで製造が続けられ、合計38両が活躍した。

同社の花形電車として愛されたが、1993年（平成5）から後継の10000系が登場したため、19

西武秩父線開業で登場した特急車5000系「レッドアロー」

95年（平成7）をもって全車が引退した。その後は、6両が富山県の富山地方鉄道に渡り、立山連邦の懐を力強く走り続けている。

西武秩父駅で並んだ5000系の「ちちぶ」と「むさし」

西武鉄道から
富山地方鉄道ゆき
駅発行

富山地方鉄道 16010形

観光列車、アルプスエキスプレスに変身

北アルプスが目前まで迫る街・富山市。ここは昔から、立山連峰に向かう登山者たちの宿場としても栄えた都市である。JR、民鉄、第三セクターと鉄道路線も多く、まもなく北陸新幹線も開業する予定だ。

それら鉄道路線の一つである富山地方鉄道は、近代的なLRVも走る市内軌道線と、富山市近郊への通勤・通学や立山・宇奈月温泉方面の観光輸送を担う路線を有する鉄軌道会社だ。

北陸新幹線が開業すれば、首都圏などから立山や宇奈月温泉・黒部方面への観光客の増加が多く見込まれる路線でもある。その際に、首都圏から訪れた観光客は、きっと見覚えのある電車に遭遇するはずだ。その電車は、国鉄形特急にも似た色合いをしており、折り戸式の出入り口は、いかにも特別仕立ての装いを醸し出している。前面には、ステンレス飾板のアクセントが付けられ、都会的なデザインは、洗練された印象を受けるだろう。

この電車こそが元・西武5000系で、現在は富山地方鉄道16010形と名乗っている。もっともこの電車は、完全な5000系としては譲渡されてはいない。1995年(平成7)、西武5000系の5501編成と5507編成のそれぞれ両側先頭車と中間電動車の3両を1編成とし、3両編成2本の合計6両が導入されたが、その際、台車や機器類は、後継の10000系に流用されたため、車体やクーラー、補助電源装置のみだった。そのため、台車など電装品の多くは、JRや京急電鉄、東京都交通局、営団地下鉄など他社局の廃車発生品などで組み直している。

導入当初は、クハ５５００形奇数番台車を電動車化してクモハ＋モハ＋クハであったが、その後需要にあわせる形で、２００５年（平成17）から２００６年（平成18）にかけて、中間電動車の機器を制御車に載せ換える大掛かりな改造工事を行い、先頭車同士のクモハ＋クモハ編成に組み替えられ、同時にワンマン化改造も施工された。この改造で先頭車と中間車の車号の入れ替えも行われ、付随車となった中間車は、クハ１１０形の形式となったが、運転台がないため、実質はサハと同じ扱いとなっている。

余剰となった中間車は、増結用として在籍したが、増結時は中間に組み込まなくてはならないため、活躍の機会は少なかった。２０１１年（平成23）に、第２編成をリニューアルして観光列車「アルプスエキスプレス」として運行を行うようになった。その際、余剰となっていた中間車クハ１１２を組み込み、クモハ＋サハ＋クモハの３両編成に復帰した。ただ、第１編成の中間車クハ１１１は、残念ながら廃車となってしまった。

「アルプスエキスプレス」に大変身した元・西武5000系の16010形

21 東京都交通局 6000形

都営地下鉄初の大形車

東京都交通局の都営地下鉄三田線（以下、三田線）は、目黒駅－西高島平駅間26・5キロの路線だ。

三田線は、都営地下鉄としては2番目に開業した路線であり、当初は6号線という名で、巣鴨駅－志村駅（現・高島平駅）間で営業を開始した。この開業を迎えるにあたって、1968年（昭和43）に新規導入された車両が、6000形である。

後に路線が延長され、長い間、三田駅－西高島平駅間の折り返し運転を行っていた。なお、三田線が東京地下鉄（東京メトロ）南北線、東急目黒線に乗り入れ、目黒まで開通して現在の形になったのは、2000年（平成12）のことである。

6000形は、セミステンレス車体で同局初の大型20メートル車両としてデビューした。運転台は、それまでの都営車両と比べ高運転台となり、側扉も4か所のいわゆる標準的な通勤車となった。最終的には、6両編成28本、合計168両が製造され活躍した。

特徴は、通常補助電源装置に用いられる電動発電機の代わりに、日本初の静止型インバータ（SIV）を搭載したことである。今ではSIVが常識となっているが、始まりはこの電車だった。また、駆動装置には、WN平行カルダンが採用されたほか、車内のデザインも、木目調の化粧版や煉瓦色のモケット、筒状の送風機など、新しい機能が取り入れられた。

先頭車から順に末尾番号1～8が並ぶ車号が与えられ、将来的には8両編成化を見越して末尾3と4を欠番としていたが、結局引退するまで、6両編成での運用で、これら欠番が日の目をみることはなかった。ま

都営三田線開業以来使われていた6000形は1999年(平成11)に引退した

た当初、高島平付近から、東武東上線との乗り入れも画策されたため、車両の大きさや高運転台の仕様、運転台の機器の配置などが、東武の車両を意識して作られた。しかし実際には、この乗り入れ計画は頓挫しており、時代のいたずらが車両に痕跡を残していたことは、非常に興味深いものである。

1993年(平成5)から後継の6300形が登場したことにより、6000形の順次置き換えが始まり、1999年(平成11)には、目黒までの開業を見ることなく引退していった。

セミステンレスの丈夫な車体と、扱いやすい標準的な通勤車としての車体が功を奏し、現在も国内外に第二の職場を展開している。

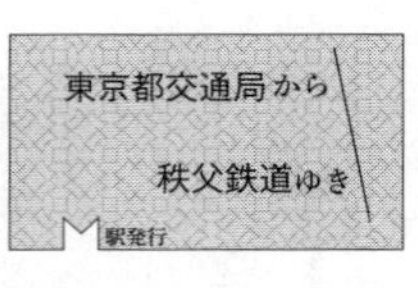

秩父鉄道 5000系

完全冷房化を達成させた電車

秩父鉄道は、埼玉県羽生市の羽生駅と同県秩父市の三峰口駅とを結ぶ71・7キロの路線で、埼玉県北南部の秩父地方と日本鉄道（現・JR高崎線）を結ぶために敷設された。

2001年（平成13）に、開業100周年を迎えた長い歴史を持ち、近年では、SLパレオエクスプレスの運転など、観光鉄道としても脚光を浴びている。

そんな秩父鉄道を走る5000系は、1999年（平成11）に、東京都交通局の都営地下鉄三田線を走っていた元・6000形だ。

都営地下鉄6000形時代には、6両編成で東京の地下を走っていたが、秩父鉄道入線時に、京王重機整備で暖房機増設などの改造が行われ、3両編成へと短編成化されている。

全部で3両編成4本の12両と、さらに2両の部品供給車、合計14両が譲渡されたが、5004編成は2011年（平成23）に起きた踏切衝突事故により廃車となった。

5000系は、秩父鉄道では初の完全冷房編成となり、車内環境のサービス向上に一役かっている。改造にあたっては、保安装置や無線装置の変更、パンタグラフの新設、ワンマン運転への対応などがあるが、すべての駅に駅掛員が常務しており、運転士は車掌業務（ドア扱い・車内放送）のみで、運賃の徴収業務などは行われていない。

基本的に、各駅停車で運用されているが、急行「秩父路」用の6000系（元・西武新101系）が、検査などで運用を外れた時に、5000系が代走した例も

5000系は秩父鉄道初の完全冷房車として登場した

すっかり秩父鉄道の一員となった5000系

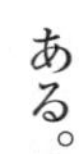

ある。

ちなみに、都営地下鉄の車両が他鉄道に譲渡された例は少なく、現在のところ、都営地下鉄三田線で活躍したこの6000形のみが、秩父鉄道、熊本電気鉄道や海を渡った姉妹都市インドネシア（ジャカルタ首都圏）で活躍を続けている。

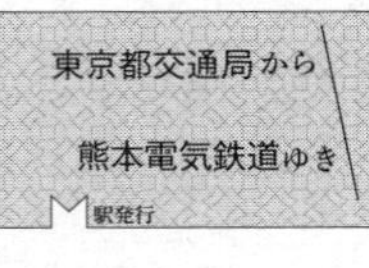

熊本電気鉄道 6000形

世界初!? イーエフウィング台車を履いて走行中

熊本電気鉄道（以下、熊本電鉄）は、熊本県の上熊本駅と御代志駅を結ぶ「菊池線」、北熊本駅と藤崎宮前駅を結ぶ「藤崎線」の2路線を持つ私鉄である。活躍している電車に、元・都営地下鉄三田線の6000形がいる。1995年（平成7）から譲渡が始まり、モハ6000形として運行している。

6000形は、1995〜2001年（平成7〜平成13）までに2両編成5本の10両が導入された。先頭車同士を背中合わせに連結した2両固定編成となり、架線電圧を1500ボルトから600ボルトに降圧している。さらに、ワンマン運転化などを実施し、ミラーや運賃箱の設置も行われた。

なお、車号は都営時代のままのため、どの編成が譲渡されたかが一目でわかる。

1999年（平成11）から、前面部へのスカートの取り付けが行われ、2001年（平成13）からATSの設置により、車号の後ろにAが追加された。

外観の塗装は、都営時代そのままの編成や、前面窓に黄色の帯が追加された編成もある。2014年（平成26）3月14日からは、6000形6221A＋6228A号編成に対し、熊本県のマスコットキャラクターで、さらに営業部長でもある「くまモン」のラッピングを施した「くまモン電車」が登場し、地元の人々のみならず、観光客からも絶大な人気を博している。

なお同時に6221Aは、川崎重工業が開発した、フレームの主構造にCFRP（炭素繊維強化樹脂）を使用した、イーエフウィング（efWING）台車を試験的に履いている。

熊本電鉄の名所、併用軌道を行く6000形

この台車は、従来鋼製だったフレームにＣＦＲＰを採用するとともに、サスペンション機能を持たすことで、コイルバネが不要となり、１両あたり９００キロの軽量化を実現している。

イーエフウィング台車を開発した川崎重工業によると、鉄道車両用の台車で導入したのは、熊本電鉄が「世界初」だという。この採用により、軽量化が図られたうえ、エネルギーの消費量を減少させている。さらに、高いサスペンション機能により、脱線原因のひとつである輪重抜け[*3]も半減できるため、経済的でなおかつ脱線しにくい構造の台車になっているわけだ。この台車の装着で、６２２１Ａは６２２１ｅｆに車号を変更している。

かつては東京都の地下を駆け抜け、大量輸送に使用された６０００形は、現在は火の国・熊本で、くまモンといっしょに、のんびりとした時間を過ごしている。

＊３　曲線や線路不整部分を走行する際に、車輪からレールに伝わる上下荷重が減少してしまうこと

22

帝都高速度交通営団（現・東京地下鉄）2000形

東京地下鉄の一時代を築いた名車

現在の東京地下鉄（通称・東京メトロ）は、2004年（平成16）まで、帝都高速度交通営団（以下・営団地下鉄）と呼ばれていた。

銀座線や丸ノ内線で活躍した2000形は、1959～1963年（昭和34～昭和38）までの4年間に、合計104両が製造され、1984年（昭和59）に、新形のアルミ車体01系が登場するまで活躍した。

特徴的な機能は駆動方式で、丸ノ内線300形から引き継がれた当時最新の「WN駆動」方式を採用し、旧式の吊り掛け駆動を一新した。

車体は、16メートル級と小柄だが、目が覚めるような黄色1色の塗装は銀座線のカラーイメージが継承された。開業当時の1000形から1900形までは、両運転台で単行運転も可能だったが、この2000形からは片運転台となり、当時の旧型車両1300形や1800形などを中間に連結して運行に就いた。1968年（昭和43）以降は、中間車として1500N形が登場し編成に組込まれた。

01系登場後は、旧型車両は順次廃車され、1500N形を中間車とした4両に先頭車2両の2000形を組み込んだ編成に変更され引退まで走り続けた。1968年（昭和43）からは、丸ノ内線の方南町支線に一部が転属して中野坂上駅－方南町駅間の運用にも就いた。その際の塗装は、当時の丸ノ内線300形と同じカラー、赤地に白帯のかわいらしい装飾になっていた。

華々しく活躍した2000形だが、徐々に後輩たちに主役の座を譲り、1993年（平成5）7月の引退を最後に、地下鉄から姿を消した。

銚子電気鉄道1000形

リバイバル塗装が大人気

銚子電気鉄道の鉄道線は、千葉県の銚子市にある銚子駅を起点に、外川駅までの6・4キロを結ぶ路線である。

銚電1000形は、1994年(平成6)に元・営団地下鉄(現・東京地下鉄)銀座線と丸ノ内線(方南町支線)で使用されていた2000形を購入し、京王重機整備にて改造を受けた車両だ。2000形の先頭車2046・2040の2両を両運転台化し、デハ1001・1002号車に生まれ変わった。この両運転台化に際しては、デハ1001に元・2033、デハ1002に元・2039の運転台が取り付けられている。

また、元・営団地下鉄3000系や1500形電車(2代目)のパンタグラフや機器の設置、さらに富士急行で使用されていたモハ5700形(元・小田急2200形)の台車を装着した。

近年ではリバイバル塗装として2011年(平成23)にデハ1002号車が、丸ノ内線(方南町支線)塗装になり、翌年の2012年(平成24)には、デハ1001号車が、銀座線塗装になって活躍している。

銚電は、経営の悪化によって、1995年(平成7)からは、ぬれ煎餅の販売という新たなビジネス展開も行っている。今までに類を見なかった戦略方法などから、2014年(平成26)8月現在、運転本数が減少しながらも、健在である。

これからも、1000形や2000形、そして後継の電車や沿線の風景とともに、ずっと走り続けてくれることを願ってやまない。

23 帝都高速度交通営団　3000系

高度成長期の地下を走ったマッコウクジラ

我が国初の地下鉄は帝都高速度交通営団が建設した。現在は東京地下鉄に引き継がれて9路線を運行しているが、このうち1961年（昭和36）に3番目に開業した日比谷線南千住駅－仲御徒町駅間で、3000系が運行を開始している。

3000系は、鉄道史に残る初めてづくしの車両で、東京の地下鉄で初めて他社線の乗り入れ運転用に開発され、1962年（昭和37）に東武伊勢崎線と、1964年（昭和39）に東急東横線との相互直通運転が開始された。集電方式も、それまでの第三軌条方式とは異なる営団初のパンタグラフによる架空電車線方式を採用し、軌間も1067ミリの狭軌となった。

車体にも初の特徴があり、直通相手である東急、東武の規格に合わせ、18メートル級の3扉とし、車体構造も、セミステンレスが採用された。これは、車体の骨組みは普通鋼でできているが、外板はステンレスとなり、コルゲート加工を施し強度を上げている。乗り入れ先の東武では半鋼製が多いため、ピカリと輝く3000系が乗り入れると、利用者は優等列車と勘違いし、乗車するのをためらったというエピソードがある。

ほかにも、高性能のバーニア制御の主電動機と発電ブレーキを搭載し、きめ細やかな走行を実現した。登場当初は、パンタグラフ付きの制御電動車が背中合わせに連結され、2両編成で運転され、前面部にはスカートが装着されていたが、保守点検に手間がかかることから、のちに外されている。日比谷線の路線延伸とともに編成が、2両、4両、6両編成と拡大し、末期には8両編成までになった。このように営団は、新路

マッコウクジラの愛称で呼ばれていた3000系

線が開業するたびに画期的な車両を登場させ、常に話題となっていた。３０００系で我が国初のＡＴＣ（自動列車制御装置）を搭載、さらに、ＡＴＯ（自動列車運転装置）が試験運用され、保安面でも、鉄道業界から注目を浴び、新しい鉄道システムの基礎を築いた。

なお、ＡＴＯの試験運用は、１９６２年（昭和37）に南千住駅－入谷駅間で行われたのを皮切りに、最終的には１９７０年（昭和45）に全線・北千住駅－中目黒駅間で試験運転ができるようになった。なお、現在の日比谷線ではＡＴＯ自動運転に代わって新ＣＳ－ＡＴＣを使用している。

その斬新なスタイルと試験の成果等数々の実績から、３０００系は常に脚光を浴び、営団の名車と称され、１９７１年（昭和46）までに合計３０４両が製造された。１９８８年（昭和63）からは、日比谷線の冷房化と３０００系の置き換えを目的とした03系が登場。徐々に置き換えが進められ、１９９４年（平成６）に全車が引退となった。

長野電鉄 3500・3600系

走り続ける技術の伝承

営団地下鉄（現・東京地下鉄）3000系は、1993年（平成5）から順次、長野電鉄へ譲渡され、現在でもその姿に出会うことができる。3000系の導入は、当時長野オリンピックを控えていた路線の近代化を目的とし、老朽化していた2500系（元・東急5000系）と0系（OSカー）を置き換えるため、先頭車、中間車、部品取り用の車両など、合わせて合計37両が譲渡された。同社での営業を期に、3500系への車番変更が行われ、急勾配に対応するための抵抗器の増設や寒冷地対策も施された。また外観では、社章の変更や新たに赤い帯が巻かれ、斬新な姿で登場した。

編成は、3500番台2両編成14本と中間車を含む3600番台3両編成3本となり、長野電鉄の主力車両として活躍した。2001年（平成13）に、京成電鉄から譲り受けた冷房装置が取り付けられ、バージョンアップを図ったが、2005年（平成17）に東京急行電鉄で活躍を終えた20メートル級車体の8500系が導入されたため、3500系の廃車が始まっている。ただ、信州中野駅－湯田中駅間は、勾配が続く山岳地帯のため8500系が入線できず、3500系での運用が行われている。ちなみにO6編成は、赤い帯を脱いで、営団地下鉄当時の姿に戻っている。

長野電鉄で役目を終えた3500系の旧3001号車・3002号車は、若手技術者の「技術伝承」のため東京地下鉄に動態保存することになり、2007年（平成19）に千代田線の綾瀬検車区に里帰りしている。3000系は、東京地下鉄にとって、車両を語るうえで欠かせない存在なのだ。

第5列車　大手私鉄から地方私鉄へ（西日本編）

大井川鐵道で活躍する近鉄16000系

1 名古屋市営地下鉄 250形

中間車から先頭車へ

名古屋市交通局が運営する名古屋市営地下鉄（以下、名古屋市交）は、1957年（昭和32）11月15日に、名古屋初の地下鉄路線として名古屋駅－栄町駅間が開業した。当初は1号線と呼ばれていたが、1969年（昭和44）5月に路線名が制定され、1号線は東山線と改称された。

その東山線に登場したのが先頭車両の100形で、1両の全長は15・5メートル、幅は2・5メートルと、かなり小ぶりな車両で、下回りまで一帯に成形したボディーマウント構造が採用された。車体を黄色（ウィンザーイエロー）一色の塗装としたため、「黄電」と呼ばれ親しまれた。この黄色は現在、東山線の路線カラーとなっている。

当初2両編成で運転が開始され、徐々に路線や編成を伸ばしていく過程で、中間車の500形や改良増備車の200形、さらに両開き扉の中間車700形が登場した。

表題となる250形は、老朽化した100・200・500形などを置き換えるため、最後に増備した700形中間車に運転台を取り付けた車両で、残る700形と組んで6両編成で使用された。この当時、中間車の先頭車改造は地下鉄車両では初の試みだった。

この250形も、新形車両の増備により1999年（平成11）までにすべて引退し、高松琴平電鉄や南米アルゼンチンのブエノスアイレスの地下鉄に譲渡された。

2

名古屋市営地下鉄　３００形

最後まで走り抜けた黄電

黄電として親しまれた300形

１９６７年（昭和42）に、１号線（東山線）が、星ヶ丘まで延伸された際に増備された車両で、先頭車を３００形、中間車を８００形とし、１９７５年（昭和50）までに６両編成19本が誕生した。

車体構造は、先に登場した２００形や７００形中間車を基本としているが、すべての車両が両開き扉となり、編成美が保たれるようになった。車体の塗色も、１００形以来続くウィンザーイエローの黄色電車を引き継いだ。

ただ、この形式も冷房装置は未搭載で、１９９２年（平成４）に、冷房付きのステンレス車両５０５０形が登場すると徐々に廃車となり、２０００年（平成12）４月11日を最後に営業運転から姿を消し、３１３と３１４の２両が高松琴平電鉄に移籍した。

3

名古屋市交通局　1000形

アルゼンチンにも渡った名城線車両

1000形は、1965年（昭和40）の名城線栄町駅（現・栄）－市役所駅間の開業で登場した車両だ。東山線の200形を基本とした設計がされているが、扉は両開きとなり前面の貫通扉上には、行先表示器が設置された。

外観の塗色は、東山線から受け継がれる伝統の黄色が使用されているが、路線識別のために紫の帯を配している。この紫色は、後に名城線カラーとして使用されている。

当初、先頭車の1000形と中間車の1500形が誕生したが、路線の延長に伴い、台車をコイルバネ化した先頭車の1100形、同じく中間車で補助電源装置にSIVを搭載した1600形、SIVを省略した1700形、1100形を改良し編成内のコンプレッサーの数を減らした1200形先頭車、1800形、1900形と増備が続けられ、最終的に8形式125両が製造された。

後継の2000形の誕生で、2000年（平成12）までに全廃され、福井鉄道や高松琴平電気鉄道や南米のアルゼンチンに譲渡された。

名城線の1000形は、南米のアルゼンチンへも譲渡された。写真の1111は現在福井鉄道の600形となっている

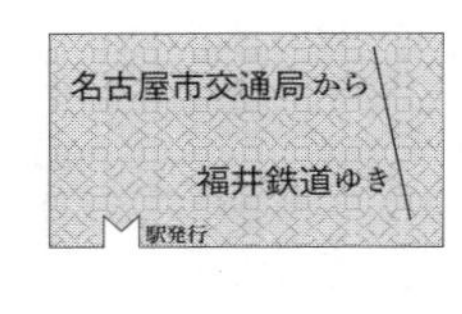

福井鉄道 600形・610形

地下から路面へ

福井鉄道600形・610形は、1997年（平成9）から登場した電車で、元・名古屋市交名城線1100形・1200形の車体と、豊橋鉄道1900系の走行装置やパンタグラフ、冷房装置などを組み合わせた車両だ。600形は、1両編成が2両、610形は、2両編成1本が誕生した。

600形は、福武線への入線に際して、元・名古屋市交1111号車と1112号車の車体を改造して両運転台化している。名古屋市交では、第三軌条集電式だったため、架線集電である福武線に対応するため、パンタグラフの新設も行われた。また、客用扉も中央の扉を埋めて片側2か所に減らし、新たに二つの窓を設置した。さらに、バックミラーや自動放送装置の交換などワンマン装置の新設や、冷房化改造なども行われた。

610形は、1999年（平成11）に、モハ610（元・名古屋市交1204）＋クハ610（元・名古屋市交1203）の2両1編成が導入された。

610形は、600形の両運転台とは異なり、片運転台の2両を背中合わせに連結した2両編成であるが、600形とほとんど変わらない形状を持つ。

現在600形は、601号車が廃車となり、602号車のみが、急行色の塗装となって、イベント用などで活躍している。610形は、白地に緑や赤の帯が入る同社の旧型車両300形と同じオリジナル塗装となり、主にラッシュ時の普通列車として、使用されることが多い。

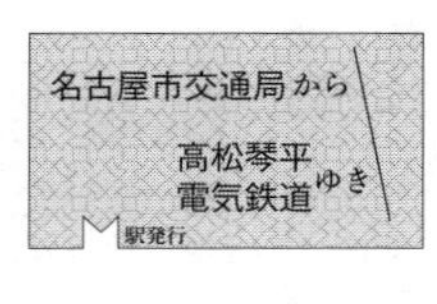

高松琴平電気鉄道 600形、700形

動く電車の博物館で活躍する電車たち

高松琴平電気鉄道は、香川県内に三つの路線を持つ私鉄路線である。

路線はそれぞれ、琴平線（高松築港駅－琴電琴平駅）と長尾線（瓦町駅－長尾駅）、志度線（瓦町駅－琴電志度駅）で、琴平線の高松築港駅－瓦町駅間は、長尾線の電車も乗り入れるため、高密度の「運転が可能だ。朝のラッシュ時には、最大1時間あたり13本の電車が運行されている時間帯もあり賑やかだ。

琴電の電車は、他社から譲渡された車両が多く活躍しており、琴電600形、700形は、1998年（平成10）7月より、名古屋市交から譲渡された車両である。もともとは、名古屋市交の東山線と名城線で活躍していた250形・700形・300形・1200形、1000形系列の中間車で[*4]、車体の規格が全長15メートルと小柄なため、急カーブの多い長尾線と志度線に、積極的に導入された。入線にあたっては、京王重機整備北野事業所で改造が行われている。

主な改造の内容は、冷房装置の設置、集電方式を第三軌条方式から架空線電車線方式に変更するための、電装機器の改造や設置で、パンタグラフの新設も行われた。さらに、架線電圧の違いから、名古屋市交時代の600ボルトから、琴電用の1500ボルトへ昇圧改造工事も施されている。当時の琴電は、車両の近代化や冷房化など、車種の統一化を急速に進めていた。

現在の琴電には、長尾線に600形2両編成2本の4両、志度線に600形2両編成6本の12両、600形800番台が4両、700形2両編成2本の4両、琴平線に600形2両編成2本の4両、合計28両の元・名古屋市交の車両が所属している。なお、長尾線や琴平線には、名古屋市交のほかに、京急の車両も導入されているが、志度線に関しては、現在所属している20両すべてが、元・名古屋市交の車両で、600形800番台が、片運転台の制御車であるほかは、すべて2両の固定編成である。また、この600形800番台は、もともとは、600形607〜610号車の付随車扱いとして、志度線のラッシュ時対応用（増結用）として使用されていたため、800番台に改番が行われたわけだ。

志度線700形は、志度線の専用車として活躍しており、中間車を先頭車化改造しているので、切妻の前面となった。運転席の窓を広くとったオフセットタイプである。また、721号車と722号車は、もともと先頭車として活躍していたため、オリジナルの前面スタイルを、現在も変わらずに見ることができる。

また、2007年（平成19）に、長尾線へ1300形（元・京急1000形・初代）2両編成2本の4両が導入されたことにより、600形2両編成2本の4両（603+604）（605+606）が、琴平線に転属している。琴平線の専用車両は、同線の他車両が18メートル級なのに対して、名古屋市交の車両が15メートル級であることから、主に同線の平日朝ラッシュ時に、高松築港駅－仏生山駅、一宮駅間の区間列車に充当され、運行している。

他社からの譲渡が多く行われている琴電は、鉄道ファンから「動く電車の博物館」と呼ばれ、愛されている。

※注4　名古屋市交通局1000形系列の中間車とは、1500形・1600形・1700形・1800形・1900形のことである。

琴電では元・名古屋地下鉄の車両が多く活躍する

愛知環状鉄道　100系

オールラウンドプレイヤー

　愛知環状鉄道は、東海道本線の岡崎駅と中央本線の高蔵寺（こうぞうじ）駅を結ぶ鉄道だが、岡崎駅－新豊田駅間は国鉄時代に岡多（おかた）線として開業した区間で、国鉄末期に特定地方交通線に指定され、JR東海に引き継がれた。

　もともとは岡崎駅と多治見（たじみ）駅を結ぶ予定で建設されたが、輸送人員が基準を満たせず、特定地方交通線の第三次廃止対象路線となってしまった。そのため、岡多線区間と建設が進んでいた新豊田駅－高蔵寺駅間を第三セクターの「愛知環状鉄道」に転換し、1988年（昭和63）1月にスタートを切った。

　100系電車は、開業時に投入された車両で、運転台付電動車の100形、運転台付随車の200形、両運転台付電動車の300形の3形式からなる。

　車体は19メートルで、片開き3扉とし、車内はセミクロスシート構造とした。車体や台車などは新規に造られたが、一部の機器は国鉄101系の廃車部品を流用している。

　通常は100形と200形の2両を連結し、2または4両編成で運行された。なお、300形は両運転台を持つことから、増結や100形の代行、臨時の単行列車等で使用された。

　後継の2000系の登場で2005年（平成17）11月に引退し、一部がえちぜん鉄道に譲渡された。

愛知環状鉄道から
えちぜん鉄道ゆき
駅発行

えちぜん鉄道 MC6001・MC6101形

小回りのきく電車たち

えちぜん鉄道6001・6101形は、愛知環状鉄道の100系を改造した車両で、まず2003年（平成15）に100形2両を譲り受け、MC6001形として入線をした。

譲渡に際して、えちぜん鉄道では1両編成での使用が考慮されていたため、片運転台の100形に廃車となった200形の運転台を取り付けて両運転台化が行われたほか、ワンマン機器の追加なども施工された。

ただ、えちぜん鉄道は600ボルトの電圧を使用しているのに対し、愛知環状鉄道では1500ボルトの電圧だったため、永久直列電動カム軸式抵抗制御では、MT46主電動機の電圧が一定となり、加速性能に問題があった。そのため、力行時には三つのモーターだけを使用する方式としていたが、後に出力の大きいJR113系の主電動機MT54に交換され、加速性能が少し改善された。

MC6101形は、2004年（平成16）から増備された車両で、当初から主電動機の変更のほか、補助電源装置のSIV化、エアコンユニットの交換、スカートとスノープロの個別化などが行われた。

現在、MC6001・6002形ともに前照灯、室内灯がLED化されている。

5 阪急電鉄 2000系・2100系

軽量車体構造の電車

阪急電鉄（以下、阪急）は、大阪や神戸、宝塚、京都などの関西大都市圏に路線を持つ大手私鉄で、神戸本線・宝塚本線・京都本線の3系統に大きく分けられ、それぞれの路線が、支線を有している。

同社の車両は、昔からの伝統色である阪急マルーンと呼ばれる「こげ茶色」や「あずき色」に近い塗装が車体に施されており、同社のイメージカラーとなっている。

阪急2000系は、1960年（昭和35）から、阪急神戸本線用として登場した電車で、鉄道車両メーカー「ナニワ工機（現・アルナ車両）」によって製造された軽量車体構造が特徴的な車両だ。また、重量の軽減や簡素化が行われたため、車体のデザインは、直線や平面を基調としたシンプルな形状となっている。

編成は、製造時期により異なるが、1960～1961年（昭和35～昭和36）に製造された車両は4両編成で、1962年（昭和37）からの製造分は6両編成となっている。これは、利用者が増えたため、編成の組み替えが行われ、すべて6両編成化となったためだ。

阪急2100系は、1962年に宝塚本線用として登場した系列で、電動車の2100形と制御車の2150形が、15両ずつ合計30両製造された。電動機の出力は、2000系が150キロワットだったのに対し、2100系は100キロワットに抑えられている。これは、当時の宝塚本線が、神戸本線に比べて低速だったためだ。廃車後は、2000系に編入された車両を除くすべての電車が能勢電鉄に譲渡され、同社の1500系に改造された。

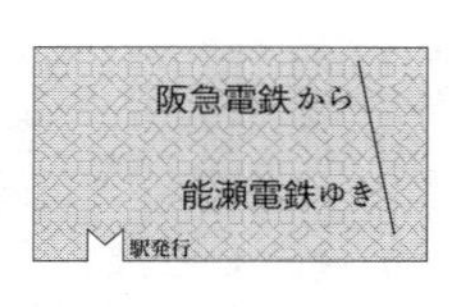

能瀬電鉄 1500系

復刻イベント電車

能瀬電鉄は、能勢妙見宮への参詣と能勢地方の産物、沿線の人々の輸送を目的に開業した鉄道である。

同社の「妙見線」と「日生線」の2路線で使用されている電車は、過去には自社オリジナルの車両も在籍していたが、現在はすべての電車が、阪急から譲渡された車両のみで構成されている。

能勢電鉄1500系は、1983〜1985年（昭和58〜昭和60）に阪急の2100系を譲り受け、改造された車両である。主な改造工事は、使用電圧を1500ボルトから600ボルトへの降下化や、冷房装置の取り付けなどが行われた。

編成は、すべて4両編成で、2008年（平成20）5月23日からは、1550編成に対して能瀬電鉄の創設100周年を記念した復刻塗装が行われ、入線当初の塗色である車体全体をマルーン一色にまとい、窓周りがベージュのツートンカラーとなった。なお、1560編成は、能瀬電鉄のオリジナルカラーであるクリームとオレンジに塗り分けされた「フルーツ牛乳塗装」となり、約2年間運転されていた。

また、2013年（平成25）3月からは、能瀬電鉄開業100周年を記念して、1550編成が開業当初の1形をモチーフとした青緑色になり、1560編成は、50形をモチーフとした白と青のツートンカラーが塗られた。

現在も1500系は、通勤通学輸送はもちろんのこと、能勢妙見宮参拝への重要な足としても、活躍している。

6 阪急電鉄 3100系

宝塚本線専用

阪急電鉄・宝塚本線は、大阪府大阪市の梅田駅から兵庫県宝塚市の宝塚駅を結ぶ阪急電鉄の路線である。
路線の特徴として、JR西日本の福知山線とほぼ平行する区間があるため、昼間の優等列車を10分間隔で運転するなど、JR西日本を意識したダイヤ構成となっている。

基本的には、「普通」と「急行」のパターン運用だが、平日朝ラッシュ時には、特急「日生エクスプレス」や「通勤急行」「通勤準急」「準急」なども運転されている。

沿線には学校や住宅地が多く、地域密着度が高い生活路線といえる。高級住宅街が多いことでも有名で、沿線に住むことが一種のステータスとして、人気の高い路線である。

阪急3100系は、神戸本線用として登場した3000系の基本設計をそのままに、宝塚本線用に製造された車両である。先代3000系と同じく、1964年（昭和39）に登場し、その後1967年（昭和42）までに、合計40両が製造された。また、3100系は、比較的低速である宝塚本線の環境に合わせて、電動機の出力を120キロワットに、パワーを抑えた仕様としている。歯車比も旧式の2100系と同じ6・07として低速向けの設定となっている。

現在は、3＋3の6両編成と4両編成が在籍し、6両は今津線で、4両は伊丹線で使用されている。また、編成組み替えによる3000系との混結も見られる。ちなみに、3152編成は、冷房改造と同時に阪急初の行先表字幕が設置された編成である。

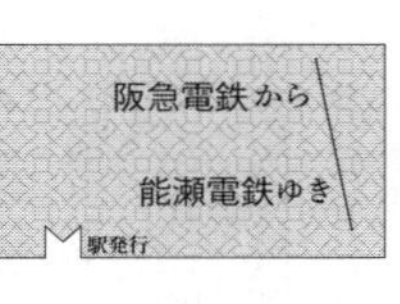

能勢電鉄 3100系

能勢顔になった元・阪急電車

能勢電鉄は、兵庫県川西市の川西能勢口駅から大阪府豊能郡の妙見口駅を結ぶ「妙見線」と、兵庫県内である川西市の山下駅から兵庫県川辺郡の日生中央駅を結ぶ「日生線」の2路線と鋼索線や索道線を有する鉄道会社である。

平日朝夕のラッシュ時には、阪急宝塚本線直通の特急「日生エクスプレス」が、日生中央駅－川西能勢口駅－阪急梅田駅間に運転されている。なお、日生エクスプレスの運行がない土曜日は、川西能勢口行きのみ日生急行が運行されている。

能勢電鉄で活躍する3100系は、1997年（平成9）に譲渡された阪急3100系で、4両編成1本が活躍している。入線時の改造にあたっては、主に前面や内装などの改造工事が施された。

前面に行き先表示機の設置や、下部に配置されている通過表示灯付近に飾り帯が取り付けられたほか、正面の貫通扉も、窓の大きいタイプに変更され、表情の印象が大きく変化した。車内も、阪急独特の木目調デザインとは裏腹に、白を基調とした化粧板に変更され、座席のモケット色も、ゴールデンオリーブ色から青系の色合いに変わった。なお、車端部にはバリアフリーに対応した車椅子スペースも設置されている。

能勢電鉄は、過去には能勢妙見宮への参拝客輸送が多くを占めていたが、現在では、沿線が大阪のベッドタウン化しており、通勤通学輸送が多くを占めている。

7 阪神電気鉄道 5101形

ジェットカーの量産型となった車両

阪神電気鉄道（以下、阪神）は、大阪府大阪市の梅田駅と兵庫県神戸市の元町駅を結ぶ本線を中心に、阪神なんば線、武庫川線、神戸高速線などの支線を有する鉄道会社だ。

5101形は、1959〜1960年（昭和34〜昭和35）にかけて製造された各駅停車専用の車両で、合計10両が製造された。この車両は、両方の車端部に運転台が付いた両運転台式の1M電車で、1958年（昭和33）に先行試作車として登場した「ジェットカー」5001形（初代）の量産型車両といえる。

阪神電気鉄道では、昭和30年代から進められた車両の大型化に際して、急行用車両と駅間の短い各駅停車用車両を区別し、各駅停車には高加減速が可能な車両を登場させた。この各駅停車用車両に「ジェットカー」という愛称が付けられ、塗装もクリームと青のツートンカラーとした。一方、急行用車両はクリームと赤のツートンカラーで、前車を「青胴車」後車を「赤胴車」とも呼んだ。なお、このジェットカーの名は「ジェット機に匹敵するくらいの加減速が良い」から由来している。

5101形の性能面は、主電動機に軽量高速回転が可能な東洋電機製造の補極補償巻線付TDK859Aを4基搭載し、駆動装置は直角カルダン駆動を採用した。そのため歯車比は、41：6（6・83）と高ギアとなった。これらの装備によって、起動加速度が大きくパワーアップしたため、たった25秒で80キロの加速を可能とした。さらに、起動から停止まで、1キロを1分で走破できる性能を確保したのだ。

8 阪神電気鉄道 3301形

初代・赤胴車

阪神電気鉄道は、開業時は軌道として営業をしていたことから、使用される車両も軌道の特徴が表れており、小型車両が多く在籍していた。そんな中、1954年（昭和29）に登場した3011形は、阪神最初の大型高性能車で、主に特急用として活躍した。そして、3011形の後継である3301形は、主に本線の増結用として、1958年（昭和33）に4両が登場した。

阪神3301形は、両運転台で単行運転も可能なことから、当時運行されていた小型車両を対象に置き換えられていった。

1967年（昭和42）には、武庫川線に残っていた旧型小型車両を3301形に置き換え、阪神の車両の大型化を成し遂げた。さらに同年には、架線電圧の昇圧工事も行なわれ、保安装置の設置も行われた。

1970年代になると、阪神の全車において、「六甲の涼しさを車内に」をキャッチフレーズに、冷房装置の取り付けが始まった。

阪神3301形は、単行運転可能な両運転台車のため、床下に冷房車用の補助電源装置の設置スペースがなかった。そのため、本線での増結運用では、他車の車両から電気を供給してもらう方式をとっていた。

しかし、武庫川線は単行運転のため冷房を使用することができず、利用客からは不評の声があがっていた。その問題は、1984年（昭和59）に武庫川線が武庫川団地前駅まで延長され、単行運転から2両編成化となったことで、解決している。

利用者にとっては、悲願の冷房化が果たされ、同社にとっては、全列車の完全冷房化が実現したのだ。

えちぜん鉄道 MC1101形

えちぜんを走るジェットカー

えちぜん鉄道MC1101形のルーツは、京福電気鉄道のホデハ1001形で、名鉄3800形をモデルに両運転台化した当社のオリジナル電車である。

ホデハ1001型は、1949年（昭和24）に、日本車輌で製造され活躍した。1981年（昭和56）に、阪神電気鉄道から5101形の2両（5108、5109）の車体が京福電気鉄道に譲渡され、ホデハ1001形はこの阪神5101形の車体に載せかえられ、京福電気鉄道モハ1101形として竣工した。

現在は京福電気鉄道から鉄道事業を引き継いだえちぜん鉄道のMC1101形として活躍している。車体が流用された阪神5101形は、もともと通勤用として使用されていたため、えちぜん鉄道へ入線の際に、3扉から2扉に改造されている。さらに、1988年（昭和63）7月17日、車両近代化の改造が行われ、クーラー3基（合計10500キロカロリー）を利用して冷房化の工事が施工されたほか、主制御器がMMC－H－10Kに交換された。

さらに、豊橋鉄道のモハ1900系の廃車で発生したDT－21中空カルダン式台車を利用して、当時の吊り掛け駆動式からカルダン駆動式へ変わり、新性能化が行われた。ちなみに、MC1101とMC1102の2両が在籍していたが、2000年（平成12）12月17日に発生した正面衝突事故により、MC1101が廃車されたため、現在はMC1102の1両のみが在籍している。

ただ、新形車の置き換え対象になっているため、一日も早く乗りに行くことをおすすめする。

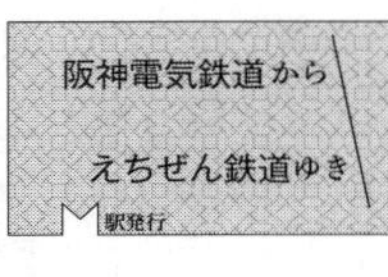

えちぜん鉄道 MC2201形

えちぜんを走る赤胴車

えちぜん鉄道へは、阪神電気鉄道から3301形4両全車が、1986年（昭和61）に京福電気鉄道福井支社時代に譲渡された。

当時の形式は、モハ2201形（モハ2201〜モハ2204）で、譲渡にあたり、阪神の武庫川車両工業にて改造が行われた。

改造にあたっては、国鉄101系の廃車発生品が使用され、台車をはじめとする主電動機も交換されたため、冷房電源用の発電機を設置するスペースも捻出できるようになり、単行運転での冷房装置の使用も可能になった。

モハ2201形の導入を機に、京福電気鉄道としては初の冷房車となり、サービスの向上に一役買っていた。

モハ2201号車は、2001年（平成13）に発生した越前本線の正面衝突事故で廃車になり、残った3両は、京福電気鉄道福井支社からえちぜん鉄道に移管され、MC2201形となった（番号の変更はない）。

移管後も、しばらくは3両すべてが活躍を続けたが、2006年（平成18）5月に、MC2202、MC2203が機器の老朽化により廃車となった。

現在では、MC2204のみが、活躍を続けているが、終焉の日は近づいている。えちぜん鉄道に訪問する際は、MC2204の最後の雄姿を、皆さんの目にも、焼き付けてほしい。

9

京阪電気鉄道 3000形「テレビカー」

唯一無二のユニークな車両

今では、どこの家庭にもあるテレビだが、1939年（昭和14）の日本での実験放送を開始した当時は高価な物だった。どこの家庭にもテレビが置かれるようになるのは1960年代以降で、それまでは街中に置かれた街頭テレビを人々は群がるように見ていた。

そんな時代に、大阪と京都を結ぶ京阪電気鉄道（以下、京阪）に、車内で白黒テレビを放送する電車が登場した。車両は京阪1800形（初代）で、1954年（昭和29）からNHKの番組を放送して、人々からは「走る街頭テレビ」と呼ばれた。

京阪は、後に登場する特急車両にもテレビを設置し、1971年（昭和46）の3000形からはカラーテレビに変わり、「京阪」＝「テレビカー」が定着した。

3000形は、1971～1973年（昭和46～昭和48）にかけて58両が製造され、大阪・淀屋橋駅と京都・三条駅間の特急として運用された。登場時は3両と4両の編成があり、「テレビカー」は三条方の先頭車に設置されていた。車内はオールクロスシートで、日本初の自動座席転換装置も装備され、折り返し駅での座席転換がスムーズに行われた。

先頭デザインは、パノラミックウィンドウを両側に配し、中央に貫通扉を持つスタイルで、京阪特急車のシンボル鳩マークも貫通扉に装備された。

1989年（平成元）の鴨東線の開業で、京都の終点が出町柳駅に変わると、編成も7両の固定編成となり、貫通扉の幌が廃止された。この頃になると、後継の8000形が登場し3000形の活躍にも陰りが見え始めてきた。

８０００形の増備が進むと、３０００形にも廃車が発生し、このまま終焉を迎えると思っていた矢先、１９９５年（平成７）に残った1編成の車体更新が行われ、その際、中間車３６０８を2階建て車両３８５５に改造し編成に組み込んだ。さらに１９９８年（平成10）には予備車だった車両を改造して組み込み8両化されるが、２００８年（平成20）に新型車両が2代目３０００形として誕生するため、８０００形に編入改番された。

２０１３年（平成25）3月31日、最後に残った1編成もついに引退の日を迎え、車体更新前のオリジナルスタイルで有終の美を飾った。この日、３０００形42年の幕が下ろされたと同時に、「テレビカー」も後継の８０００形には設置されなかったため、約60年間の歴史に終止符が打たれた。京阪の「テレビカー」は、高度成長期の日本を象徴する出来事だったのだ。

名車３０００形は、富山地方鉄道と大井川鐵道に譲渡されたが、大井川鐵道は２０１４年（平成26）2月に運行を終了してしまった。

テレビカーとして人気を博した京阪3000形

京阪電気鉄道から
富山地方鉄道ゆき
駅発行

富山地方鉄道 10030形

ダブルデッカーエクスプレス

富山地方鉄道(以下、富山地鉄)10030形は、1991〜1996年(平成3〜平成8)にかけて登場した車両で、元・京阪電鉄(以下、京阪)3000系を改造した電車である。

富山地鉄への譲渡は、1990年(平成2)から1993年(平成5)にわたって行われ、合計16両が移籍した。導入したのはすべて先頭車両で、2両編成8本に組成して運行を開始した。

入線にあたっては、京阪と富山地鉄の線路幅が異なるため、台車や主電動機など走行装置の交換が行われた。この改造工事は、富山地鉄の稲荷町工場にて竣工されている。

最初に入線した編成は、営団地下鉄(現・東京地下鉄)日比谷線3000系の廃車発生品FS336台車と75キロワットの主電動機を取り付けた。この際、連結器の変更やスカートの取りはずしも行われた。また、車内設備面では、運賃箱や運賃表の設置など、ワンマン化工事も実施されている。

登場当初は、京阪時代の塗装のまま運行していたが、のちに富山地鉄標準色である黄色とライトグリーンのツートンカラーに変更された。また、2013年(平成25)からは、京阪最後の3000系が引退したことによって、2階建て構造のダブルデッカー車両1両を新たに譲り受け、第2編成に組み込み、「ダブルデッカーエクスプレス」として運行を開始した。

第2編成は、京阪時代の塗装に戻され、前面スカートの復活や、京阪時代のシンボルマークである鳩がデザインされたヘッドマークも復活している。

10030形は元・京阪の3000形。第２編成はダブルデッカーを組み込んで３両化されている

運行は、入線当時は、特急が主な運用だったが、現在はワンマン化され普通列車でも使用されているほか、個人やサークル団体での貸し切り運行にも対応している。

京阪３０００系は、同社の一時代を築いた名車ゆえに、懐かしさを求めて、関西地区から富山地鉄１００３０形を目当てに訪問する観光客も多いという。

通常の普通列車に使われる10030形は２両編成

近畿日本鉄道　16000系

なにわのスマート特急

近畿日本鉄道の16000系は、同社の狭軌路線（1067ミリ）である南大阪線（大阪阿部野橋駅－橿原神宮前駅間）と吉野線（橿原神宮前駅－吉野駅）で使用している特急形車両で、本系列の全車が、近鉄の子会社である近畿車輛によって製造された。

16000系の登場は、1965年（昭和40）で、吉野線の特急車両として2両編成2本の4両が導入され運行を開始した。

その後1974年（昭和49）まで増備が続き、最終的に2両編成8本と4両編成1本の合計20両が入線した。車体外観は、当時の優等車両であった大阪線の11400系を基本としており、エースとしての風格を醸し出している。また、狭軌である南大阪線・吉野線の車両限界に合わせ、車体幅などを縮小調整したため、前面のスタイルも変更され、若干小ぶりのスマートな印象を受ける。

車内面は、特急仕様の回転式クロスシートが並ぶが、新造時は車端部にデッキと客室の仕切り壁がなく、旅客は客用扉から直接客室に乗り込む形であった。1985年（昭和60）以降に、内装を中心とした車体更新工事が行われ、化粧板の張り替えや、リクライニングシートへの交換、客室とデッキの仕切り壁が新設されている。（ただし、編成によって工事内容が異なる）

1997年（平成9）に、後継形の16400系が登場して以来、廃車が発生しており、2両編成3本（第1編成～第3編成）は、静岡県の大井川鐵道に譲渡され、活躍の場を移している。

大井川鐵道 16000系

秘境を行く、元・近鉄特急

大井川鐵道・大井川本線は、静岡県島田市の金谷駅と榛原郡川根本町の千頭駅を結ぶ39・5キロの路線で、1927年（昭和2）に、金谷駅－横岡駅（現在は廃止）が開業した。その後、延伸と廃止を繰り返し、現在の金谷駅－千頭駅間の姿となったのは、1931年（昭和6）12月のことである。

同社は、1976年（昭和51）7月から運行を再開した蒸気機関車牽引による列車で人気を博しており、動態保存の好例として全国的にも有名で、現在でも多くの観光客や鉄道ファンが訪れている。

16000系は、近鉄で廃車になった特急車両16000系を譲り受けたもので、1997年（平成9）に第1編成と第2編成の2本を導入して、翌年の1998年（平成10）7月23日より、大井川本線で営業運転を開始した。さらに、2002年（平成14）に第3編成の1本も入線させ、合計3本の16000系が所属し、モハ16001+クハ16101、モハ16002、モハ16003+クハ16103で編成を組んでいる。3本すべてに、2両編成のワンマン運転化に対応する改造が行われ、客室ドア付近に料金箱を設置し、それに伴う一部の座席やトイレ、洗面所の撤去、車販準備室の封鎖が行われているが、それ以外の内装や外観の塗装は、近鉄時代の面影を色濃く残している。なお、前面の特急表示部分は、「金谷－千頭」の行き先表示に変更されている。

大井川鐵道での運行当初は、「電車急行」として運行されていたが、現在は、普通列車の主力車両として活躍している。

11

南海電気鉄道 21000系（21001系）

急勾配に果敢に挑戦したズームカー

南海電気鉄道（以下・南海）は、大阪府と和歌山県に展開している大手私鉄会社で、南海本線（難波駅－和歌山市駅）を中心に、高野線（汐見橋駅－極楽橋駅）、空港線（泉佐野駅－関西空港駅）など、さまざまな支線を有する路線である。

南海電鉄21000系は、1958〜1964年（昭和33〜昭和39）にかけて、4両編成8本32両が製造された。主に、高野線の急行用を目的に製造された車両で、山岳地帯の急勾配区間に対応する性能を持っている。

また、同社で初めてカルダン駆動を採用した車両で、前面のデザインは、いわゆる湘南型と呼ばれる非貫通の運転席2枚窓のお顔だ。南海高野線は橋本以遠に半径100メートル以下の急カーブがあるため、車体は片側2扉17メートル級と小柄になっている。また、車体裾に丸みが付けられており、その断面形状は、張殻構造のイメージから、「丸ズーム」というニックネームがついている。

車内は、1958〜1962年（昭和33〜昭和37）に製造された3次車の第4編成までが、転換クロスシート、それ以降の車両がロングシートとなり、前途のクロスシート車は、高野線の特急「こうや」の波動用として使用されたこともあり、南海の車両発達史に欠かせない名車といえる。

高野山への急勾配を登り、河内平野を110キロの高速で駆け抜けた高性能車は、新たな転勤先で、今もなお、活躍を続けている。

高野線を走る21000系。丸ズームのニックネームで呼ばれた

大井川鐵道に移った21000系は、南海時代の車号にエメラルドグリーンの塗装となっている

一畑電車の3000系も元・南海のズームカーで、3008編成が南海時代の塗装になっている

大井川鐵道 21000系

秘境を登るズームカー

大井川鐵道は、静岡県に路線を持つ名鉄グループの中小私鉄である。同社の大井川本線は、金谷駅－千頭駅間の39・5キロを結ぶ路線で、南海電気鉄道（以下、南海電鉄）の電車が、活躍している。

1994年（平成6）に、南海電鉄より21001号車＋21002号車が入線し、その後1997年（平成9）に、21003号車＋21004号車が導入され、2両編成2本の合計4両が在籍している。

譲渡された際は、南海電鉄の新塗装色に変わっていたが、大井川鐵道の希望で、元のエメラルドグリーンに濃い緑色に戻されている。このような方法をとっているのだ。動態保存の意味を込めて、このような方法をとっているのだ。

大井川鐵道に移籍したのは、初期製造分の転換クロスシート車両で、ワンマン運転対応化に伴う工事や、電力面の都合から車両性能を見直し、連結面側のパンタグラフは撤去されている。また、方向幕装置は設置されておらず、前面に「金谷⇕千頭」のサボが掲出されている。それら以外は、南海電鉄時代の面影を色濃く残しており、遠くは関西の鉄道ファン達が、その懐かしさを求めて、21000系に会いにくる姿が見られる。

南海電鉄では、高野線の山岳地帯を力強く駆け抜けてきた21000系だが、大井川鐵道では、自然豊かな茶畑やゆったり流れる大井川に沿ってのんびりと走っている。

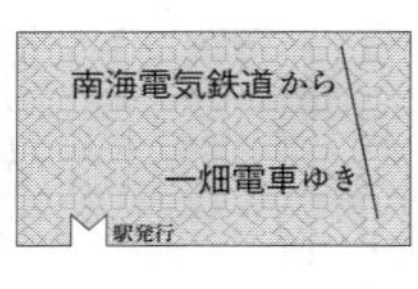

一畑電車 3000系

宍道湖のほとりを走るズームカー

一畑電気鉄道（現・一畑電車）では、車両の近代化を図るため1994年（平成6）より、京王電鉄の5000系を導入し2100系として運行を行っていた。3000系はそれに続いて1996年（平成8）より、南海電鉄の21000系の譲渡を受け、3000系として竣工した車両だ。

先頭車両8両が譲渡され、2両編成4本に組成して運行が開始された。入線に当たっては、南海時代の奇数向き先頭車と偶数向き先頭車を連結して2両編成とし、奇数向き先頭車に2基搭載されていたパンタグラフのうち、連結面寄りの1基を撤去した。また、ワンマン車として使用するため、ワンマン機器の搭載が行われた。

車両の番号は、パンタグラフ付き先頭車をデハ3001形、パンタなし先頭車をデハ3010形として3005～3008、3015～3018となった。3001～の番号が与えられなかったのは、2100系が4編成在籍し、21001～21004、21111～2114を名乗っているためで、末尾の番号で編成が認識できる仕組みになっている。ちなみに、3000系以降に導入された5000系は、5009～の車号が与えられている。

車体の塗色は、黄色を主体に側面窓下を白とし、前面窓上部と下部に青い帯を巻いた。現在在籍する4編成のうち、3006+3016の編成が、「のんのんばあ」ラッピング電車に、3008+3018の編成が、南海時代のカラーに復元され運行されている。

12 南海電気鉄道 22000系(22001系)

通勤ズームカーと呼ばれ幅広く活躍

南海電気鉄道22000系は、1969年(昭和44)に、高野線の増結用車両として登場した2両編成の車両で、「ズームカー」の一系列として扱われた。南海の21000系「ズームカー」は、2枚窓の湘南電車スタイルだったが、22000系は貫通扉の付いた3枚窓の顔となり、車内もロングシートとなった。そのため、「通勤ズーム」とも呼ばれた。

後継となる2000系の登場で、全区間で運行ができるように車体を改造し、2200系へ形式の変更が行われた。これにより、全線での運転が可能となり、さらにワンマン運転対応工事を施工して支線区へも投入された。

計画では、全編成が2200系へ改造される予定だったが、計画変更により4編成が廃車され、1編成が熊本電鉄へと譲渡された。

また、支線区での2両編成での使用を考慮して、正面貫通ホロを撤去した2230系や、貴志川線用の2270系などへも改造された。

2200系1編成は、2009年(平成21)7月に観光列車「天空」用として再改造を受け、外観は、車体全体を緑色に、窓下には赤い帯が巻かれたスタイルとなり、客室用の扉の一部には、柵が取り付けられた。この部分は、展望デッキの役割を担っている。

車内は、木目調の座席へ変わり一部は外向きに設置されている。また、スタンドテーブルや畳敷きのスペースなど、レジャー運用に適した改装も行われている。

2200系は、現在も、同社・高野線の山岳区間、熊本や和歌山の地で、第二の活躍を続けている。

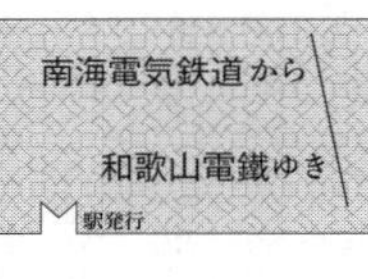

和歌山電鐵 2270系

大人気のユニークな電車たち

和歌山電鐵貴志川線は、和歌山県内の和歌山駅から貴志駅までの全長14・3キロを結ぶ鉄道路線である。

2006年（平成18）4月に、南海電気鉄道から貴志川線を継承して誕生した鉄道会社だ。親会社は、岡山電気軌道株式会社で、岡山県内で軌道事業を行っている。

同社の代表取締役である小島光信氏が、貴志駅の駅長を猫とした「たま駅長」を生み出し、また、同線で活躍するいちご電車などの斬新なアイデアを取り入れたことで、テレビや新聞など、さまざまなメディアで注目を浴びる機会をつくった。

同社の2270系は、和歌山電鐵・貴志川線の前身、南海電鉄の貴志川線で使用されていた車両で、和歌山電鐵に移管後も、引き続き同線で活躍している。

主な改造は、南海電鉄から和歌山電鐵に移る際に、列車無線アンテナやワンマン運転用の改造、架線電圧の変更などが行われたが、外観の塗装は、南海電鉄時代のままで譲渡されている。

しかし、すぐに、2271編成がリニューアル工事を受け「いちご電車」の愛称で登場した。「いちご」は沿線の特産品で、車体の内外装は、いちごのデザインがふんだんにあしらわれたとても可愛らしい印象で、車内の床などには、温かみのある木材を用いている。

2270系「いちご電車」は、そのキュートなデザインが多くの人の支持を受け、利用者の向上に一役かっている。その後、「おもちゃ電車」や猫のたま駅長をモチーフとした「たま電車」などユニークな電車が次々に登場して、利用者を驚かせている。

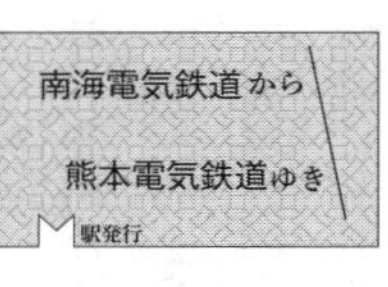

熊本電気鉄道 200形

くまでんカラー唯一の現存車

熊本電気鉄道（以下、熊本電鉄）は、熊本市と合志市を結ぶ路線で、上熊本駅－御代志駅間を走る10・8キロの菊池線と、北熊本駅－藤崎宮前駅間の2・3キロを運転する藤崎線（合計13・1キロ）の2路線から成る。同社の200形は、1998年（平成10）に現存した在来車500系（元・静岡鉄道クモハ100形）の置き換え用として、ズームカーの愛称で親しまれていた南海の22000系を改造した車両だ。

当時の熊本電鉄では、すでに東京都交通局から都営地下鉄三田線で使用されていた6000形車両が譲渡され、旧型車両の置き換えが進んでいたが、一時譲渡が滞った期間があったため、1編成2両のみだが、南海電鉄で活躍していた22000系を購入したわけだ。

車両の改造は、西日本鉄道（以下、西鉄）の西鉄産業筑紫工場で行われ、客室ドアの増設（3扉化）や、ワンマン運転に対応するための、料金箱やバックミラーの設置などが行われた。また、前面の貫通扉上部にあったヘッドライトは、テールライトとともに、一体ケースに収められ、新たに窓下の腰部に配置された。

運用は、藤崎線（藤崎宮駅－御代志駅間）での運行が主だが、冷房化車両のため、夏場は非冷房の5000系車両の代わりに菊池線（北熊本駅－上熊本駅間）運用に入ることもある。

200形は、熊本電鉄の全線で運行が可能であり、さらに、ライトブルーとブルーにオレンジの帯のくまでんカラーが現存する唯一無二の貴重な存在なので、ぜひとも写真に収めていただきたい。

第6列車　譲渡車両あれこれ

観光用にSLや客車もＪＲから譲渡されるケースもある

1

蒸気機関車の移籍

今もなお漆黒に輝くSLたち

第1列車の章でも述べたが、蒸気機関車の移籍は明治時代から頻繁に行われていた。鉄道院や鉄道省、国鉄から地方の民営鉄道へ移った機関車もあれば、その反対に、民営鉄道が国に買収され鉄道省の機関車に編入された事例なども見られる。

現在、保存運転で見られる蒸気機関車は、国鉄線上から蒸気機関車が全廃されてから、公園等に保存されていたものを復活して使用している。公園などで子供達と余生を送っていた蒸気機関車も、数奇な運命で再びデビューを果たす例もあるのだ。

ただ、大井川鐵道のC11227は、北海道の標津(しべつ)線で廃車後に、動態保存を目的として移籍した機関車で、一度も公園に保存されたことがなく、誕生以来現役を貫く蒸気機関車となっている。

また、同じく大井川鐵道で運転されているC11190は、熊本県八代市の個人が廃車後に国鉄から譲り受けて保存していた機関車で、個人からの譲渡という珍しい経歴を持っている。この方が、長い間大切に保存していたからこそ、今の姿があるのだ。

大井川鐵道のC11227

2 ディーゼル機関車の移籍

名脇役として存在感を放つ車両たち

非電化区間の立役者として活躍するディーゼル機関車も、余剰となりよその鉄道事業者に譲渡される例がある。

国鉄が開発した、ローカル線や構内の入換用として活躍したＤＥ10形は、センターキャブの両側に横向きの運転席を設けており、機関士が首を振るだけで進行方向の視野が得られるため、入換作業から短区間の列車牽引まで使い勝手の良い機関車となっている。そのため、引退後も地方私鉄や第三セクター、臨海鉄道などに譲渡されている。

わたらせ渓谷鉄道や嵯峨野観光鉄道のトロッコ列車も、このＤＥ10形を譲り受けて使用しており、真岡鐵道で「ＳＬもおか号」の回送列車牽引も、このＤＥ10が任にあたっている。また、貨物列車牽引のために、秋田臨海鉄道や西濃鉄道にも譲渡が行われている。ただ、使用する目的が限られることもあり、その数は多くない。

真岡鐵道の「ＳＬもおか号」客車を回送するDE10

3 電気機関車の移籍

由緒ある栄光の機関車たち

近年では、客車列車の電車化や貨物列車のトラックへの移管などで、電気機関車を保有する鉄道事業者は少なくなっている。電気機関車の移籍も近年ではほとんど例がなく、2000年代においては、東武鉄道から三岐鉄道へとJR東日本・西日本からJR貨物への移動が行われたぐらいだ。

現在、移籍してきた電気機関車が残る私鉄は、弘南鉄道、上信電鉄、秩父鉄道、銚子電鉄、伊豆箱根鉄道、岳南鉄道、遠州鉄道、大井川鐵道、三岐鉄道、北陸鉄道、福井鉄道、近江鉄道の12事業社などとなっている。

このうち、三岐鉄道は貨物列車牽引に使用されているが、他の社局ではSL列車の補機や除雪列車など事業用として使用されている。中には銚子電鉄のデキ3のように保存車両として籍を有しているケースも多く、貨物輸送が廃止され、イベントなど本来の目的以外での用途に就く車両も多い。

ただ、私鉄に残る車両の中には、大正時代に輸入された由緒ある機関車も見られ、流点の歴史を経て現在地にたどり着いた機関車もある。

弘南鉄道大鰐線に所属するED221は、現在も除雪列車などで使用されているが、これは1926年（大正15）に、アメリカのボールドウイン・ロコモーティブ・ワークス社が機械部分を、ウェスティングハウス・エレクトリック社が電気部分を担当し製造した電気機関車で、誕生後、信濃鉄道（現・大糸線）で使用された。この信濃鉄道が1937年（昭和12）に国有化されると、今度は国鉄の電気機関車に編入されたが、1948年（昭和23）に西武鉄道へと譲渡された。そ

1926年（大正15）生まれの老兵は、６社の鉄道を渡り歩いて弘南鉄道のED221となった

の後も近江鉄道、一畑電気鉄道と渡り歩き、１９７４年（昭和49）に現在の弘南鉄道へと巡り着いたのだ。ＥＤ２２１にとっては6社目の職場だが、誕生から88年も経っており、ここが最後の職場となるようだ。

また、マスコット的な存在の銚子電鉄デキ3は、１９４１年（昭和16）に銚子へやって来た機関車だが、誕生から銚子へたどり着くまでの経緯が長らく不明とされていた。近年になって鉄道愛好家の研究により、１９２２年（大正11）ドイツのアルゲマイネ社製造、前所有社は山口県の沖之山炭鉱（現・宇部興産）と推定された。しかし、沖之山炭鉱での車号や使用方法などまだ不明な点も多く、ミステリーな経歴を持つ車両と言われている。

このように、さまざまな鉄道で仕事をした車両達が、新天地でのさらなる活躍が見られるのも、譲渡車ならではでないだろうか。

4 気動車の移籍

非電化路線の立役者たち

日本は電車王国であり、路面電車や地下鉄、新幹線まで、国内を電車が走り回っているが、地方にはまだまだ非電化区間が存在する。そんな非電化路線で活躍する代表的な気動車の譲渡車両を挙げてみよう。

千葉県いすみ市のJR外房線大原駅から大多喜町の上総中野駅までを走る「いすみ鉄道」は、旧・国鉄が運営していた木原線を第三セクター化した路線である。この路線には、主に観光客をターゲットにした国鉄形の気動車が、現在でも元気に走っている。最初にJRから譲渡されたのは、2機関（液体式機関2台付き）のキハ52形気動車だ。もともとはJR大糸線で活躍していた車両である。いすみ鉄道に譲渡後は、クリームと朱色の旧国鉄一般色に塗られ運行に就いていたが、現在は「首都圏色」と呼ばれる朱色一色にお化粧直しされている。

2番目に譲渡されたのは、1機関式（液体式機関1台付き）の急行形気動車キハ28形だ。いすみ鉄道譲渡に際しては、落成時と同じオリジナルの旧国鉄急行色に、お色直しをして納入された。ちなみにいすみ鉄道の鳥塚亮社長は、航空会社からの公募転職者で、いわば、経営側も移籍者であり、いすみ鉄道は、いつも活気にあふれている。気動車の移籍は他にも、ひたちなか海浜鉄道や水島臨海鉄道など数多くあり、今も譲渡先で活躍している。

5 客車・貨車の移籍

消えゆく思い出の車両たち

かつては、鉄道の主役だった客車は、電車や気道車へと置き換えられ、本来の使われ方をする列車は、わずかに残る夜行寝台特急や急行になってしまった。機関車の引く客車列車は、鉄道創業から続く姿だったが、時代とともに姿を消す運命にある。

しかし、観光列車として残る蒸気機関車の引く列車などでは、今でも客車が必要不可欠で、国鉄やＪＲから私鉄や第三セクターに譲渡され、今も現役として活躍する姿が見られる。

国鉄、その後のＪＲからは、大井川鐵道、真岡鐵道、秩父鉄道へＳＬ列車用に、津軽鉄道へはストーブ列車用に、わたらせ渓谷鐵道へはトロッコ列車用に、若桜鉄道へは将来のＳＬ列車運転用にと譲渡されている。ただ、今残る客車の数は非常に少なく、今後の譲渡はほとんどないと思われる。

貨車も、昔ながらの黒い貨車に代わって、コンテナ列車が主体となっているため、現在見られる譲渡は、トロッコ用の無害車と線路に砂利を散布するホッパ車が主になっている。貨車も客車同様、今後の譲渡は少ないと思われる。

ＳＬ列車用に秩父鉄道に譲渡されたＪＲ東日本の12系客車

6 路面電車の移籍

街の足から街の足へ

日本の路面電車が繁栄していた黄金時代、経済成長期の初期（昭和20〜30年代）には、路面電車の譲渡も頻繁に行われていた。また、各地で路面電車が廃止になり始めた衰退期（昭和40〜50年代）も、多くの車両が、全国に第二の職場を求めて旅立った。

路面電車は、中小私鉄への移籍も数多く存在するが、特に路面電車同士であれば、規格の融通が効くことから都合が良いため譲渡されるケースは多い。

路面電車は鉄道車両に比べて、譲渡に際しての問題点が少ない。それは、道路上を走るため、車両の大きさがほぼ似通っていることである。ドアの位置や軌間の問題があるが、ドア位置は簡単な改造で対応できる。軌間は、台車を履き替えればいいので、鉄道車両の大改造と比較すれば、たやすい工事だといえる。これらの理由によって、現役で活躍している路面電車の譲渡車両は多い。今回は、その一例を紹介する。

異国情緒が漂う長崎の地を走る長崎電気軌道には、東京や仙台などから譲受された車両が在籍するが、その中に「701」号という元・東京都電車（以下、都電）の車両がいる。

この701号は、規格が異なる三つのゲージを渡り歩いた貴重な電車である。生い立ちは、1955年（昭和30）に、ナニワ工機（現・アルナ車両）で製造され、都電唯一の狭軌路線である1067ミリ軌間の杉並線で、2018号車として登場した。

1963年（昭和38）の同線廃止により、都電の他路線で走れるように1372ミリへ改軌の上、都電本線系統に移籍した。その後、都電の路線縮小に伴い、

東京都電杉並線で活躍後、改軌して長崎へと巡り着いた

１９６９年（昭和44）に、最終増備車であった他の２０００形ともども6両が、今度は標準軌の１４３５ミリ軌間に改軌のうえ、長崎電気軌道に譲渡され、７００形となった。

譲渡された6両は、７０１号を除き廃車となったが、７０１号は、現在も活躍している。冷房機器を搭載していないため、貸し切りや予備車としての臨時運用に就いているが、まだまだ立派に走行できる状態だ。

７０１号は、都電で活躍していた往時をしのばせる内外装で、今もなお長崎の街を走り続けている。

注　他の路面電車の譲渡車両につきましては、巻末の譲渡車両の表をご覧ください。今も各地で、元気に活躍しています。

電車から客車に変身

姿・形が変わっても、走り続ける車両たち

電車王国の日本では、動力を持たない客車列車が年々減少しており、最近では、ＪＲ九州の「ななつ星ｉｎ九州」専用の77系客車が新造されたのみだ。だが、地方の一部の鉄道会社では、今もイベント列車やＳＬ列車用に客車列車を使用している。

ただ、譲渡を受けられる客車がほとんどない状態のため、苦肉の策として、電車や気動車などから動力を取り外し客車に転用される例が見られる。

例えば、毎日運転されるＳＬ列車として有名な静岡県の大井川鐵道。同社の「急行かわね路号」は、主に旧・国鉄の客車で構成されているが、それらに混成されるスイテ82形、ナロ80形は電車からの改造車である。

もともとは、西武鉄道の５０１系（初代）や１４１１形、３５１系の中間付随車だったが、電車としての性能機器を取り払い、車内とボデーを大改装して、蒸気機関車牽引の客車に改造し、お座敷客車ナロ80形、展望客車スイテ82形として生まれ変わった。

所変わって、わたらせ渓谷鐵道では、大間々駅から足尾駅間を走る「トロッコわたらせ渓谷号」の、２・３号車に連結されている窓ガラスのないオープンタイプの客車（５０２０号、５０７０号）が、電車からの改造車である。

種車は、京王帝都電鉄（現・京王電鉄）の名車５０００系の中間電動車で、電機品などを取り外し、車内とボデーを大改造している。ドアをなくし、窓ガラスもない構造にしたため、もはや原型すらわからないほどだ。

8

海外から、海外への譲渡

遠い異国の地で、第二の人生を送る車両たち

現代の、日本の鉄道車両の製造技術は、世界的にもトップレベルを誇る。それは、新幹線車両などに代表される通りで、普段の運用に供する車両を海外から輸入することとは、実質上はほとんどない。

だが、観光客誘致のひとつとして、海外から譲受される車両は、少なからず存在する。その一例が福井鉄道のF10形こと「レトラム７３５号」だ。

レトラム７３５号は、もともとはドイツ共和国シュツットガルト市で活躍していた１９６５年（昭和40）製のＧＴ－４形路面電車で、同線の車両更新の際に余剰となり、１９９０年（平成2）に土佐電気鉄道（現、とさでん交通）が、誘客活動の一環として譲り受けた。そして、２０１４年（平成26）に福井鉄道に再譲渡され、春季と秋季の週末に、観光客向け電車として運用し人気を博している。

逆に、海外への車両の譲渡は意外にも多い。東南アジアはもとより、南米アルゼンチンにまで譲渡された電車もある。その中で比較的有名なのが、インドネシアのＫＲＬジャボデタベック鉄道に譲渡された車両だ。

同鉄道は、ここ数十年資金不足に陥り、新造車両ではなく、中古車での増配備を行っている。路線の多くを日本のＯＤＡが敷設したため、軌間や架線の電圧など車両規格の適合から、多くの日本の車両が渡っている。

一例を挙げると、東京都交通局６０００形、東葉高速鉄道１０００系、東京急行電鉄８０００・８５００系、東日本旅客鉄道１０３・２０３・２０５系、東京地下鉄５０００・６０００・７０００・05系などだ。

9 地方から地方へ

親しみやすく懐かしい顔ぶれたち

これまで、大手社局から地方の中小私鉄に渡った譲渡車両を主に紹介してきたが、地方の私鉄から、同じく地方の私鉄へ旅した車両がたくさんある。ここでは、それらの譲渡車両たちの例をいくつか紹介していこう。

茨城県の勝田駅と阿字ヶ浦駅を結ぶひたちなか海浜鉄道湊線には、他のローカル私鉄から譲渡された車両が多い。

同社のキハ22形は、1971年（昭和46）に、かつて北海道にあった羽幌炭礦鉄道からやって来た。製造は富士重工業であり、国鉄のキハ22形と同一の設計になっている。寒冷地仕様のため、客用窓が二重で、運転席窓には暴雪時でも視界を広げる旋回窓が特徴的だ。

同じくキハ2000形も、1970年（昭和45）に北海道の留萌鉄道から渡ってきた車両。2004と2005の2両が在籍しており、やはり国鉄のキハ22に準じているが、トイレを完備せず、前照灯の両脇にタイフォンが付いているほか、若干車幅が広い。

キハ20形は、1965年（昭和40）に帝國車輌（現・総合車両製作所）で製作された後、旧・国鉄の線路を走っていた。昭和の終わり頃に、岡山県の水島臨海鉄道に渡り、さらに1996年（平成8）に、茨城交通（現・ひたちなか海浜鉄道）に再度譲渡がなされたわけだ。

この他、兵庫県を走っていた第三セクター鉄道の三木鉄道（現在は廃止）から譲渡されたミキ300形なども在籍している。

この項では、ひたちなか海浜鉄道を一例として紹介したが、これら以外にも、中小私鉄間の譲渡は数多く存在する。

付録　譲渡車両一覧

○この表は、2014年(平成26)4月1日現在の譲渡車両一覧です。また、路線と車両がそのまま民鉄や第三セクターに移行された一部の鉄道や、ＪＲ旅客会社からＪＲ貨物へ譲渡された機関車なども除いています。

○譲渡年は、年度内での移籍のため実際の運転開始日などとは、一部異なることもあります。

事業者名	車 種	形 式	車 号	前事業者	形 式	車 号	入 線	備 考
ＪＲ東日本	電車	209系	ﾓﾊ209-3102	東京臨海高速	70-000形	70-027	2004年	
			ﾓﾊ208-3102			70-028	2004年	
	気動車		ｷﾊ143 701	ＪＲ北海道	ｷﾊ143形	ｷﾊ143 155	2014年	
			ｷﾊ142 701			ｷﾊ142 201	2014年	
			ｷｻﾊ144 701			ｷｻﾊ144 101	2014年	
			ｷｻﾊ144 702			ｷｻﾊ144 103	2014年	
	ディーゼル機関車	DE15	DE15 1541	ＪＲ東海	DE15	DE15 1541	2012年	
ＪＲ四国	気動車	ｷﾊ125形	ｷﾊ125-401	高千穂鉄道	TR-400形	TR-401	2009年	
			ｷﾊ125-402		TR-400形	TR-402	2009年	
	電車	113系	ﾓﾊ113-1	ＪＲ東日本	113系	ﾓﾊ113-257	2000年	
			ﾓﾊ113-2			ﾓﾊ113-270	2000年	
			ﾓﾊ113-3			ﾓﾊ113-272	2001年	
			ﾓﾊ112-1			ﾓﾊ112-257	2000年	
			ﾓﾊ112-2			ﾓﾊ112-270	2000年	
			ﾓﾊ113-3			ﾓﾊ112-272	2001年	
			ｸﾊ113-1			ｸﾊ111-223	2000年	
			ｸﾊ113-2			ｸﾊ111-198	2000年	
	電車	113系	ｸﾊ113-3	ＪＲ東日本	113系	ｸﾊ111-222	2001年	
			ｸﾊ112-1			ｸﾊ111-532	2000年	
			ｸﾊ112-2			ｸﾊ111-529	2000年	
			ｸﾊ112-3			ｸﾊ111-528	2001年	

事業者名	車　種	形　式	車　号	前事業者	形　式	車　号	入　線	備　考
北九州市	ﾄﾛｯｺ	ﾄﾗ70000形	ﾄﾗ702	島原鉄道	ﾄﾗ70000形	ﾄﾗ702	2009年	元ＪＲ貨物 ﾄﾗ73938
長崎電気軌道	電車	150形	151	箱根登山鉄道	ﾓﾊ20形	ﾓﾊ202	1956年	王寺電気軌道409 ～東京都102
		160形	168	西日本鉄道	100形	123	1959年	
		600形	601	熊本市交	170形	171	1969年	
		700形	701	東京都交	2000形	2018	1969年	
		1050形	1051	仙台市交	ﾓﾊ100形	117	1976年	台車は旧西鉄
熊本電気鉄道	電車	5000形	ﾓﾊ5101A	東京急行電鉄	5000形	ﾃﾞﾊ5031	1985年	
			ﾓﾊ5102A			ﾃﾞﾊ5032	1985年	
		6000形	ﾓﾊ6101A	東京都交	6000系	6101	1995年	
			ﾓﾊ6108A			6108	1995年	
			ﾓﾊ6111A			6111	1996年	
			ﾓﾊ6118A			6118	1996年	
			ﾓﾊ6211A			6211	1999年	
			ﾓﾊ6218A			6218	1999年	
	電車	6000形	ﾓﾊ6221A	東京都交	6000系	6221	2000年	
			ﾓﾊ6228A			6228	2000年	
			ﾓﾊ6231A			6231	2001年	
			ﾓﾊ6238A			6238	2001年	
		200形	ﾓﾊ201A	南海電気鉄道	ﾓﾊ22001形	ﾓﾊ22003	1998年	
			ﾓﾊ202A			ﾓﾊ22004	1998年	
熊本市交通局	電車	5000形	5014AB	西日本鉄道	1000形	1014AB	1976・ 1978年	
南阿蘇鉄道	貨車 （トロッコ）	ﾄﾗ70000形	ﾄﾗ70001	国鉄	ﾄﾗ70000形	ﾄﾗ73825	1986年	
			ﾄﾗ70002	国鉄	ﾄﾗ70000形	ﾄﾗ74135	1986年	
ＪＲ東日本	電車	209系	ｸﾊ209-3101	東京臨海高速	70-000形	70-020	2004年	
			ｸﾊ209-3102			70-030	2004年	
			ｸﾊ208-3101			70-029	2004年	
			ｸﾊ208-3102			70-039	2004年	

事業者名	車種	形式	車号	前事業者	形式	車号	入線	備考
土佐電氣鐵道	電車	590形	591	名古屋鉄道	590形	591	2005年	
			592			592	2005年	
		700形	701	山陽電機軌道	700形	701	1958年	
			702			702	1958年	
			703			704	1958年	
		800形	801		800形	801	1959年	
			802			802	1959年	
			803			803	1959年	
			804			804	1959年	
		198形	198	ノルウェー オスロ市		298	1992年	199 ～工事用298
		320形	320	オーストリアグラーツ市		204	1993年	
		735形	735AB	ドイツ シュツットガルト市		714A+735A	1990年	福井鉄道へ譲渡➡F10形　2014年4月12日から運行開始
	電車	910形	910	ポルトガル リスボン市	800形	910	1994年	
阿佐海岸鉄道	気動車	ASA-300形	301	高千穂鉄道	TR-200形	201	2009年	
筑豊電気鉄道	電車	2000形	2002ACB	西日本鉄道	1300形・ 1000形	1302AB 1043B	1977年	1977年改造
			2003ACB			1303AB 1044A	1977年	1977年改造
			2004ACB			1304AB 1044B	1977年	1977年改造
			2005ACB		1200形・ 1000形	1025AB 1013B	1977年	1977年改造
			2006ACB		1000形	1062AB 1063B	1980年	1980年改造
			2007ACB			1064AB 1063A	1980年	1980年改造
北九州市	ディーゼル機関車	DB10形	DB10 1	南阿蘇鉄道	DB10形	DB10 1	2009年	
			DB10 2			DB10 2	2009年	
	トロッコ	ﾄﾗ70000形	ﾄﾗ701	島原鉄道	ﾄﾗ70000形	ﾄﾗ701	2009年	元ＪＲ貨物 ﾄﾗ70942

事業者名	車種	形式	車号	前事業者	形式	車号	入線	備考
伊予鉄道	電車	3000系	ﾓﾊ3105	京王電鉄	3000系	ﾃﾞﾊ3024	2010年	
			ﾓﾊ3106			ﾃﾞﾊ3025	2010年	
			ﾓﾊ3107			ﾃﾞﾊ3026	2010年	
			ﾓﾊ3108			ﾃﾞﾊ3027	2010年	
			ﾓﾊ3109			ﾃﾞﾊ3028	2012年	
			ﾓﾊ3110			ﾃﾞﾊ3029	2012年	
			ｸﾊ3301			ｸﾊ3720	2009年	
			ｸﾊ3302			ｸﾊ3721	2009年	
			ｸﾊ3303			ｸﾊ3722	2009年	
			ｸﾊ3304			ｸﾊ3723	2009年	
			ｸﾊ3305			ｸﾊ3724	2010年	
			ｸﾊ3306			ｸﾊ3725	2010年	
			ｸﾊ3307			ｸﾊ3726	2010年	
			ｸﾊ3308			ｸﾊ3727	2010年	
			ｸﾊ3309			ｸﾊ3728	2012年	
			ｸﾊ3310			ｸﾊ3729	2012年	
			ｸﾊ3501			ｸﾊ3770	2009年	
			ｸﾊ3502			ｸﾊ3771	2009年	
			ｸﾊ3503			ｸﾊ3772	2009年	
			ｸﾊ3504			ｸﾊ3773	2009年	
			ｸﾊ3505			ｸﾊ3774	2010年	
			ｸﾊ3506			ｸﾊ3775	2010年	
			ｸﾊ3507			ｸﾊ3776	2010年	
			ｸﾊ3508			ｸﾊ3777	2010年	
			ｸﾊ3509			ｸﾊ3778	2012年	
			ｸﾊ3510			ｸﾊ3779	2012年	
		ﾓﾊ2000形	ﾓﾊ2002	京都市交	2000形	2002	1979年	
			ﾓﾊ2003			2003	1979年	
			ﾓﾊ2004			2004	1979年	
			ﾓﾊ2005			2005	1979年	
			ﾓﾊ2006			2006	1979年	

事業者名	車 種	形 式	車 号	前事業者	形 式	車 号	入 線	備 考
高松琴平電気鉄道	電車	1300形	1306	京浜急行	1000形	デハ1308	2011年	
			1307			デハ1243	2011年	
			1308			デハ1250	2011年	
		20形	23	近畿日本鉄道	モ5620形	モ5623	1962年	大阪電気軌道デロ23～近鉄
	貨車	13000形	1310	国鉄	トラ1形	トラ3131	1948年	
伊予鉄道	電車	700系	モハ710	京王電鉄	5000系	クハ5701	1991年	
			モハ713			デハ5103	1988年	
			モハ714			デハ5108	1989年	
			モハ715			デハ5107	1989年	
			モハ716			デハ5109	1989年	
			モハ717			デハ5110	1989年	
			モハ718			デハ5112	1989年	
			モハ719			デハ5111	1989年	
			モハ720			クハ5702	1991年	
			モハ723			デハ5106	1988年	
			モハ724			クハ5703	1991年	
			モハ725			クハ5704	1991年	
			モハ726			クハ5710	1994年	
			モハ727			デハ5114	1994年	
			クハ760			クハ5754	1991年	
			クハ763			クハ5854	1988年	
			クハ764			クハ5858	1989年	
			クハ765			クハ5857	1989年	
			クハ766			クハ5859	1989年	
			クハ767			クハ5860	1989年	
			クハ768			クハ5862	1989年	
			クハ769			クハ5861	1989年	
		3000系	モハ3101		3000系	デハ3020	2009年	
			モハ3102			デハ3021	2009年	
			モハ3103			デハ3022	2009年	
			モハ3104			デハ3023	2009年	

事業者名	車種	形式	車号	前事業者	形式	車号	入線	備考
高松琴平電気鉄道	電車	1100形	1103	京王電鉄	5000系	デハ5022	1997年	
			1104			デハ5072	1997年	
			1105			クハ5772	1997年	
			1106			クハ5722	1997年	
			1107			クハ5771	1997年	
			1108			クハ5721	1997年	
		1200形	1201	京浜急行	700形	デハ706	2003年	
			1202			デハ705	2003年	
			1203			デハ728	2003年	
			1204			デハ727	2003年	
			1205			デハ732	2003年	
			1206			デハ731	2003年	
			1207			デハ734	2004年	
			1208			デハ733	2004年	
			1209			デハ738	2004年	
			1210			デハ737	2004年	
			1211			デハ702	2005年	
			1212			デハ701	2005年	
			1213			デハ704	2005年	
			1214			デハ703	2005年	
			1251			デハ736	2006年	
			1252			デハ735	2006年	
			1253			デハ742	2006年	
			1254			デハ741	2006年	
			1255			デハ740	2006年	
			1256			デハ739	2006年	
		1300形	1301	京浜急行	1000形	デハ1313	2007年	
			1302			デハ1316	2007年	
			1303			デハ1291	2007年	
			1304			デハ1298	2007年	
			1305			デハ1305	2011年	

事業者名	車種	形式	車号	前事業者	形式	車号	入線	備考
高松琴平電気鉄道	電車	600形	630	名古屋市交	250形	256	2000年	元名古屋市交754
			631		1800形	1809	2000年	長尾線611からの改造
			632			1810	2000年	長尾線612からの改造
		700形	721		1200形・1000形	1209	2000年	
			722			1210	2000年	
			723		300形	313	1998年	長尾線701からの改造
			724			314	1998年	長尾線702からの改造
		800形	801		700形	752	2000年	長尾線607からの改造
			802			753	2000年	長尾線608からの改造
			803			725	2000年	長尾線609からの改造
			804			726	2000年	長尾線610からの改造
		1070形	1071	京浜急行	600形	デハ605	1984年	元京急デハ703
			1072			デハ608	1984年	元京急デハ754
			1073			デハ613	1984年	元京急デハ709
			1074			デハ616	1984年	元京急デハ758
		1080形	1081	京浜急行	1000形	デハ1011	1988年	
			1082			デハ1012	1988年	
			1083			デハ1019	1989年	
			1084			デハ1020	1989年	
			1085			デハ1023	1989年	
			1086			デハ1024	1989年	
			1087			デハ1027	1990年	
			1088			デハ1028	1990年	
			1091			デハ1043	1991年	
			1092			デハ1044	1991年	
		1100形	1101	京王電鉄	5000系	デハ5023	1997年	
			1102			デハ5073	1997年	

事業者名	車種	形式	車号	前事業者	形式	車号	入線	備考
一畑電車	電車	2100系	デハ2112	京王電鉄	5000系	クハ5870	1995年	
			デハ2113			クハ5766	1995年	
			デハ2114			クハ5768	1995年	
		3000系	デハ3005	南海電気鉄道	21000系	モハ21009	1996年	
			デハ3006			モハ21013	1996年	
			デハ3007			モハ21011	1996年	
			デハ3008			モハ21015	1996年	
			デハ3015			モハ21010	1996年	
			デハ3016			モハ21014	1996年	
			デハ3017			モハ21012	1996年	
			デハ3018			モハ21006	1996年	
		5000系	デハ5009	京王電鉄	5000系	クハ5715	1998年	
			デハ5010			クハ5717	1998年	
			デハ5109			クハ5765	1998年	
			デハ5110			クハ5767	1998年	
高松琴平電気鉄道	電車	600形	601	名古屋市交	250形	251	1998年	元名古屋市交743
			602			252	1998年	元名古屋市交746
			603		1600形	1615	1999年	
			604			1901	1999年	
			605			1902	1999年	
			606			1617	1999年	
			613		1700形	1702	2002年	
			614		1900形	1905	2002年	
			621		250形	261	1998年	元名古屋市交733
			622			262	1998年	元名古屋市交762
			623			265	1998年	元名古屋市交727
			624			266	1998年	元名古屋市交760
			625		1800形	1801	1999年	
			626			1802	1999年	
			627			1803	1999年	
			628			1804	1999年	
			629		250形	255	2000年	元名古屋市交751

事業者名	車種	形式	車号	前事業者	形式	車号	入線	備考
広島電鉄	電車	1900形	1901	京都市交	1900形	1916	1977年	
			1902			1917	1977年	
			1903			1918	1977年	
			1904			1923	1977年	
			1905			1919	1977年	
			1906			1920	1977年	
			1907			1924	1977年	
			1908			1921	1977年	
			1909			1925	1977年	
			1910			1926	1977年	
			1911			1927	1977年	
			1912			1928	1977年	
			1913			1929	1977年	
			1914			1930	1977年	
			1915			1931	1977年	
		3000形	3002ACB	西日本鉄道	1200形	1209A+1209B +1207A	1976年	
			3003ACB			1206A+1206B +1203A	1976年	
			3004ACB			1201A+1202B +1202A	1976年	
			3005ACB		1100形	1101A+1101B +1102A	1981年	
			3006ACB		1200形	1201B+1102B +1102A	1976年	
			3007ACB		1300形	1305A+1207B +1305B	1976年	旧広電1300形
			3008ACB			1306A+1208B +1306B	1976年	旧広電1300形
若桜鉄道	客車	12系	ｽﾛﾌ12 3	ＪＲ四国	12系	ｽﾛﾌ12 3	2011年	
			ｽﾛﾌ12 6			ｽﾛﾌ12 6	2011年	
			ｵﾛ12 9			ｵﾛ12 9	2011年	
	ディーゼル機関車	DD16形	DD16 7	鉄道総合技術研究所	DD16	DD16 7	2012年	
一畑電車	電車	2100系	ﾃﾞﾊ2101	京王電鉄	5000系	ﾃﾞﾊ5119	1994年	
			ﾃﾞﾊ2102			ﾃﾞﾊ5120	1995年	
			ﾃﾞﾊ2103			ﾃﾞﾊ5121	1995年	
			ﾃﾞﾊ2104			ｸﾊ5718	1995年	
			ﾃﾞﾊ2111			ｸﾊ5869	1994年	

事業者名	車種	形式	車号	前事業者	形式	車号	入線	備考
紀州鉄道	気動車	ｷﾃﾂ1形	ｷﾃﾂ1	北条鉄道	ﾌﾗﾜ1985形	ﾌﾗﾜ1985-2	2000年	
			ｷﾃﾂ2			ﾌﾗﾜ1985-1	2009年	
北条鉄道		ﾌﾗﾜ2000形	ﾌﾗﾜ2000-3	三木鉄道	ﾐｷ300形	ﾐｷ300-104	2008年	
水島臨海鉄道	気動車	ｷﾊ200形	ｷﾊ203	国鉄	ｷﾊ20形	ｷﾊ20 338	1987年	
			ｷﾊ204			ｷﾊ20 340	1987年	
			ｷﾊ205			ｷﾊ20 321	1988年	
			ｷﾊ208			ｷﾊ20 318	1989年	
			ｷﾊ37 101	ＪＲ東日本	ｷﾊ37形	ｷﾊ37 1003	2013年	
			ｷﾊ37 102			ｷﾊ37 1002	2013年	
			ｷﾊ37 103			ｷﾊ37 2	2013年	
			ｷﾊ38 104		ｷﾊ38形	ｷﾊ38 1003	2013年	
			ｷﾊ30 100		ｷﾊ30形	ｷﾊ30　100	2013年	
岡山電気軌道	電車	3000形	3005	東武鉄道	100形	ﾃﾞﾊ110	1968年	
			3007		100形	ﾃﾞﾊ108	1968年	
広島電鉄	電車	200形	238	ドイツハノーバー市		238	1989年	
		570形	582	神戸市交	500形	592	1971年	
		600形	602	西日本鉄道	500形	502	1976年	
		750形	762	大阪市交	1651形	1652	1965年	
			768		1801形	1827	1968年	
			769			1828	1968年	
			772			1831	1968年	
		900形	904		2601形	2634	1969年	
			905			2626	1969年	
			906			2627	1969年	
			907			2629	1969年	
			910			2635	1969年	
			911			2636	1969年	
			912			2637	1969年	
			913			2638	1969年	
			914			2639	1969年	
		1150形	1156	神戸市交	1150形	1156	1971年	

事業者名	車種	形式	車号	前事業者	形式	車号	入線	備考
南海電気鉄道	電車	3000系	ﾓﾊ3027	大阪府都市開発	3000系	ﾓﾊ3027	2013年	
			ﾓﾊ3028			ﾓﾊ3028	2013年	
			ﾓﾊ3555			ﾓﾊ3555	2013年	
			ﾓﾊ3556			ﾓﾊ3556	2013年	
			ｸﾊ3513			ｸﾊ3513	2013年	
			ｸﾊ3514			ｸﾊ3514	2013年	
			ｸﾊ3515			ｸﾊ3515	2013年	
			ｸﾊ3516			ｸﾊ3516	2013年	
			ｸﾊ3517			ｸﾊ3517	2013年	
			ｸﾊ3518			ｸﾊ3518	2013年	
水間鉄道	電車	1000形	ﾃﾞﾊ1001	東京急行電鉄	7000系	ﾃﾞﾊ7010	1990年	旧水間ﾃﾞﾊ1002
			ﾃﾞﾊ1002			ﾃﾞﾊ7009	1990年	旧水間ﾃﾞﾊ7102
			ﾃﾞﾊ1003			ﾃﾞﾊ7008	1990年	旧水間ﾃﾞﾊ7001
			ﾃﾞﾊ1004			ﾃﾞﾊ7007	1990年	旧水間ﾃﾞﾊ7101
			ﾃﾞﾊ1005			ﾃﾞﾊ7128	1990年	旧水間ﾃﾞﾊ7051
			ﾃﾞﾊ1006			ﾃﾞﾊ7127	1990年	旧水間ﾃﾞﾊ7151
			ﾃﾞﾊ1007			ﾃﾞﾊ7110	1990年	旧水間ﾃﾞﾊ7052
			ﾃﾞﾊ1008			ﾃﾞﾊ7139	1990年	旧水間ﾃﾞﾊ7152
		7000系	ﾃﾞﾊ7003			ﾃﾞﾊ7012	1990年	
			ﾃﾞﾊ7103			ﾃﾞﾊ7011	1990年	
和歌山電鐵	電車	2270系	ｸﾊ2705	南海電気鉄道	22000系	ﾓﾊ22019	2006年	
			ﾓﾊ2275			ﾓﾊ22020	2006年	
			ｸﾊ2706			ﾓﾊ22023	2006年	
			ﾓﾊ2276			ﾓﾊ22024	2006年	
			ｸﾊ2703			ﾓﾊ22025	2006年	
			ﾓﾊ2273			ﾓﾊ22026	2006年	
			ｸﾊ2704			ﾓﾊ22027	2006年	
			ﾓﾊ2274			ﾓﾊ22028	2006年	
			ｸﾊ2701			ﾓﾊ22029	2006年	
			ﾓﾊ2271			ﾓﾊ22030	2006年	
			ｸﾊ2702			ﾓﾊ22031	2006年	
			ﾓﾊ2272			ﾓﾊ22032	2006年	

事業者名	車種	形式	車号	前事業者	形式	車号	入線	備考
能勢電鉄	電車	1700系	1705	阪急電鉄	2000系	2013	1991年	
			1706		2000系	2019	1992年	
			1707		2000系	2020	1992年	
			1708		2000系	2011	1992年	
			1731		2000系	2008	1990年	
			1732		2000系	2006	1990年	
			1733		2000系	2042	1991年	阪急2112
			1734		2000系	2000	1991年	
			1735		2000系	2012	1991年	
			1736		2000系	2018	1992年	
			1737		2000系	2002	1992年	
			1738		2000系	2010	1992年	
			1751		2000系	2058	1990年	
			1752		2000系	2067	1990年	
			1753		2000系	2054	1991年	
			1754		2000系	2050	1991年	阪急2154
			1755		2000系	2062	1991年	
			1756		2000系	2068	1992年	
			1757		2000系	2070	1992年	
			1758		2000系	2064	1992年	
			1781		2000系	2063	1990年	
			1782		2000系	2057	1990年	
			1783		2000系	2053	1991年	
			1784		2000系	2051	1991年	
			1785		2071系	2177	1991年	
			1786		2071系	2187	1992年	
			1787		2071系	2078	1992年	
			1788		2071系	2072	1992年	
南海電気鉄道	電車	3000系	ﾓﾊ3021	大阪府都市開発	3000系	ﾓﾊ3021	2013年	
			ﾓﾊ3022			ﾓﾊ3022	2013年	
			ﾓﾊ3025			ﾓﾊ3025	2013年	
			ﾓﾊ3026			ﾓﾊ3026	2013年	

熊本電気鉄道モハ200形

一畑電車5000系

伊賀鉄道200系

阪急電鉄2000系

事業者名	車　種	形　式	車　号	前事業者	形　式	車　号	入　線	備　考
能勢電鉄	電車	3100系	3120	阪急電鉄	3100系	3106	1997年	
			3620		3100系	3604	1997年	
			3170			3156	1997年	
			3670			3653	1997年	
		1500系	1500		2100系	2101	1983年	
			1501		2100系	2103	1983年	
			1502		2100系	2108	1984年	
			1503		2100系	2107	1984年	
			1504		2100系	2110	1985年	
			1505		2100系	2105	1985年	
			1510		2100系	2100	1983年	
			1531		2100系	2102	1983年	
			1532		2100系	2109	1984年	
			1533		2100系	2106	1984年	
			1534		2100系	2111	1985年	
			1535		2100系	2104	1985年	
			1550		2100系	2150	1983年	
			1551		2100系	2152	1983年	
			1552		2100系	2158	1984年	
			1553		2100系	2156	1984年	
			1554		2100系	2159	1985年	
			1555		2100系	2161	1985年	
			1560		2100系	2151	1983年	
			1581		2000系	2055	1983年	
			1582		2100系	2160	1984年	
			1583		2100系	2157	1984年	
			1584		2000系	2059	1985年	
			1585		2100系	2030	1985年	
		1700系	1701		2000系	2044	1990年	阪急2114
			1702		2000系	2017	1990年	
			1703		2000系	2005	1991年	
			1704		2000系	2014	1991年	

事業者名	車　種	形　式	車　号	前事業者	形　式	車　号	入　線	備　考
近江鉄道	電車	800系	ﾓﾊ1808	西武鉄道	401系	ｸﾓﾊ433	2002年	
			ﾓﾊ1809			ｸﾓﾊ435	2003年	
			ﾓﾊ1810			ｸﾓﾊ427	2005年	
			ﾓﾊ1811			ｸﾓﾊ411	2009年	
			ﾓﾊ1821			ｸﾓﾊ429	1997年	
			ﾓﾊ1822			ｸﾓﾊ431	1997年	
		900系	ﾓﾊ901	西武鉄道	101系	ｸﾓﾊ269	2013年	
			ﾓﾊ1901			ｸﾓﾊ270	2013年	
		100系	ﾓﾊ101		101系	ｸﾓﾊ295	2013年	
			ﾓﾊ1101			ｸﾓﾊ296	2013年	
	電気機関車	ED14形	ED141	国鉄	ED14	ED141	1965年	旧国鉄1060形1060
			ED144			ED144	1966年	旧国鉄1060形1063
		ED31形	ED313		ED31	ED313	1955年	伊那電気ﾃﾞｷ1形3 ～国鉄ED313
			ED314			ED314	1957年	伊那電気ﾃﾞｷ1形4 ～国鉄ED314
嵯峨野観光鉄道	ディーゼル機関車	DE10形	DE10 1104	ＪＲ西日本	DE10形	DE10 1104	1991年	
	客車	SK100形	SK100-1	ＪＲ西日本	ﾄｷ25000形	ﾄｷ25370	1991年	
			SK100-2			ﾄｷ25266	1991年	
			SK100-11			ﾄｷ25360	1991年	
		SK200形	SK200-1			ﾄｷ25541	1991年	
		SK300形	SK300-1			ﾄｷ25833	1998年	
伊賀鉄道	電車	200系	ﾓ201	東京急行電鉄	1000系	ﾃﾞﾊ1311	2009年	
			ﾓ202			ﾃﾞﾊ1310	2010年	
			ﾓ203			ﾃﾞﾊ1406	2011年	
			ﾓ204			ﾃﾞﾊ1206	2010年	
			ﾓ205			ﾃﾞﾊ1306	2012年	
			ｸ101			ｸﾊ1010	2009年	
			ｸ102			ｸﾊ1011	2010年	
			ｸ103			ｸﾊ1106	2011年	
			ｸ104			ｸﾊ1006	2010年	
			ｸ105			ﾃﾞﾊ1356	2012年	

事業者名	車種	形式	車号	前事業者	形式	車号	入線	備考
福井鉄道	電車	770形	777	名古屋鉄道	ﾓ770形	ﾓ777	2005年	
		800形	802		ﾓ800形	ﾓ802	2005年	
			803			ﾓ803	2005年	
		880形	880+881		ﾓ880形	ﾓ880+881	2006年	
			882+883			ﾓ882+883	2006年	
			884+885			ﾓ884+885	2006年	
			886+887			ﾓ886+887	2006年	
			888+889			ﾓ888+889	2006年	
	電気機関車	ﾃﾞｷ1	ﾃﾞｷ3	遠州鉄道	ED21形	ED213	1975年	名鉄ﾃﾞｷ111～遠州鉄道
近江鉄道	電車	700系	ﾓﾊ701	西武鉄道	401系	ｸﾓﾊ438	1998年	改造
			ﾓﾊ1701			ｸﾓﾊ437	1998年	改造
		800系	ﾓﾊ801			ｸﾓﾊ404	1993年	
			ﾓﾊ802			ｸﾓﾊ426	1998年	
			ﾓﾊ803			ｸﾓﾊ416	1999年	
			ﾓﾊ804			ｸﾓﾊ424	1999年	
			ﾓﾊ805			ｸﾓﾊ418	2000年	
			ﾓﾊ806			ｸﾓﾊ422	2000年	
			ﾓﾊ807			ｸﾓﾊ414	2002年	
			ﾓﾊ808			ｸﾓﾊ434	2002年	
			ﾓﾊ809			ｸﾓﾊ436	2003年	
			ﾓﾊ810			ｸﾓﾊ428	2005年	
			ﾓﾊ811			ｸﾓﾊ412	2009年	
			ﾓﾊ821			ｸﾓﾊ430	1997年	
			ﾓﾊ822			ｸﾓﾊ432	1997年	
			ﾓﾊ1801			ｸﾓﾊ403	1993年	
			ﾓﾊ1802			ｸﾓﾊ425	1998年	
			ﾓﾊ1803			ｸﾓﾊ415	1999年	
			ﾓﾊ1804			ｸﾓﾊ423	1999年	
			ﾓﾊ1805			ｸﾓﾊ417	2000年	
			ﾓﾊ1806			ｸﾓﾊ421	2000年	
			ﾓﾊ1807			ｸﾓﾊ413	2002年	

事業者名	車種	形式	車号	前事業者	形式	車号	入線	備考
えちぜん鉄道	電車	6101形	ﾓﾊ6103	愛知環状鉄道	100形	104	2005年	
			ﾓﾊ6104		300形	302	2005年	
			ﾓﾊ6105			301	2005年	
			ﾓﾊ6106			303	2005年	
			ﾓﾊ6107		100形	107	2006年	
			ﾓﾊ6108			109	2006年	
			ﾓﾊ6109			105	2006年	
			ﾓﾊ6110			106	2006年	
			ﾓﾊ6111		300形	304	2006年	
			ﾓﾊ6112			305	2006年	
		MC7000形	7001	ＪＲ東海	119系	ｸﾓﾊ119-5318	2013年	
			7002			ｸﾊ118-5311	2013年	
			7003			ｸﾓﾊ119-5330	2013年	
			7004			ｸﾊ118-5322	2013年	
			7005			ｸﾓﾊ119-5321	2013年	
			7006			ｸﾊ118-5313	2013年	
			7007			ｸﾓﾊ119-5320	2013年	
			7008			ｸﾊ118-5312	2013年	
			7009			ｸﾓﾊ119-5325	2014年	
			7010			ｸﾊ118-5317	2014年	
福井鉄道	電車	600形	ﾓﾊ601	名古屋市交	1100形	1111	1997年	名古屋市交1112の運転台結合
			ﾓﾊ602		1200形	1201	1998年	名古屋市交1202の運転台結合
		610形	ﾓﾊ610			1204	1999年	
			ｸﾊ610			1203	1999年	
		770形	770	名古屋鉄道	ﾓ770形	ﾓ770	2005年	
			771			ﾓ771	2005年	
			772			ﾓ772	2005年	
			773			ﾓ773	2005年	
			774			ﾓ774	2005年	
			775			ﾓ775	2005年	
			776			ﾓ776	2005年	

事業者名	車種	形式	車号	前事業者	形式	車号	入線	備考
富山地方鉄道	電車	10030形	ﾓﾊ10046	京阪電気鉄道	3000系	3509	1993年	
			ｻﾊ31			8831	2013年	
	貨車	ﾎｷ80形	ﾎｷ82	国鉄	ﾎｷ800形	ﾎｷ1749	1998年	
北陸鉄道	電車	7000系	ﾓﾊ7001	東京急行電鉄	7000系	ﾃﾞﾊ7050	1990年	
			ｸﾊ7011			ﾃﾞﾊ7049	1990年	
			ﾓﾊ7101			ﾃﾞﾊ7054	1990年	
			ﾓﾊ7102			ﾃﾞﾊ7056	1990年	
			ｸﾊ7111			ﾃﾞﾊ7053	1990年	
			ｸﾊ7112			ﾃﾞﾊ7055	1990年	
			ﾓﾊ7201			ﾃﾞﾊ7136	1990年	
			ﾓﾊ7202			ﾃﾞﾊ7138	1990年	
			ｸﾊ7211			ﾃﾞﾊ7137	1990年	
			ｸﾊ7212			ﾃﾞﾊ7135	1990年	
		7700系	ﾓﾊ7701	京王電鉄	3000系	ｸﾊ3761	2006年	
			ｸﾊ7711			ｸﾊ3711	2006年	
		8800系	ﾓﾊ8801			ｸﾊ3751	1996年	
			ﾓﾊ8802			ｸﾊ3701	1996年	
			ﾓﾊ8811			ｸﾊ3752	1996年	
			ﾓﾊ8812			ｸﾊ3702	1996年	
			ﾓﾊ8901			ｸﾊ3753	1996年	
			ﾓﾊ8902			ｸﾊ3754	1996年	
			ﾓﾊ8903			ｸﾊ3755	1998年	
			ﾓﾊ8911			ｸﾊ3703	1996年	
			ﾓﾊ8912			ｸﾊ3704	1996年	
			ﾓﾊ8913			ｸﾊ3705	1998年	
	電気機関車	ED20形	ED201	金沢電気軌道	ED1形	ED1		
えちぜん鉄道	電車	1101形	ﾓﾊ1102	阪神電気鉄道	5101形		1981年	
		2201形	ﾓﾊ2204		3301形	3304	1986年	
		6001形	ﾓﾊ6001	愛知環状鉄道	100形	103	2003年	
			ﾓﾊ6002			108	2003年	
		6101形	ﾓﾊ6101			101	2004年	
			ﾓﾊ6102			102	2004年	

事業者名	車種	形式	車号	前事業者	形式	車号	入線	備考
三岐鉄道	電車	101系	クモハ105	西武鉄道	401系	クモハ410	1993年	
			クモハ106			クモハ409	1993年	
		751系	クモハ751	西武鉄道	101系	クモハ283	2009年	
			モハ781			モハ236	2009年	
			クハ1752			クハ1236	2009年	
西濃鉄道	ディーゼル機関車	DE10形	DE10 501	国鉄	DE10形	DE10 148	1990年	
樽見鉄道	気動車	ハイモ295-610形	ハイモ295-617	三木鉄道	ミキ300形	ミキ305-105	2009年	
富山地方鉄道	電車	17480形	モハ17481	東京急行電鉄	8590系	デハ8592	2013年	
			モハ17482			デハ8692	2013年	
			モハ17483			デハ8593	2013年	
			モハ17484			デハ8693	2013年	
		16010形	モハ16011	西武鉄道	5000系	クハ5501	1995年	
			モハ16012			クハ5502	1995年	
			モハ16013			クハ5507	1996年	
			モハ16014			クハ5508	1996年	
			クハ112			モハ5058	1996年	
		10030形	モハ10031	京阪電気鉄道	3000系	3001	1991年	
			モハ10032			3501	1991年	
			モハ10033			3018	1991年	
			モハ10034			3518	1991年	
			モハ10035			3003	1991年	
			モハ10036			3503	1991年	
			モハ10037			3004	1991年	
			モハ10038			3510	1991年	
			モハ10039			3014	1991年	
			モハ10040			3513	1991年	
			モハ10041			3017	1991年	
			モハ10042			3517	1991年	
			モハ10043			3016	1992年	
			モハ10044			3515	1992年	
			モハ10045			3010	1993年	

事業者名	車種	形式	車号	前事業者	形式	車号	入線	備考
名古屋鉄道	貨車	ﾁｷ10形	ﾁｷ13	ＪＲ貨物	ｺｷ1000形	ｺｷ1005	1993年	
			ﾁｷ14			ｺｷ1011	1993年	
		ﾎｷ80形	ﾎｷ81	ＪＲ東海	ﾎｷ800形	ﾎｷ1035	2001年	
			ﾎｷ82			ﾎｷ1741	2001年	
			ﾎｷ83			ﾎｷ1746	2001年	
			ﾎｷ84			ﾎｷ910	2001年	
			ﾎｷ85			ﾎｷ942	2001年	
			ﾎｷ86			ﾎｷ943	2001年	
三岐鉄道	電気機関車	ED301形	ED301	南海電気鉄道	ED5201形	ED502	1984年	
		ED45形	ED454	富山地方鉄道	ﾃﾞｷ19040形	ﾃﾞｷ19041	1960年	
			ED455		ﾃﾞｷ19040形	ﾃﾞｷ19042	1960年	
			ED458	東武鉄道	ED5000形	ED5001	1979年	
			ED459		ED5060形	ED5070	1992年	
		ED5081形	ED5081	東武鉄道	ED5080形	ED5081	2011年	2003年に入線後保管
			ED5082		ED5080形	ED5082	2011年	2003年に入線後保管
	電車	801系	ｸﾓﾊ801	西武鉄道	701系	ﾓﾊ779	1989年	
			ｸﾓﾊ803			ﾓﾊ771	1992年	
			ｸﾓﾊ805			ﾓﾊ781	1997年	
			ﾓﾊ802			ﾓﾊ780	1989年	
			ﾓﾊ804			ﾓﾊ772	1992年	
			ﾓﾊ806			ﾓﾊ782	1997年	
			ｸﾊ1802			ｸﾊ1780	1989年	
			ｸﾊ1804			ｸﾊ1772	1992年	
		851系	ｸﾓﾊ851		701系	ﾓﾊ701-89	1995年	
			ﾓﾊ881			ﾓﾊ701-90	1995年	
			ｸﾊ1852			ｸﾊ1782	1997年	
			ｸﾊ1881		101系	ｸﾊ1238	2013年	
		101系	ｸﾓﾊ101		401系	ｸﾓﾊ402	1990年	
			ｸﾓﾊ102			ｸﾓﾊ401	1990年	
			ｸﾓﾊ103			ｸﾓﾊ406	1991年	
			ｸﾓﾊ104			ｸﾓﾊ405	1991年	

事業者名	車　種	形　式	車　号	前事業者	形　式	車　号	入　線	備　考
豊橋鉄道	電車	1800系	ｸ2801	東京急行電鉄	7200系	ｸﾊ7502	2001年	
			ｸ2802			ｸﾊ7507	2001年	
			ｸ2803			ｸﾊ7504	2000年	
			ｸ2804			ｸﾊ7501	2000年	
			ｸ2805			ｸﾊ7508	2001年	
			ｸ2806			ｸﾊ7505	2001年	
			ｸ2807			ｸﾊ7554	2001年	
			ｸ2808			ｸﾊ7560	2001年	
			ｸ2809			ｸﾊ7552	2001年	
			ｸ2810			ｸﾊ7551	2008年	東急～上田ｸﾊ7551～豊橋
		ﾓ780形	ﾓ781	名古屋鉄道	ﾓ780形	ﾓ781	2005年	
			ﾓ782			ﾓ782	2005年	
			ﾓ783			ﾓ783	2005年	
			ﾓ784			ﾓ784	2005年	
			ﾓ785			ﾓ785	2005年	
			ﾓ786			ﾓ786	2005年	
			ﾓ787			ﾓ787	2005年	
		ﾓ800形	ﾓ801		ﾓ800形	ﾓ801	2005年	
		ﾓ3100形	ﾓ3102	名古屋市交	1400形	1466	1971年	
		ﾓ3200形	ﾓ3201	名古屋鉄道	ﾓ580形	ﾓ584	1976年	
			ﾓ3202			ﾓ581	1981年	
			ﾓ3203			ﾓ582	1981年	
		ﾓ3500形	ﾓ3501	東京都電	7000形	7009	1992年	
			ﾓ3502			7028	1992年	
			ﾓ3503			7017	2000年	
			ﾓ3504			7021	2000年	
名古屋臨海鉄道	ディーゼル機関車	ND552形	ND552 13	国鉄	DD13形	DD13 308	1986年	
			ND552 15			DD13 306	1987年	
			ND552 16			DD13 255	1987年	
	貨車	ﾜ1形	ﾜ1	三岐鉄道	ﾜ1形	ﾜ31	1966年	
名古屋鉄道	貨車	ﾁｷ10形	ﾁｷ11	ＪＲ貨物	ｺｷ1000形	ｺｷ1014	1993年	
			ﾁｷ12			ｺｷ1018	1993年	

事業者名	車種	形式	車号	前事業者	形式	車号	入線	備考
大井川鐵道	電車	ﾓﾊ16000系	ﾓﾊ16002	近畿日本鉄道	16000系	ﾓ16002	1998年	
			ﾓﾊ16003			ﾓ16003	2002年	
		ｸﾊ16100系	ｸﾊ16101			ｸ16101	1998年	
			ｸﾊ16102			ｸ16102	1998年	
			ｸﾊ16103			ｸ16103	2002年	
		ﾓﾊ21000系	ﾓﾊ21001	南海電気鉄道	21000系	ﾓﾊ21001	1994年	
			ﾓﾊ21002			ﾓﾊ21002	1994年	
			ﾓﾊ21003			ﾓﾊ21003	1994年	
			ﾓﾊ21004			ﾓﾊ21004	1994年	
	貨車	ﾎｷ800形	ﾎｷ986	ＪＲ東海	ﾎｷ800形	ﾎｷ986	1999年	
			ﾎｷ989			ﾎｷ989	1999年	
	電気機関車	ED500形	ED501	大阪セメント	いぶき500形	いぶき501	1999年	
豊橋鉄道	電車	1800系	ﾓ1801	東京急行電鉄	7200系	ﾃﾞﾊ7209	2001年	
			ﾓ1802			ﾃﾞﾊ7206	2001年	
			ﾓ1803			ﾃﾞﾊ7201	2000年	
			ﾓ1804			ﾃﾞﾊ7212	2000年	
			ﾓ1805			ﾃﾞﾊ7208	2001年	
			ﾓ1806			ﾃﾞﾊ7205	2001年	
			ﾓ1807			ﾃﾞﾊ7251	2001年	
			ﾓ1808			ﾃﾞﾊ7260	2001年	
			ﾓ1809			ﾃﾞﾊ7256	2001年	
			ﾓ1810			ﾃﾞﾊ7255	2008年	
			ﾓ1811			ﾃﾞﾊ7204	2001年	
			ﾓ1812			ﾃﾞﾊ7207	2001年	
			ﾓ1813			ﾃﾞﾊ7210	2000年	
			ﾓ1854			ﾃﾞﾊ7301	2000年	
			ﾓ1855			ﾃﾞﾊ7302	2001年	
			ﾓ1856			ﾃﾞﾊ7401	2001年	
			ﾓ1857			ﾃﾞﾊ7351	2001年	
			ﾓ1858			ﾃﾞﾊ7452	2001年	
			ﾓ1859			ﾃﾞﾊ7451	2001年	
			ﾓ1860			ﾃﾞﾊ7257	2008年	東急～上田ﾓﾊ～豊橋

事業者名	車　種	形　式	車　号	前事業者	形　式	車　号	入　線	備　考
大井川鐵道	蒸気機関車	C11形	C11227	国鉄	C11形	C11227	1976年	
		C12形	C12164		C12形	C12164		
		C56形	C5644	タイ国鉄		735	1979年	国鉄C5644
	客車	オハ35形	オハ35 22	国鉄	オハ35形	オハ35 2022	1980年	
			オハ35 149			オハ35 2149	1976年	
			オハ35 435			オハ35 2435	1978年	
			オハ35 459			オハ35 459	1980年	
			オハ35 559			オハ35 2559	1990年	
			オハ35 857			オハ35 2858	1990年	
		オハフ33形	オハフ33 215		オハフ33形	オハフ33 2215	1976年	
			オハフ33 469			オハフ33 469	1976年	
		オハ47形	オハ47 81		オハ47形	オハ47 2081	1984年	
			オハ47 380			オハ46 380	1990年	
			オハ47 398			オハ46 398	1990年	
			オハ47 512			オハ46 512	1990年	
		スハフ42形	スハフ42 184		スハフ42形	スハフ42 2184	1985年	
			スハフ42 186	ＪＲ東日本		スハフ42 2186	1993年	
			スハフ42 286	国鉄		スハフ42 2286	1984年	
			スハフ42 304	ＪＲ東日本		スハフ42 2304	1993年	
		スハフ43形	スハフ43 2	国鉄	スハフ43形	スハフ43 2	1987年	
			スハフ43 23			スハフ43 23	1987年	
		オハ二36形	オハ二36 7			オハ二36 7	1987年	
		スイテ82形	スイテ821	西武鉄道	501系	サハ1515	1978年	
		ナロ80形	ナロ801			サハ1516	1978年	
			ナロ802		351系	サハ1426	1977年	
	電車	モハ300形	モハ313	西武鉄道	351系	クモハ361	1980年	
		クハ500形	クハ513			クモハ362	1980年	
		モハ420形	モハ421	近畿日本鉄道	420系	モ421	1995年	元近鉄6421系
		クハ570形	クハ571			ク571	1995年	元近鉄6421系
		モハ3000形	モハ3008	京阪電気鉄道	3000系	モハ3008	1995年	
		クハ3500形	クハ3507			クハ3507	1995年	
		モハ16000系	モハ16001	近畿日本鉄道	16000系	モ16001	1998年	

事業者名	車　種	形　式	車　号	前事業者	形　式	車　号	入　線	備　考
しなの鉄道	電車	115系	ｸﾓﾊ114-1507	ＪＲ東日本	115系	ｸﾓﾊ114-1507	2013年	ﾓﾊ114-1016改造
			ｸﾓﾊ114-1508			ｸﾓﾊ114-1508	2013年	ﾓﾊ114-1050
			ｸﾓﾊ114-1509			ｸﾓﾊ114-1509	2013年	ﾓﾊ114-1049
			ｸﾓﾊ114-1510			ｸﾓﾊ114-1510	2013年	ﾓﾊ114-1009
			ｸﾓﾊ114-1511			ｸﾓﾊ114-1511	2013年	ﾓﾊ114-1181
			ｸﾓﾊ114-1512			ｸﾓﾊ114-1512	2013年	ﾓﾊ114-1182
			ｸﾓﾊ114-1514			ｸﾓﾊ114-1514	2013年	ﾓﾊ114-1054
			ｸﾊ115-1002			ｸﾊ115-1002	1997年	
			ｸﾊ115-1004			ｸﾊ115-1004	1997年	
			ｸﾊ115-1011			ｸﾊ115-1011	1997年	
			ｸﾊ115-1012			ｸﾊ115-1012	1997年	
			ｸﾊ115-1017			ｸﾊ115-1017	1997年	
			ｸﾊ115-1019			ｸﾊ115-1019	1997年	
			ｸﾊ115-1021			ｸﾊ115-1021	1997年	
			ｸﾊ115-1209			ｸﾊ115-1209	1997年	
			ｸﾊ115-1210			ｸﾊ115-1210	1997年	
			ｸﾊ115-1223			ｸﾊ115-1223	1997年	
アルピコ交通		3000系	ﾓﾊ3001	京王電鉄	3000系	ﾃﾞﾊ3109	1999年	
			ﾓﾊ3003			ﾃﾞﾊ3108	1999年	
			ﾓﾊ3005			ﾃﾞﾊ3106	2000年	
			ﾓﾊ3007			ﾃﾞﾊ3107	2000年	
			ｸﾊ3002			ﾃﾞﾊ3059	1999年	
			ｸﾊ3004			ﾃﾞﾊ3058	1999年	
			ｸﾊ3006			ﾃﾞﾊ3056	2000年	
			ｸﾊ3008			ﾃﾞﾊ3057	2000年	
遠州鉄道	電気機関車	ED28形	ED282	国鉄	ED28形	ED282	1960年	豊川鉄道ﾃﾞｷ51～国鉄ED282
	貨車	ﾎｷ800形	ﾎｷ801	ＪＲ東海	ﾎｷ800形	ﾎｷ988	2003年	
			ﾎｷ802			ﾎｷ993	2003年	
			ﾎｷ803			ﾎｷ995	2003年	
大井川鐵道	蒸気機関車	C10形	C108	宮古市	C10形	C108	1997年	国鉄C108～ラサ工業～宮古市
		C11形	C11190	国鉄	C11形	C11190	2003年	

事業者名	車種	形式	車号	前事業者	形式	車号	入線	備考
長野電鉄	電車	8500系	ｻﾊ8552	東京急行電鉄	8500系	ｻﾊ8908	2005年	
			ｻﾊ8553			ｻﾊ8905	2006年	
			ｻﾊ8554			ｻﾊ8910	2006年	
			ｻﾊ8555			ｻﾊ8920	2009年	
			ｻﾊ8556			ｻﾊ8944	2009年	
しなの鉄道		115系	ｸﾓﾊ115-1002	ＪＲ東日本	115系	ｸﾓﾊ115-1002	1997年	
			ｸﾓﾊ115-1004			ｸﾓﾊ115-1004	1997年	
			ｸﾓﾊ115-1005			ｸﾓﾊ115-1005	2013年	
			ｸﾓﾊ115-1011			ｸﾓﾊ115-1011	2013年	
			ｸﾓﾊ115-1012			ｸﾓﾊ115-1012	1997年	
			ｸﾓﾊ115-1013			ｸﾓﾊ115-1013	1997年	
			ｸﾓﾊ115-1018			ｸﾓﾊ115-1018	1997年	
			ｸﾓﾊ115-1020			ｸﾓﾊ115-1020	1997年	
			ｸﾓﾊ115-1037			ｸﾓﾊ115-1037	2013年	
			ｸﾓﾊ115-1040			ｸﾓﾊ115-1040	2013年	
			ｸﾓﾊ115-1066			ｸﾓﾊ115-1066	1997年	
			ｸﾓﾊ115-1067			ｸﾓﾊ115-1067	1997年	
			ｸﾓﾊ115-1075			ｸﾓﾊ115-1075	2013年	
			ｸﾓﾊ115-1076			ｸﾓﾊ115-1076	2013年	
			ｸﾓﾊ115-1527			ｸﾓﾊ115-1527	1997年	ﾓﾊ115-1012改造
			ｸﾓﾊ115-1528			ｸﾓﾊ115-1528	2013年	ﾓﾊ115-1013改造
			ｸﾓﾊ115-1529			ｸﾓﾊ115-1529	1997年	ﾓﾊ115-1014改造
			ﾓﾊ114-1003			ﾓﾊ114-1003	1997年	
			ﾓﾊ114-1007			ﾓﾊ114-1007	1997年	
			ﾓﾊ114-1017			ﾓﾊ114-1017	1997年	
			ﾓﾊ114-1018			ﾓﾊ114-1018	1997年	
			ﾓﾊ114-1023			ﾓﾊ114-1023	1997年	
			ﾓﾊ114-1027			ﾓﾊ114-1027	1997年	
			ﾓﾊ114-1048			ﾓﾊ114-1048	1997年	
			ﾓﾊ114-1052			ﾓﾊ114-1052	1997年	
			ﾓﾊ114-1160			ﾓﾊ114-1160	1997年	
			ﾓﾊ114-1162			ﾓﾊ114-1162	1997年	

事業者名	車種	形式	車号	前事業者	形式	車号	入線	備考
長野電鉄	電車	2100系	デハ2111	ＪＲ東日本	253系	クモハ252-18	2011年	
			デハ2112			クモハ252-19	2011年	
			モハ2101			モハ253-18	2011年	
			モハ2102			モハ253-19	2011年	
			クハ2151			クロハ253-6	2011年	
			クハ2152			クロハ253-7	2011年	
		3500系	モハ3503	営団地下鉄	3000系	3049	1993年	
			モハ3506			3065	1993年	
			モハ3507			3051	1993年	
			モハ3508			3039	1993年	
			モハ3513			3050	1993年	
			モハ3516			3066	1993年	
			モハ3517			3052	1993年	
			モハ3518			3040	1993年	
			モハ3522			3037	1993年	
			モハ3532			3038	1993年	
		3600系	モハ3602			3571	1995年	
			モハ3612			3056	1995年	
			クハ3652			3055	1995年	
		8500系	デハ8501	東京急行電鉄	8500系	デハ8501	2005年	
			デハ8502			デハ8502	2005年	
			デハ8503			デハ8503	2006年	
			デハ8504			デハ8505	2006年	
			デハ8505			デハ8524	2009年	
			デハ8506			デハ8730	2009年	
			デハ8511			デハ8601	2005年	
			デハ8512			デハ8602	2005年	
			デハ8513			デハ8603	2006年	
			デハ8514			デハ8605	2006年	
			デハ8515			デハ8624	2009年	
			デハ8516			デハ8841	2009年	
			サハ8551			サハ8903	2005年	

事業者名	車種	形式	車号	前事業者	形式	車号	入線	備考
富士急行	電車	6000系	クモハ6002	ＪＲ東日本	205系	モハ205-9	2012年	
			クモハ6003			モハ205-12	2013年	
			モハ6101			モハ204-6	2012年	
			モハ6102			モハ204-9	2012年	
			モハ6103			モハ205-12	2013年	
			クハ6051			クハ204-2	2012年	
			クハ6052			クハ204-3	2012年	
			クハ6053			クハ204-4	2013年	
		6500系	クモハ6501	ＪＲ東日本	205系	モハ205-33	2012年	
			モハ6601			モハ204-33	2012年	
			クハ6551			クハ204-11	2012年	
上田電鉄		7200系	デハ7253	東京急行電鉄	7200系	デハ7253	1993年	東急デハ7207として落成 2014年9/27引退
			デハ7255			デハ7258	1993年	
			クハ7553			クハ7553	1993年	東急クハ7507として落成
			クハ7555			クハ7558	1993年	
		1000系	デハ1001		1000系	デハ1315	2008年	
			デハ1002			デハ1318	2008年	
			デハ1003			デハ1314	2008年	
			デハ1004			デハ1316	2008年	
			クハ1101			クハ1015	2008年	
			クハ1102			クハ1018	2008年	
			クハ1103			クハ1014	2008年	
			クハ1104			クハ1016	2008年	
長野電鉄		1000系	デハ1001	小田急電鉄	10000系	デハ10031	2006年	
			デハ1002			デハ10071	2006年	
			モハ1011			デハ10030	2006年	
			モハ1012			デハ10070	2006年	
			モハ1021			デハ10022	2006年	
			モハ1022			デハ10062	2006年	
			デハ1031			デハ10021	2006年	
			デハ1032			デハ10061	2006年	

長野電鉄3500系

関東鉄道のキハ100形(右)とキハ350形(左)

京浜急行1000形

上田電鉄1000系

事業者名	車種	形式	車号	前事業者	形式	車号	入線	備考
伊豆急行	電車	1300系	ﾓﾊ1402	西武鉄道	101系	ﾓﾊ237	2009年	
			ｸﾊ2201			ｸﾊ1235	2008年	
			ｸﾊ2202			ｸﾊ1237	2009年	
	電気機関車代用	ｺﾃﾞ165形	ｺﾃﾞ165	相模鉄道	2000系	ｸﾊ2510	1976年	鉄道省ﾓﾊ30166➡ｸﾊ38108➡ｸﾊ16156➡相鉄ｸﾊ2510➡伊豆箱根ﾓﾊ165
	電気機関車	ED31形	ED32	西武鉄道	ED31形	ED32	1953年	
			ED33			ED33	1952年	
岳南鉄道	電車	7000形	ﾓﾊ7001	京王電鉄	3000系	ﾃﾞﾊ3103	1996年	
			ﾓﾊ7002		3000系	ﾃﾞﾊ3101	1997年	
			ﾓﾊ7003		3000系	ﾃﾞﾊ3102	1997年	
		8000形	ﾓﾊ8001		3000系	ﾃﾞﾊ3110	2002年	
			ｸﾊ8101		3000系	ﾃﾞﾊ3060	2002年	
	電気機関車	ED29形	ED291	国鉄	ED29形	ED291	1959年	豊川鉄道ﾃﾞｷ52～国鉄ED291
		ED40形	ED402	松本電気鉄道	ED40形	ED402	1974年	
			ED403		ED40形	ED403	1974年	
		ED50形	ED501	名古屋鉄道	ﾃﾞｷ500形	ﾃﾞｷ501	1970年	上田温泉電気ﾃﾞﾛ301～名鉄
富士急行	電車	1000系	ﾓﾊ1001	京王電鉄	5100系	ﾃﾞﾊ5113	1994年	
			ﾓﾊ1101			ｸﾊ5863	1994年	
			ﾓﾊ1201			ﾃﾞﾊ5115	1994年	
			ﾓﾊ1202			ﾃﾞﾊ5116	1994年	
			ﾓﾊ1205			ﾃﾞﾊ5118	1994年	
			ﾓﾊ1206			ﾃﾞﾊ5124	1995年	
			ﾓﾊ1301			ｸﾊ5865	1994年	
			ﾓﾊ1302			ｸﾊ5866	1994年	
			ﾓﾊ1305			ｸﾊ5868	1994年	
			ﾓﾊ1306			ｸﾊ5874	1995年	
		2000系	ｸﾓﾛ2201	ＪＲ東日本	165系パノラマアルプス	ｸﾓﾛ165-3	2002年	元ｸﾓﾊ165-127
			ﾓﾛ2101			ﾓﾛ164-803	2002年	元ﾓﾊ164-850
			ｸﾛ2001			ｸﾛ165-3	2001年	元ｸﾊ165-192
		6000系	ｸﾓﾊ6001	ＪＲ東日本	205系	ﾓﾊ205-6	2012年	

事業者名	車種	形式	車号	前事業者	形式	車号	入線	備考
伊豆急行	電車	8000系	ｸﾊ8002	東京急行電鉄	8000系	ｸﾊ8030	2004年	
			ｸﾊ8003			ｸﾊ8044	2005年	
			ｸﾊ8004			ｸﾊ8034	2005年	
			ｸﾊ8005			ｸﾊ8024	2006年	
			ｸﾊ8006			ｸﾊ8014	2007年	
			ｸﾊ8007			ｸﾊ8016	2007年	
			ｸﾊ8011			ｸﾊ8011	2004年	
			ｸﾊ8012			ｸﾊ8029	2004年	
			ｸﾊ8013			ｸﾊ8043	2005年	
			ｸﾊ8014			ｸﾊ8037	2005年	
			ｸﾊ8015			ｸﾊ8023	2006年	
			ｸﾊ8016			ｸﾊ8013	2007年	
			ｸﾊ8017			ｸﾊ8015	2007年	
			ｸﾊ8018			ｸﾊ8019	2008年	
			ｸﾓﾊ8151			ﾃﾞﾊ8155	2004年	
			ｸﾓﾊ8152		8500系	ﾃﾞﾊ8723	2005年	
			ｸﾓﾊ8153		8000系	ﾃﾞﾊ8121	2006年	
			ｸﾓﾊ8154			ﾃﾞﾊ8122	2006年	
			ｸﾓﾊ8155			ﾃﾞﾊ8126	2006年	
			ｸﾓﾊ8156			ﾃﾞﾊ8132	2007年	
			ｸﾓﾊ8157			ﾃﾞﾊ8138	2008年	
			ｸﾓﾊ8158			ﾃﾞﾊ8136	2008年	
			ｸﾓﾊ8251			ｸﾊ8035	2004年	伊豆急ｸﾊ8051からの改造
			ｸﾓﾊ8252			ｸﾊ8049	2005年	
			ｸﾓﾊ8253			ｸﾊ8021	2006年	
			ｸﾓﾊ8254			ｸﾊ8033	2006年	
			ｸﾓﾊ8255			ｸﾊ8025	2006年	
			ｸﾓﾊ8256			ｸﾊ8031	2007年	
			ｸﾓﾊ8257			ｸﾊ8017	2008年	
		1300系	ﾓﾊ1301	西武鉄道	101系	ｸﾓﾊ284	2008年	
			ﾓﾊ1302			ｸﾓﾊ292	2009年	
			ﾓﾊ1401			ﾓﾊ235	2008年	

事業者名	車　種	形　式	車　号	前事業者	形　式	車　号	入　線	備　考
銚子電気鉄道	電車	2000系	ｸﾊ2502	伊予鉄道	800系	ｸﾊ853	2010年	元京王ｻﾊ2576 ～伊予ｻﾊ853
	電気機関車	ﾃﾞｷ3形	ﾃﾞｷ3	沖之山炭抗	不明	不明	1941年	
いすみ鉄道	気動車	ｷﾊ52形	ｷﾊ52 125	ＪＲ西日本	ｷﾊ52形	ｷﾊ52 125	2010年	
		ｷﾊ28形	ｷﾊ28 2346		ｷﾊ28形	ｷﾊ28 2346	2013年	
京葉臨海鉄道	ディーゼル機関車	KD55形	KD55 103	国鉄	DD13形	DD13 346	1986年	
流鉄	電車	5000形	ｸﾓﾊ5001	西武鉄道	101系	ｸﾓﾊ273	2009年	
			ｸﾓﾊ5002		101系	ｸﾓﾊ275	2011年	
			ｸﾓﾊ5003		101系	ｸﾓﾊ277	2012年	
			ｸﾓﾊ5004		101系	ｸﾓﾊ287	2012年	
			ｸﾓﾊ5005		101系	ｸﾓﾊ271	2013年	
			ｸﾓﾊ5101		101系	ｸﾓﾊ274	2009年	
			ｸﾓﾊ5102		101系	ｸﾓﾊ276	2011年	
			ｸﾓﾊ5103		101系	ｸﾓﾊ278	2012年	
			ｸﾓﾊ5104		101系	ｸﾓﾊ288	2012年	
			ｸﾓﾊ5105		101系	ｸﾓﾊ272	2013年	
伊豆急行	電車	8000系	ﾓﾊ8101	東京急行電鉄	8000系	ﾃﾞﾊ8111	2004年	
			ﾓﾊ8102			ﾃﾞﾊ8130	2004年	
			ﾓﾊ8103			ﾃﾞﾊ8150	2005年	
			ﾓﾊ8104			ﾃﾞﾊ8157	2005年	
			ﾓﾊ8105			ﾃﾞﾊ8123	2006年	
			ﾓﾊ8106			ﾃﾞﾊ8113	2007年	
			ﾓﾊ8107			ﾃﾞﾊ8115	2007年	
			ﾓﾊ8201			ﾃﾞﾊ8112	2004年	
			ﾓﾊ8202			ﾃﾞﾊ8129	2004年	
			ﾓﾊ8203			ﾃﾞﾊ8151	2005年	
			ﾓﾊ8204			ﾃﾞﾊ8153	2005年	
			ﾓﾊ8205			ﾃﾞﾊ8124	2006年	
			ﾓﾊ8206			ﾃﾞﾊ8114	2007年	
			ﾓﾊ8207			ﾃﾞﾊ8116	2007年	
			ﾓﾊ8208			ﾃﾞﾊ8118	2008年	
			ｸﾊ8001			ｸﾊ8012	2004年	

事業者名	車種	形式	車号	前事業者	形式	車号	入線	備考
秩父鉄道	電気機関車	デキ100形	デキ107	松尾鉱業鉄道	ED500	ED501	1972年	
			デキ108			ED502	1972年	
	貨車	ホキ1形	ホキ1	東武鉄道	ホキ1形	ホキ9	1990年	
			ホキ2		ホキ1形	ホキ10	1990年	
ひたちなか海浜鉄道	気動車	キハ20形	キハ205	水島臨海鉄道	キハ20形	キハ205	1996年	元ＪＲ西日本キハ20 522
		キハ22形	キハ222	羽幌炭鉱鉄道	キハ22形	キハ222	1971年	
		キハ2000形	キハ2004	留萌鉄道	キハ2000形	キハ2004	1970年	
			キハ2005			キハ2005	1970年	
		ミキ300形	ミキ300-103	三木鉄道	ミキ300形	ミキ300-103	2009年	
真岡鐵道	蒸気機関車	C11形	C11325	国鉄	C11形	C11325	1998年	新潟県水原中学校保存
		C12形	C1266		C12形	C1266	1994年	福島県川俣町保存
	客車	オハ750形	オハ750 33	ＪＲ東日本	オハ750形	オハ750 2054	1994年	
		オハ50形	オハ50 11		オハ50形	オハ50 2198	1994年	
			オハ50 22		オハ50形	オハ50 2039	1994年	
	ディーゼル機関車	DE10形	DE10 1535	ＪＲ東日本	DE10形	DE10 1535	2004年	
関東鉄道	気動車	キハ350形	キハ353	国鉄	キハ35形	キハ35 183	1988年	
			キハ354			キハ35 190	1988年	
			キハ358			キハ35 113	1988年	
			キハ3511			キハ35 187	1989年	
			キハ3518		キハ36形	キハ36 17	1989年	
			キハ3519	ＪＲ東日本	キハ35形	キハ35 163	1993年	
		キハ100形	キハ101	ＪＲ九州	キハ30形	キハ30 55	1991年	関東キハ300形キハ306の改造
			キハ102			キハ30 96	1992年	関東キハ300形キハ3013の改造
銚子電気鉄道	電車	800形	デハ801	伊予鉄道	モハ100形	モハ106	1986年	伊予鉄道クハ406
		1000形	デハ1001	営団地下鉄	2000系	2046	1994年	
			デハ1002		2000系	2040	1994年	
		2000系	デハ2001	伊予鉄道	800系	モハ822	2010年	元京王デハ2070
			デハ2002		800系	モハ823	2010年	元京王デハ2069
			クハ2501		800系	クハ852	2010年	元京王サハ2575～伊予サハ852

事業者名	車　種	形　式	車　号	前事業者	形　式	車　号	入　線	備　考
秩父鉄道	電車	7500系	ﾃﾞﾊ7501	東京急行電鉄	8090系	ｸﾊ8091	2010年	
			ﾃﾞﾊ7502			ｸﾊ8083	2010年	
			ﾃﾞﾊ7503			ｸﾊ8085	2011年	
			ﾃﾞﾊ7504			ｸﾊ8093	2011年	
			ﾃﾞﾊ7505			ｸﾊ8087	2011年	
			ﾃﾞﾊ7506			ｸﾊ8095	2012年	
			ﾃﾞﾊ7507			ｸﾊ8089	2012年	
			ﾃﾞﾊ7601			ﾃﾞﾊ8192	2010年	
			ﾃﾞﾊ7602			ﾃﾞﾊ8184	2010年	
			ﾃﾞﾊ7603			ﾃﾞﾊ8186	2011年	
			ﾃﾞﾊ7604			ﾃﾞﾊ8194	2011年	
			ﾃﾞﾊ7605			ﾃﾞﾊ8188	2011年	
			ﾃﾞﾊ7606			ﾃﾞﾊ8196	2012年	
			ﾃﾞﾊ7607			ﾃﾞﾊ8190	2012年	
			ｸﾊ7701			ｸﾊ8092	2010年	
			ｸﾊ7702			ｸﾊ8084	2010年	
			ｸﾊ7703			ｸﾊ8086	2011年	
			ｸﾊ7704			ｸﾊ8094	2011年	
			ｸﾊ7705			ｸﾊ8088	2011年	
			ｸﾊ7706			ｸﾊ8096	2012年	
			ｸﾊ7707			ｸﾊ8090	2012年	
		7800系	ﾃﾞﾊ7801		8090系	ﾃﾞﾊ8490	2012年	
			ﾃﾞﾊ7802			ﾃﾞﾊ8494	2013年	
			ﾃﾞﾊ7803			ﾃﾞﾊ8496	2014年	
			ﾃﾞﾊ7804			ﾃﾞﾊ8495	2014年	
			ｸﾊ7901			ﾃﾞﾊ8290	2012年	
			ｸﾊ7902			ﾃﾞﾊ8298	2013年	
			ｸﾊ7903			ﾃﾞﾊ8282	2014年	
			ｸﾊ7904			ﾃﾞﾊ8280	2014年	
	客車	12系	ｽﾊﾌ12-101	ＪＲ東日本	12系	ｽﾊﾌ12 149	2000年	
			ｽﾊﾌ12-102			ｽﾊﾌ12 152	2000年	
			ｵﾊ12-111			ｵﾊ12 34	2000年	
			ｵﾊ12-112			ｵﾊ12 32	2000年	

事業者名	車　種	形　式	車　号	前事業者	形　式	車　号	入　線	備　考
上毛電気鉄道	電車	700型	ｸﾊ725	京王電鉄	3000系	ﾃﾞﾊ3007	1999年	
			ｸﾊ726			ﾃﾞﾊ3006	1999年	
			ｸﾊ727			ﾃﾞﾊ3105	2000年	
			ｸﾊ728			ｸﾊ3710	2000年	
	貨車	ﾎｷ1形	ﾎｷ1	東武鉄道	ﾎｷ1形	ﾎｷ3	1987年	
			ﾎｷ2		ﾎｷ1形	ﾎｷ2	1987年	
秩父鉄道	蒸気機関車	C58	C58363	国鉄	C58	C58363	1987年	
	電車	5000系	ﾃﾞﾊ5001	東京都交通局	6000形	6191	1999年	
			ﾃﾞﾊ5002			6241	1999年	
			ﾃﾞﾊ5003			6251	1999年	
			ﾃﾞﾊ5101			6196	1999年	
			ﾃﾞﾊ5102			6246	1999年	
			ﾃﾞﾊ5103			6256	1999年	
			ｸﾊ5201			6198	1999年	
			ｸﾊ5202			6248	1999年	
			ｸﾊ5203			6258	1999年	
		6000系	ﾃﾞﾊ6001	西武鉄道	101系	ﾓﾊ230	2006年	ｸﾊ1230の運転台取り付け
			ﾃﾞﾊ6002			ﾓﾊ232	2006年	ｸﾊ1232の運転台取り付け
			ﾃﾞﾊ6003			ﾓﾊ234	2006年	ｸﾊ1234の運転台取り付け
			ﾃﾞﾊ6101			ﾓﾊ229	2006年	
			ﾃﾞﾊ6102			ﾓﾊ231	2006年	
			ﾃﾞﾊ6103			ﾓﾊ233	2006年	
			ｸﾊ6201			ｸﾊ1229	2006年	
			ｸﾊ6202			ｸﾊ1231	2006年	
			ｸﾊ6203			ｸﾊ1233	2006年	
		7000系	ﾃﾞﾊ7001	東京急行電鉄	8500系	ﾃﾞﾊ8509	2008年	
			ﾃﾞﾊ7002			ﾃﾞﾊ8709	2008年	
			ｻﾊ7101			ｻﾊ8950	2008年	
			ｻﾊ7102			ｻﾊ8926	2008年	
			ﾃﾞﾊ7201			ﾃﾞﾊ8609	2008年	
			ﾃﾞﾊ7202			ﾃﾞﾊ8809	2008年	

事業者名	車種	形式	車号	前事業者	形式	車号	入線	備考
会津鉄道	気動車	AT-400形	AT-401	ＪＲ東日本	ｷﾊ40形	ｷﾊ40 511	2003年	種車として利用
わたらせ渓谷鐵道	ディーゼル機関車	DE10形	DE10 1537	ＪＲ東日本	DE10形	DE10 1537	1998年	
			DE10 1678		DE10形	DE10 1678	2000年	
	客車	わ99形	わ-5010	ＪＲ東日本	12系	ｽﾊﾌ12 150	1998年	
			わ-5080		12系	ｽﾊﾌ12 151	1998年	
			ﾜ99-5020	京王電鉄	5000系	ﾃﾞﾊ5020	1998年	電車から改造
			ﾜ99-5070		5000系	ﾃﾞﾊ5070	1998年	電車から改造
上信電鉄	電車	150形	ｸﾓﾊ151	西武鉄道	401系	ｸﾓﾊ408	1992年	元ｸﾓﾊ414
			ｸﾓﾊ152		401系	ｸﾓﾊ407	1992年	元ｸﾊ1453
			ｸﾓﾊ153		801系	ﾓﾊ801	1994年	
			ｸﾓﾊ154		801系	ﾓﾊ802	1994年	
			ｸﾓﾊ155		701系	ﾓﾊ756	1996年	
			ｸﾓﾊ156		701系	ﾓﾊ755	1996年	
		500形	ｸﾓﾊ501		101系	ｸﾓﾊ289	2005年	
			ｸﾓﾊ502		101系	ｸﾓﾊ290	2005年	
			ｸﾓﾊ503		101系	ｸﾓﾊ293	2005年	
			ｸﾓﾊ504		101系	ｸﾓﾊ294	2005年	
上毛電気鉄道	電気機関車	ED31形	ED316	国鉄	ED31	ED316	1957年	伊那電気ﾃﾞｷ1～国鉄ED316
	貨車	ﾎｷ800	ﾎｷ801	国鉄	ﾎｷ800	ﾎｷ1783	1988年	
	電車	700型	ﾃﾞﾊ711	京王電鉄	3000系	ｸﾊ3757	1999年	
			ﾃﾞﾊ712			ｸﾊ3758	1999年	
			ﾃﾞﾊ713			ｸﾊ3756	1999年	
			ﾃﾞﾊ714			ｸﾊ3759	1999年	
			ﾃﾞﾊ715			ﾃﾞﾊ3009	1999年	
			ﾃﾞﾊ716			ﾃﾞﾊ3008	1999年	
			ﾃﾞﾊ717			ﾃﾞﾊ3005	2000年	
			ﾃﾞﾊ718			ｸﾊ3760	2000年	
			ｸﾊ721			ｸﾊ3707	1999年	
			ｸﾊ722			ｸﾊ3708	1999年	
			ｸﾊ723			ｸﾊ3706	1999年	
			ｸﾊ724			ｸﾊ3709	1999年	

事業者名	車　種	形　式	車　号	前事業者	形　式	車　号	入　線	備　考
弘南鉄道	貨車	ｷ100	ｷ104	国鉄	ｷ100	ｷ104	1968年	
		ｷ100	ｷ105		ｷ100	ｷ157	1975年	
		ﾎｷ800	ﾎｷ1245		ﾎｷ800	ﾎｷ1245	1988年	
		ﾎｷ800	ﾎｷ1246		ﾎｷ800	ﾎｷ1246	1988年	
八戸臨海鉄道	ディーゼル機関車	DD16形	DD16303	ＪＲ東日本	DD16	DD16303	2009年	
	貨車	ﾎｷ800	ﾎｷ1734		ﾎｷ800	ﾎｷ1734	2003年	
			ﾎｷ1738		ﾎｷ800	ﾎｷ1738	2003年	
			ﾎｷ1758		ﾎｷ800	ﾎｷ1758	2003年	
			ﾎｷ1759		ﾎｷ800	ﾎｷ1759	2003年	
秋田臨海鉄道	ディーゼル機関車	DE65形	DE652	新潟臨海	DE65形	DE652	2002年	
		DE10形	DE101250	十勝鉄道	DE10形	DE101250	2012年	旧ＪＲ北海道DE151525
			DE101543			DE101543	2014年	
	ディーゼル機関車	SD55形	SD55105	京葉臨海	KD55形	KD55 105	2012年	京葉KD55105～仙台SD55104の改番
福島交通	電車	7000系	ﾃﾞﾊ7101	東京急行電鉄	7000系	ﾃﾞﾊ7126	1991年	
			ﾃﾞﾊ7103			ﾃﾞﾊ7124	1991年	
			ﾃﾞﾊ7105			ﾃﾞﾊ7158	1991年	
			ﾃﾞﾊ7109			ﾃﾞﾊ7148	1991年	
			ﾃﾞﾊ7111			ﾃﾞﾊ7118	1991年	
			ﾃﾞﾊ7113			ﾃﾞﾊ7140	1991年	
			ﾃﾞﾊ7202			ﾃﾞﾊ7125	1991年	
			ﾃﾞﾊ7204			ﾃﾞﾊ7157	1991年	
			ﾃﾞﾊ7206			ﾃﾞﾊ7123	1991年	
			ﾃﾞﾊ7210			ﾃﾞﾊ7115	1991年	
			ﾃﾞﾊ7212			ﾃﾞﾊ7117	1991年	
			ﾃﾞﾊ7214			ﾃﾞﾊ7129	1991年	
			ｻﾊ7315			ﾃﾞﾊ7134	1991年	
			ｻﾊ7316			ﾃﾞﾊ7107	1991年	
阿武隈急行	電車	A417系	AM417-1	ＪＲ東日本	417系	ｸﾓﾊ417-1	2008年	
			AM-417-2			ﾓﾊ416-1	2008年	
			AT418			ｸﾊ417-1	2008年	

事業者名	車　種	形　式	車　号	前事業者	形　式	車　号	入　線	備　考
IGRいわて銀河鉄道	電車	IGR7000	IGR7000-1	ＪＲ東日本	701系	ｸﾊ700-1038	2002年	
			IGR7000-2			ｸﾊ700-1039	2002年	
			IGR7000-3			ｸﾊ700-1040	2002年	
			IGR7000-4			ｸﾊ700-1041	2002年	
弘南鉄道	電車	ﾃﾞﾊ6000	ﾃﾞﾊ6005	東京急行電鉄	6000系	ﾃﾞﾊ6005	1988年	
			ﾃﾞﾊ6006			ﾃﾞﾊ6006	1988年	
			ﾃﾞﾊ6007			ﾃﾞﾊ6007	1989年	
			ﾃﾞﾊ6008			ﾃﾞﾊ6008	1989年	
		ﾃﾞﾊ7000	ﾃﾞﾊ7031		7000系	ﾃﾞﾊ7031	1988年	
			ﾃﾞﾊ7032			ﾃﾞﾊ7032	1988年	
			ﾃﾞﾊ7033			ﾃﾞﾊ7033	1988年	
			ﾃﾞﾊ7034			ﾃﾞﾊ7034	1988年	
			ﾃﾞﾊ7037			ﾃﾞﾊ7037	1988年	
			ﾃﾞﾊ7038			ﾃﾞﾊ7038	1988年	
			ﾃﾞﾊ7039			ﾃﾞﾊ7039	1988年	
			ﾃﾞﾊ7040			ﾃﾞﾊ7040	1988年	
		ﾃﾞﾊ7010	ﾃﾞﾊ7011			ﾃﾞﾊ7013	1989年	
			ﾃﾞﾊ7012			ﾃﾞﾊ7025	1990年	
			ﾃﾞﾊ7013			ﾃﾞﾊ7029	1990年	
		ﾃﾞﾊ7020	ﾃﾞﾊ7021			ﾃﾞﾊ7014	1989年	
			ﾃﾞﾊ7022			ﾃﾞﾊ7026	1990年	
			ﾃﾞﾊ7023			ﾃﾞﾊ7030	1990年	
		ﾃﾞﾊ7100	ﾃﾞﾊ7101			ﾃﾞﾊ7141	1989年	
			ﾃﾞﾊ7102			ﾃﾞﾊ7142	1989年	
			ﾃﾞﾊ7103			ﾃﾞﾊ7108	1990年	
			ﾃﾞﾊ7105			ﾃﾞﾊ7153	1990年	
		ﾃﾞﾊ7150	ﾃﾞﾊ7152			ﾃﾞﾊ7144	1989年	
			ﾃﾞﾊ7153			ﾃﾞﾊ7109	1990年	
			ﾃﾞﾊ7154			ﾃﾞﾊ7154	1990年	
			ﾃﾞﾊ7155			ﾃﾞﾊ7122	1990年	
	電気機関車	ED33	ED333	西武鉄道	E11	E13	1961年	
		ED22	ED221	一畑電気鉄道	ED22	ED221	1974年	

■ 譲渡車両一覧

事業者名	車種	形式	車号	前事業者	形式	車号	入線	備考
函館※1	電車	排	排3	東京市電気局	新1形		1934年	1937年改造
		排	排4		新1形		1934年	1937年改造
		30形	39	成宗電気軌道			1910年	排2ｻｻﾗ電車改造
太平※2	ディーゼル機関車	D800	D801	釧路開発埠頭			1970年	旧雄別鉄道
津軽鉄道	客車	ｵﾊﾌ33	ｵﾊﾌ33 1	国鉄	ｵﾊﾌ33	ｵﾊﾌ33 2520	1983年	旧ｵﾊﾌ33 520
		ｵﾊ46	ｵﾊ46 2		ｵﾊ46	ｵﾊ46 2612	1983年	旧ｽﾊ43 612
			ｵﾊ46 3		ｵﾊ46	ｵﾊ46 2662	1983年	旧ｽﾊ43 662
		ﾅﾊﾌ1200	ﾅﾊﾌ1202	西武鉄道	ﾓﾊ550	ｸﾊ1155	1965年	電車から改造
			ﾅﾊﾌ1203		ﾓﾊ550	ｸﾊ1157	1965年	電車から改造
	貨車	ﾀﾑ500	ﾀﾑ501	国鉄	ﾀﾑ500	ﾀﾑ2828	1984年	
		ｷ100	ｷ101		ｷ100	ｷ120	1968年	
青い森鉄道	電車	青い森701	ｸﾓﾊ701-1	ＪＲ東日本	701系	ｸﾓﾊ701-1037	2002年	
			ｸﾓﾊ701-2			ｸﾓﾊ701-1001	2010年	
			ｸﾓﾊ701-3			ｸﾓﾊ701-1002	2010年	
			ｸﾓﾊ701-4			ｸﾓﾊ701-1003	2010年	
			ｸﾓﾊ701-5			ｸﾓﾊ701-1004	2010年	
			ｸﾓﾊ701-6			ｸﾓﾊ701-1005	2010年	
			ｸﾓﾊ701-7			ｸﾓﾊ701-1006	2010年	
			ｸﾓﾊ701-8			ｸﾓﾊ701-1007	2010年	
		青い森700	ｸﾊ700-1			ｸﾊ700-1037	2002年	
			ｸﾊ700-2			ｸﾊ700-1001	2010年	
			ｸﾊ700-3			ｸﾊ700-1002	2010年	
			ｸﾊ700-4			ｸﾊ700-1003	2010年	
			ｸﾊ700-5			ｸﾊ700-1004	2010年	
			ｸﾊ700-6			ｸﾊ700-1005	2010年	
			ｸﾊ700-7			ｸﾊ700-1006	2010年	
			ｸﾊ700-8			ｸﾊ700-1007	2010年	
IGRいわて銀河鉄道	電車	IGR7001	IGR7001-1			ｸﾓﾊ701-1038	2002年	
			IGR7001-2			ｸﾓﾊ701-1039	2002年	
			IGR7001-3			ｸﾓﾊ701-1040	2002年	
			IGR7001-4			ｸﾓﾊ701-1041	2002年	

※1　函館市企業局交通部
※2　太平洋石炭販売輸送

■参考文献

「鉄道ピクトリアル」（各号）　電気車研究会
１９９７年10月臨時増刊号新車年鑑１９９７年版
１９９８年７月臨時増刊号京浜急行特集
１９９８年10月臨時増刊号新車年鑑１９９８年版
１９９９年４月臨時増刊号西鉄特集
１９９９年８月号
１９９９年10月臨時増刊号新車年鑑１９９９年版
２０００年10月臨時増刊号新車年鑑２０００年版
２００１年10月臨時増刊号新車年鑑２００１年版
２００３年１月号
２００３年７月臨時増刊号京王特集
２００６年10月臨時増刊号新車年鑑２００６年版
など

「運転協会誌」（各号）　日本鉄道運転協会
２０１２年５月号　リニューアル車両特集号
など

「鉄道ファン」（各号）　交友社
１９９５年４月号　４０８号
２０１３年７月号　熊本電気鉄道５１００形　福原俊一
２０１４年２月号　私鉄・三セクの国鉄形　寺田裕一
など

「鉄道ダイヤ情報」（各号）　交通新聞社
２０１０年２月号
２０１１年２月号
２０１３年３月号
など

『日本の市内電車１８９５-１９４５』和久田康雄　成山堂書店
２００９年２月

『ローカル私鉄車輌20年』（各編）寺田裕一　ＪＴＢパブリッシング
２００１年９月
２００２年１月
２００３年３月
など

「ＪＲ時刻表」（各号）交通新聞社

「ＪＴＢ時刻表」（各号）ＪＴＢパブリッシング

『東急の電車たち』電車とバスの博物館

『ＪＲ電車編成表（ＪＲＲ）』（各年号）交通新聞社

『私鉄車両編成表（ＪＲＲ）』（各年号）交通新聞社

『私鉄車両年鑑』（各年号）イカロス出版

『京浜急行電鉄』花沢政美　保育社　１９８６年7月

『決定版日本の蒸気機関車』宮澤孝一　講談社　１９９９年2月

『私鉄全線全駅』交通新聞社　２００２年5月発行

『データブック　日本の私鉄』寺田裕一　ネコパブリッシング　２００２年7月

『地域活性化に地方鉄道が果たす役割』三岐鉄道の場合　交通新聞社　２００８年

『東急ステンレスカーのあゆみ』荻原俊夫　ＪＴＢパブリッシング　２０１０年10月

『ＲＭ　ＬＩＢＲＡＲＹ　銚子電気鉄道（上）』白土貞夫　ネコ・パブリッシング　２０１１年6月

『ＲＭ　ＬＩＢＲＡＲＹ　銚子電気鉄道（下）』白土貞夫　ネコ・パブリッシング　２０１１年7月

『ＲＭ　ＬＩＢＲＡＲＹ　京王５０００系』鈴木洋　ネコ・パブリッシング　２０１１年11月

『私鉄遺産　東日本編』白川淳　マガジンハウス　２０１２年6月

『東急電鉄の世界』交通新聞社　２０１３年4月

『写真で見る西武鉄道１００年』ネコ・パブリッシング　２０１３年7月号

など

おわりに――謝辞

今回は、本書でお伝えしきれない車両が数多くあり、博識な読者の皆さまには、いささか消化不良の感もあるかもしれません。

しかし、これを機に、ぜひ皆様の足で譲渡車達を訪ねみてはいかがでしょう。きっと彼らも読者の皆様が訪れることを心待ちにしていると思います。まだまだ新参者ですので、内容に至らぬところもあると思いますが、皆さまのお声を頂戴できれば幸いです。


本書を発行するにあたり、東京堂出版の皆さまには、大変お世話になりました。特に、ご担当の太田基樹さま。当方の想いを一番に、何から何まで親身にご対応下さり、無事に予定通りの発刊が叶いました。

ありがとうございました。

また、車両達が生き生きとした素晴らしいお写真をご提供下さりました大先輩、結解学さまにも、この場をお借りして、御礼申し上げます。

最後に、拙書をご覧頂きました皆さま、本当にありがとうございました。心より深謝いたします。

渡部史絵

〔著者略歴〕　渡部 史絵（わたなべ・しえ）
鉄道ジャーナリスト。鉄道の有用性や魅力を発信するため、鉄道関係書籍の執筆や監修に日々励む。
月刊誌や新聞等の連載や寄稿など執筆活動を主体に、国土交通省をはじめ、行政や大学、鉄道事業者にて、講演活動等も多く行っている。
著書に、
『路面電車の謎と不思議』(東京堂出版)
『鉄道のナゾ謎100』、『鉄道のナゾ謎99』（ともに、ネコ・パブリッシング）
『進化する路面電車』(交通新聞社)
など、多数。

公式ブログ　http://ameblo.jp/shie-rail

譲渡された鉄道車両

2015年１月20日　初版印刷
2015年１月30日　初版発行

ISBN978-4-490-20891-7　C0065

著　者　　渡部史絵
発行者　　小林悠一
印刷製本　東京リスマチック株式会社
発行所　　株式会社東京堂出版
http://www.tokyodoshuppan.com/
〒101-0051　東京都千代田区神田神保町1-17
電話03-3233-3741　振替00130-7-270

JN253586

世界遺産パルミラ　破壊の現場から

シリア紛争と文化遺産

まえがき

中東のシリアは、二〇一一年三月に起きた大規模な民主化要求運動を契機に紛争状態へと突入し、すでに六年の月日が経過しています。最新の資料によりますと、シリア国内での死者は四七万人を超え、五〇〇万人以上が難民となり国外へ逃れています。

シリア紛争下では、貴重な文化遺産も被災し、国際的に大きく報じられています。とくに二〇一五年八月から一〇月にかけて起きたＩＳ（自称「イスラム国」）による世界遺産パルミラ遺跡の破壊は、日本国内でも大々的に報道されました。

シリア沙漠に位置するパルミラ遺跡は、シルクロードの中継地として前一世紀から後三世紀にかけて栄えた隊商都市の遺跡です。一九八〇年には、ユネスコの世界文化遺産にも記載されています。

ＩＳによる遺跡の破壊は、二〇一五年の八月に、パルミラの主神殿であったバール・シャミン神殿とベル神殿の爆破から始まりました。九月にはパルミラ人の遺体を納めた塔墓が破壊され、一〇月にはパルミラの象徴であった記念門までもが破壊されました。

さらには、長年パルミラで文化財行政の長を務めたハレド・アスアド氏が、ＩＳにより拘束・斬首されるという痛ましい事件も起きています。アスアド氏は、パルミラ博物館から避難させた収蔵品の在り処を尋問されましたが、黙秘を貫いたために殺害されたと報じられています。

あまり知られていないことですが、このパルミラ遺跡と日本人研究者には深い繋がりがあります。日本人がシリアではじめて発掘を実施したのが、パルミラ近郊のドゥアラ洞窟という旧石器時代の遺跡でした。東京大学の鈴木尚先生率いる西アジア洪積世人類遺跡調査団が一九七〇年からこの洞窟の発掘調査を実施したのですが、現地側の査察官として日本隊に同行し一緒に汗を流した人物こそハレド・アスアド氏でした。

また、シルクロードの終着点として知られる奈良県は、シルクロード沿いの隊商都市であるパルミラ遺跡に関心を持ち、一九九〇年から二〇年以上にわたり、発掘調査を行ってきました。発掘調査のみならず、発掘した地下墓を復元、サイト・ミュージアムとして整備し、観光客に開放するなど、パルミラに大きく貢献してきました。

このたび、文化庁および東京文化財研究所、奈良文化財研究所、公益財団法人ユネスコ・アジア文化センター文化遺産保護協力事務所は、二〇一六年一一月二〇日と一一月二三日に、東京国立博物館および奈良県東大寺金鐘ホールにて、シンポジウム「シリア内戦と文化遺産―世界遺産パルミラ遺跡の現状と復興に向けた国際支援―」を主催しました。

このシンポジウムは「文化庁委託事業平成二八年度文化遺産保護国際貢献事業―シリア内戦下における被災文化財に関する調査」の一環として、日本人研究者と繋がりの深いパルミラ遺跡に焦点をあて、シリアの文化遺産保護の重要性を訴えることを目的に開催されました。

パルミラ遺跡は、二〇一五年五月からISに実効支配されていましたが、二〇一六年三月にシリア政府軍が奪還しています。そして、その直後、シンポジウムの講演者であるロバート・ズコウスキー氏とバルトシュ・マルコヴスキー氏、ホマーム・サード氏が、シリア古物博物館総局のスタッフに同行し、現地入りしています。彼らは、パルミラ遺跡とパルミラ博物館の被災状況を記録したほか、被災した博物館の収蔵品に対し応急的な修復を施しダマスカスまで緊急移送しています。

　今回のシンポジウムでは、現地で生々しい状況を目にした三人の専門家のほか、国内の専門家やユネスコ職員が一堂に会し、パルミラ遺跡を含むシリアの文化遺産の復興に向けてどのような支援が効果的なのか、討議が行われました。

　本書『世界遺産パルミラ　破壊の現場から―シリア紛争と文化遺産―』は、この東京と奈良で行われた二回のシンポジウムの講演を書き起こし、再構成したものです。本書の出版が、シリアの文化遺産復興に向けた国際協力の一歩となり、シリアの文化遺産を護ろうと日々奮闘している人々の励みになればと思います。

二〇一七年五月三〇日

奈良県立橿原考古学研究所
西藤清秀
東京文化財研究所文化遺産国際協力センター
安倍雅史
間舎裕生

◉目次

世界遺産パルミラ　破壊の現場から―シリア紛争と文化遺産―

まえがき　西藤清秀・安倍雅史・間舎裕生　1

東京シンポジウム
開会挨拶　亀井伸雄　7
趣旨説明　友田正彦　8

奈良シンポジウム
開会挨拶　西村　康　11
趣旨説明　森本　晋　13

第1章　パルミラ遺跡破壊後の現状

1　パルミラ・レスキュー事業　ロバート・ズコウスキー　カラー 16　本文 39

2　パルミラ博物館所蔵の石彫を対象とした緊急保存修復　バルトシュ・マルコヴスキー　カラー 21　本文 51

3　最新技術を用いてシリア紛争下の文化遺産を護る
シリア古物博物館総局・イコネムによるパルミラ・ドキュメンテーション事業　ホマーム・サード　カラー 33　本文 63

第2章　シリアの文化遺産と日本の調査団

1　世界史のなかのシリア　間舎裕生　カラー 72　本文 79

2　日本によるシリア調査の歴史　常木　晃　カラー 74　本文 91

第3章　紛争下の文化遺産の現状と保護に向けた取り組み

1　シリア紛争下における文化遺産の被災状況　安倍雅史　カラー 112　本文 127

2　シリアにおける文化遺産の保護　現状と課題　山藤正敏　カラー 115　本文 137

3　パルミラ遺跡の調査から紛争終結後の取り組みを考える　西藤清秀　カラー 116　本文 149

4　ユネスコによる紛争下における文化遺産の保護活動　ナーダ・アル＝ハッサン　本文 161

第4章　パネル・ディスカッション　シリアの文化遺産の保護と復興に向けて

第1部　東京シンポジウム　178
常木　晃（司会）
友田正彦
安倍雅史
西藤清秀
ロバート・ズコウスキー
バルトシュ・マルコヴスキー
ホマーム・サード
ナーダ・アル＝ハッサン

第2部　奈良シンポジウム　189
西藤清秀（司会）
森本　晋
山藤正敏
常木　晃
ロバート・ズコウスキー
バルトシュ・マルコヴスキー
ホマーム・サード
ナーダ・アル＝ハッサン

あとがき　西藤清秀・安倍雅史・間舎裕生　200

二〇一六年一一月二〇日
東京シンポジウム（東京国立博物館大講堂）

東京シンポジウムプログラム

東京シンポジウムポスター

開会挨拶

東京文化財研究所所長
亀井伸雄
KAMEI Nobuo

皆さま、こんにちは。ただいまご紹介いただきました東京文化財研究所の所長の亀井です。

本日は「シリア内戦と文化遺産」という題目でシンポジウムを開きましたところ、大勢の方々にご参加いただき本当にありがとうございます。

今日は好天に恵まれ行楽日和にもかかわらず、行楽よりも紛争下のシリアで文化財がどうなっているのかに、皆さん非常に高い関心をお持ちになっておられることを大変ありがたく思っております。

ご承知のようにシリアでは五年にもわたって紛争が続いております。私には国際情勢はよくわかりませんけれども、政府、反政府の対立に加え、宗派対立、民族対立、さらには後ろに控えている巨大国の支援があり、そこにＩＳ（自称「イスラム国」）が登場するなど、とどまるところを知らないような複雑な様相であるといわれています。

しかし、そういう中にあっても、私たちは人類共通の遺産である非常に貴重なパルミラ遺跡をはじめとするシリアにある数多くの文化遺産に対して、国際的な支援のもとで保護していく必要がある、義務があると思っております。手をこまねいているだけでなく、紛争状態であっても何かできるのではないか、日本としても何か貢献できるのではないか、と強く感じております。

東京文化財研究所は、このようなシンポジウムを過去においても何回か開催しておりますが、今日は、海外から四名のパネラー、それから国内から専門家二名の方をお招きしています。とくに、最近現地入りされたポーランドやシリアの専門家からは最新のパルミラの状況について詳しくご報告いただき、紛争下における文化遺産の保護や国際支援のありようについて考えていきたいと思います。

長時間にわたっての講演になると思いますけれども、どうぞ最後まで各講師のお話を聞き、私たちに何ができるか考えていただければと思っていますので、どうぞよろしくお願いいたします。

趣旨説明

東京文化財研究所
文化遺産国際協力センター
友田正彦 *TOMODA Masahiko*

皆さん、こんにちは。東京文化財研究所文化遺産国際協力センターの友田と申します。本日はシンポジウム『シリア内戦と文化遺産』にたくさんの方にご来場いただきまして誠にありがとうございます。

ただいまの亀井所長の話にもありましたように、シリアの情勢は依然として混迷の度を深めています。様々な勢力が入り乱れる中、多数の尊い人命が失われている状況をニュースなどで日々見聞きする度に心を痛めている者のひとりとして、まずこのような困難な状況に置かれているシリア国民の皆様に心よりお見舞いを申し上げたいと思います。なによりも、一刻も早く平和な日が訪れることを願わずにはおれません。

この場には、シリアの素晴らしい文明と文化遺産に様々な形でこれまでかかわってこられた方々も多いことと存じます。シリア紛争下では人類の共通の宝でもある貴重な文化遺産の数多くが戦火の中で損なわれています。とりわけ、二〇一五年八月から一〇月にかけて、いわゆるＩＳ（自称「イスラム国」）による世界遺産パルミラ遺跡の破壊という、まさしく蛮行が行われ、このことはわが国でも非常に大きな衝撃をもって受け止められたところです。今回は、シリアで今何が起きているのか、それを日本国内でも広く知っていただくことを目的として、このようなシンポジウムを企画しました。では、これより、本日のご講演者の紹介を兼ねまして、プログラムのご説明を申し上げたいと思います。

最初に、西アジア考古学者でもある東京文化財研究所の安倍雅史研究員より、シリア紛争下における文化遺産の被災状況についてその概要をご説明いたします。シリア紛争下では、さまざまな問題が起きています。遺跡の軍事的利用による破壊、遺跡の盗掘や博物館の略奪、また国外への文化財の不法輸出、人民の難民化に伴う無形文化遺産の損失などです。

続きまして、常木晃先生にご登壇いただきます。常木先生は、長年シリアのイドリブを拠点に発掘調査を行ってこられた考古学者です。実は日本人研究者によるシリア調査の歴史は古く、すでに一九五七年にはシリアで初めての日本人による考古学調査が行われています。常木先生には、このような日本人研究者によるシリア調査の歴史についてお話しいただきます。

続きまして、西藤清秀先生にご登壇いただきます。西藤先生は、シリアのパルミラ遺跡で日本の調査団の団長として長年発掘調査を行ってこられました。シリア紛争の開始後、シリアの文化遺産保護のための活動を、日本国内においてもまた海外においても、非常に精力的に行っておられる考古学者でいらっしゃいます。先生には、パルミラ遺跡の調査から紛争終結後の取り組みを考える、というテーマでご講演をいただきます。

さて、二〇一五年五月からＩＳが実効支配する中で不幸にも破壊されてしまったパルミラ遺跡ですが、二〇一六年三月に政府軍がパルミラを奪還しました。そして本日、ポーランドからお招きいたしましたロバート・ズコウスキーさん、また石造物修復専門家のバルトシュ・マルコヴスキーさん、このお二人が外国人専門家としては初めて、破壊を受けた後のパルミラに入り現地調査を行いました。被災したパルミラ博物館の収蔵品などを応急的に処置し、安全な場所まで緊急的に輸送するという非常に重要なお仕事をされております。お二方には、現地でのこのような非常に生々しい体験をもとに現状をお話しいただきたいと思います。

次に、ホマーム・サードさんです。ホマームさんはもともと、シリアの古物博物館総局のスタッフでしたが、現在は、フランス・パリのソルボンヌ大学において研究員を務められるとともに、シリアの文化遺産を保護するため精力的に活動しておられます。パルミラにも現地入りし、被災したパルミラ遺跡を記録する作業を行っています。本日は、ドローンなども含めた最新技術を使って被災した文化財を記録するプロジェクトについてご紹介いただきます。

ユネスコからは、ナーダ・アル＝ハッサンさんをお招きしております。ユネスコは、ＥＵが拠出した三億円以上の資金をもとに、二〇一四年四月から「シリア文化遺産緊急保護プロジェクト」を実施しています。ナーダさんは、ユネスコ世界遺産センターのアラブ諸国ユニットの主任として、このプロジェクトを担当しておられます。ナーダさんからは、ユネスコによるシリア紛争下の文化遺産保護活動についてのご講演を頂戴いたします。

最後に、短時間ではありますが、パネル・ディスカッションを設けております。パルミラ遺跡をはじめとするシリアの文化遺産復興に向けて、これからどのような協力が国際社会に求められているのか、また我が国としてどのような支援が可能なのか、議論していきたいと思っております。それではご登壇の方々、どうぞよろしくお願いいたします。

二〇一六年一一月二三日
奈良シンポジウム（東大寺金鐘ホール）

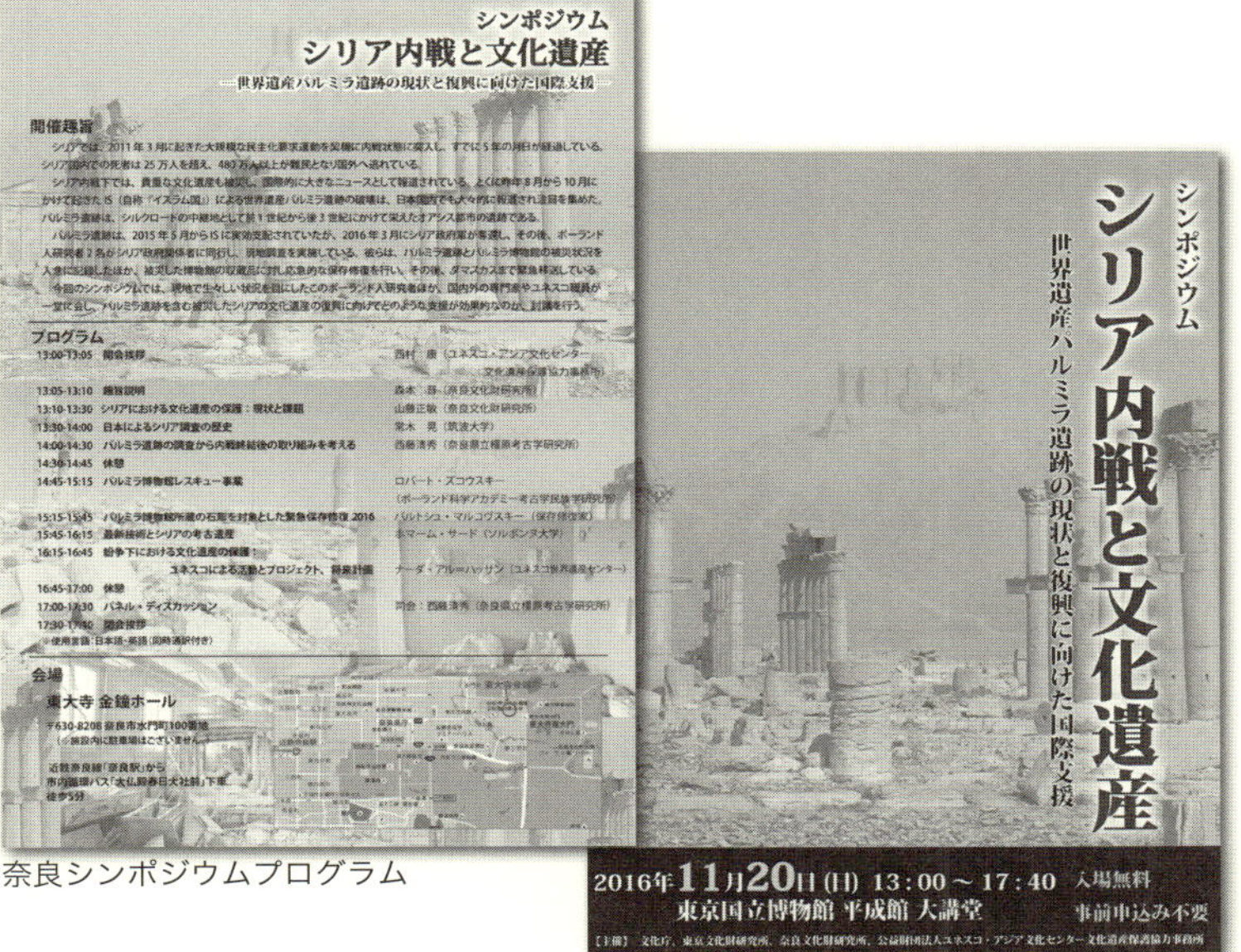

奈良シンポジウムプログラム

奈良シンポジウムポスター

開会挨拶

公益財団法人ユネスコ・アジア文化センター文化遺産保護協力事務所（ＡＣＣＵ奈良）所長
西村 康 *NISHIMURA Yasushi*

公益財団法人ユネスコ・アジア文化センターでは、毎年、「文化遺産国際セミナー」を開催しております。セミナーでは奈良に関わりがあり、そのときどきに話題となった、文化遺産にまつわるテーマを取りあげております。今年はシリアの世界遺産パルミラ遺跡に注目することにしました。

ご存知のように、シリアでは二〇一一年に始まった紛争により、国内の文化遺産が甚大な被害を受けました。とりわけ過激派組織ＩＳ（自称「イスラム国」）によるパルミラ遺跡の破壊は、日本でも大きく報道されました。じつは、このパルミラ遺跡と奈良県との関わりは古く、一九八八年の「なら・シルクロード博覧会」の当時まで遡ります。この博覧会が契機となり、奈良県立橿原考古学研究所がパルミラ遺跡の発掘調査をおこなうことになったのです。ローマ時代の地下墓の発見と記録、それの保存処置と修復など科学的な取り組みは、わが国の調査水準の高さと、同時に遺跡の価値を世界に伝えることになったのです。

最近のパルミラ遺跡の状況を報道から知り、奈良県との関わりの歴史を思い出し、われわれとしても何か援助できることはないかという思いに駆られました。そのような訳で、私ども事務所では、最近のパルミラ遺跡の現状を皆様と一緒にたしかめ、復興に向けて何ができるか考える機会をもちたいと検討しておりました。

そのようななか、同様の趣旨のシンポジウムを東京でも開催する計画があることを知りました。文化庁、国立文化財機構東京文化財研究所、奈良文化財研究所によるものです。そこで、東京と同じ内容で奈良でもシンポジウムが開催できないかと打診しましたところ、快諾を得ることができ、われわれACCUを含む四者共催という形で、奈良においても開催できる運びとなりました。各機関の協力により、このようなシンポジウムが開催できましたことを、大変うれしく思っております。

今回の発表では、パルミラ遺跡の調査研究に長らく携わってこられた国内外の専門家に報告いただきます。なかでも、二〇一六年三月に政府軍がISよりパルミラを奪還した直後に現地入りした、ポーランド人研究者とシリア人研究者の発表では、破壊された遺跡と博物館の惨状を捉えた映像は皆さまに衝撃を与えると思います。爆破で焼け落ちた神殿や記念門。屋根や窓ガラスは崩れ、床にはたたき割られた彫像の破片が散乱し足の踏み場もない博物館。かつて奈良県立橿原考古学研究所が修復した地下墓でも、胸像の多くが略奪されなくなっています。このような映像は、今後のシリア復興に対して私たちは何ができるのか、何をすべきなのかを、会場の皆様一人一人に訴えるのではないでしょうか。

今回のシンポジウムが、シリアの文化財保護における問題を身近に感じるとともに、未来に向けて文化遺産を守り、継承することの大切さを考える機会となれば幸いです。

趣旨説明

奈良文化財研究所
森本　晋　*MORIMOTO Susumu*

皆様、本日はシンポジウム「シリア内戦と文化遺産」にご来場いただき、誠にありがとうございます。シンポジウムの開催趣旨をご説明いたします。シリアでは二〇一一年三月に起きた大規模な民主化要求運動を契機に紛争状態に突入し、すでに五年の月日が経過しております。シリア国内での死者は二五万人を超え、四八〇万人以上が難民となり、国外に逃れております（数字は一一月二三日時点のもの）。そしてシリア紛争下では貴重な文化遺産も被災し、国際的に大きなニュースとして報道されています。特に昨年八月から一〇月にかけてＩＳ（自称「イスラム国」）によって行われた世界遺産パルミラ遺跡の破壊行為は日本でも大々的に報道されました。

先ほど西村所長のご挨拶の中に奈良の方はパルミラという言葉に聞いた覚えがあるというお話が出ましたけれども、その話を聞いて私、ふと思い出しましたのは、大和西大寺駅の近くにある大きな商業施設のエレベーターのところの柱は、パルミラ遺跡の柱をまねて作ったのだそうです。そこに説明もありますように普段でもそういった関係のものを私たちは目にするようなところで、暮らしているということです。

今回は、シリア国内で今何が起きているのか、それを日本国内でも広く知っていただくため、このようなシンポジウムを企画いたしました。本日のシンポジウムの流れについて説明させていただきます。まずはじめに日本人研究者三名による研究発表を行います。

山藤正敏さんは、長年中東をフィールドにしてきた考古学者です。近年は文化遺産保護の仕事でも活躍され、シーリーンなどシリアの文化遺産を護るための国際会議などにも出席しております。シリア紛争下ではさまざまな問題が起きております。遺跡の軍事的利用による破壊、遺跡の盗掘や博物館の略奪、国外への文化財の不法輸出、難民化に伴う無形文化の損失などです。山藤さんにはシリア紛争下における文化遺産の被災状況に関して、概説的なお話をしていただきます。

次に、常木晃先生は長年シリアのイドリブ県で発掘調査を行ってきた考古学者です。実は日本人によるシリア調査の歴史は古く、一九五七年にはシリアで初めて江上波夫先生が考古学的な踏査を行っています。常木先生には、日本人研究者によるシリア調査の歴史に関してお話をしていただきます。

西藤清秀先生はパルミラ遺跡で、長年発掘調査を行ってきた考古学者です。シリア紛争が始まってからは、シリアの文化遺産を保護するための活動を日本国内で極めて精力的に行っておられます。本日はパルミラ遺跡の調査から、紛争終結後の取り組みを考えるという題目で発表していただきます。

休憩をはさみまして、外国人の研究者の方にご発表いただきます。パルミラ遺跡は二〇一五年五月からＩＳによって占拠されていましたが、二〇一六年の三月にシリア政府軍が奪還をしております。ポーランドからいらしたロバート・ズコウスキーさんとバルトシュ・マルコヴスキーさんは、外国人研究者として奪還後初めてパルミラに入った方々です。被災した博物館の収蔵品を応急的に処置し、ダマスカスまで緊急移送しました。本日は、現地での生々しい体験に関してお話くださいます。

ホマーム・サードさんは、もともとはシリアの古物博物館総局のスタッフでしたが現在はパリのソルボンヌ大学で研究をされています。現在もシリアの文化遺産を保護するための活動を精力的に行い、ドローンなどを用いて被災した文化財を記録する活動などを行っておられます。パルミラにも現地入りし、被災したパルミラ遺跡の現状を記録しました。

ユネスコはＥＵから三億円以上の資金提供を受け二〇一四年四月から新たに「シリア文化遺産緊急保護プロジェクト」を行っています。ナーダ・アル＝ハッサンさんは、ユネスコ世界遺産センターのアラブ諸国ユニットの主任としてこのプロジェクトにも携わってきました。本日はユネスコによるシリア紛争下の文化遺産の保護活動に関して、お話をいただきます。

そして最後に、三〇分という短い時間ですがパネル・ディスカッションを設けております。パネル・ディスカッションでは、パルミラ遺跡を含む被災したシリアの文化遺産の復興に向けて、日本としてどのような援助が可能なのか、またどのような援助が求められているのかに関して議論をしたいと考えております。以上で趣旨説明を終わります。

第1章 パルミラ遺跡破壊後の現状

パルミラ遺跡がIS（自称「イスラム国」）から解放されて数日後、
現地に駆けつけた研究者が見た、パルミラの現状とは――

住民たちが広場のバス停から脱出した際に残されたベビーカーが散乱している。バス停まで荷物を運んだという。

I 2016年4月初頭のパルミラ博物館前の広場
（筆者とバルトシュ・マルコヴスキー氏撮影）

1 パルミラ・レスキュー事業

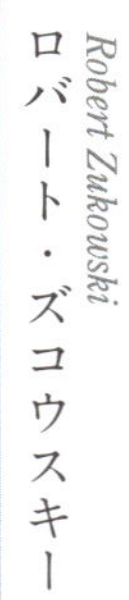

ロバート・ズコウスキ
Robert Zukowski

本文 pp. 39-50

5 ベル神殿の残骸

2 今世紀初頭のバール・シャミン神殿の内部
（筆者撮影）

6 記念門の残骸

3 2015年8月23日に行われた
バール・シャミン神殿の爆破
（撮影者不明）→

4 バール・シャミン神殿の残骸
（2016年4月に筆者とバルトシュ・マルコヴスキー氏が撮影、以下*5*〜*19*、*22*同）

7 広場から見たパルミラ博物館

8 パルミラ博物館の現状（建物の裏側から撮影）

9 パルミラ博物館の天井

10 パルミラ博物館のロビーの現状

11 パルミラ博物館 1 階の西ギャラリーの現状

12 パルミラ博物館 1 階の第 3 展示室の現状

13 パルミラ博物館 2 階の東ギャラリーの現状

14 染織品コレクションを納めたショーケース

15 パルミラ博物館 1 階アラート神殿展示スペースの現状

16 パルミラ博物館 1 階第 6 展示室の現状

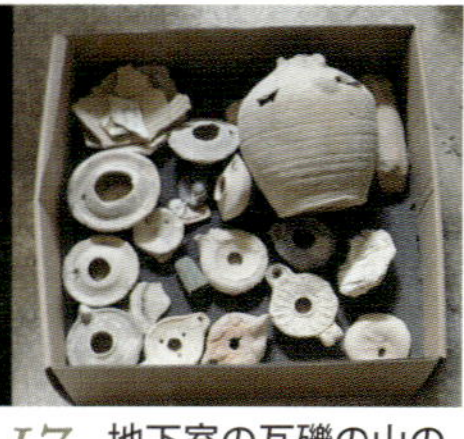

17 地下室の瓦礫の山のなかからレスキューされた収蔵品

18 **塔墓の残骸**

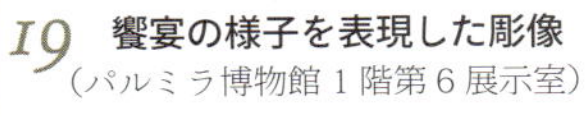

19 **饗宴の様子を表現した彫像**
（パルミラ博物館１階第６展示室）

20 **破壊される彫像**（撮影者不明）

21 **ローマ劇場**

22 **ＩＳによって破壊された
アラート神殿出土ライオン像と
緊急レスキュー事業に参加した
ポーランド人専門家**
（左から、クシュシュトフ・ユルコフ氏、バルトシュ・マルコウスキー氏、ロバート・ズコウスキー氏）

2

パルミラ博物館所蔵の石彫を対象とした緊急保存修復

1 1977年にアラート神殿で発見されたライオン像（ガヴリコヴスキー教授撮影）

Bartosz Markowski
バルトシュ・マルコヴスキー

本文 pp. *51-62*

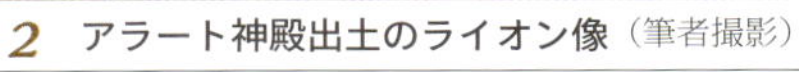

2 アラート神殿出土のライオン像（筆者撮影）

4 展示替え後のライオン像（2005 年、筆者撮影）

3 展示替え前のライオン像
（筆者撮影）

5 パルミラ博物館によるライオン像の保護作業
（2015 年、西藤清秀氏提供）

ライオン像を鉄板で覆って保護する。

6 破壊されたライオン像
（2016 年 4 月、筆者とズコウスキー氏撮影）

破片は幸いにもライオン像の周りに散乱していたため、ほぼすべて回収できた。

7 **収集されたライオン像の破片**
（2016 年 4 月、筆者とズコウスキー氏撮影）

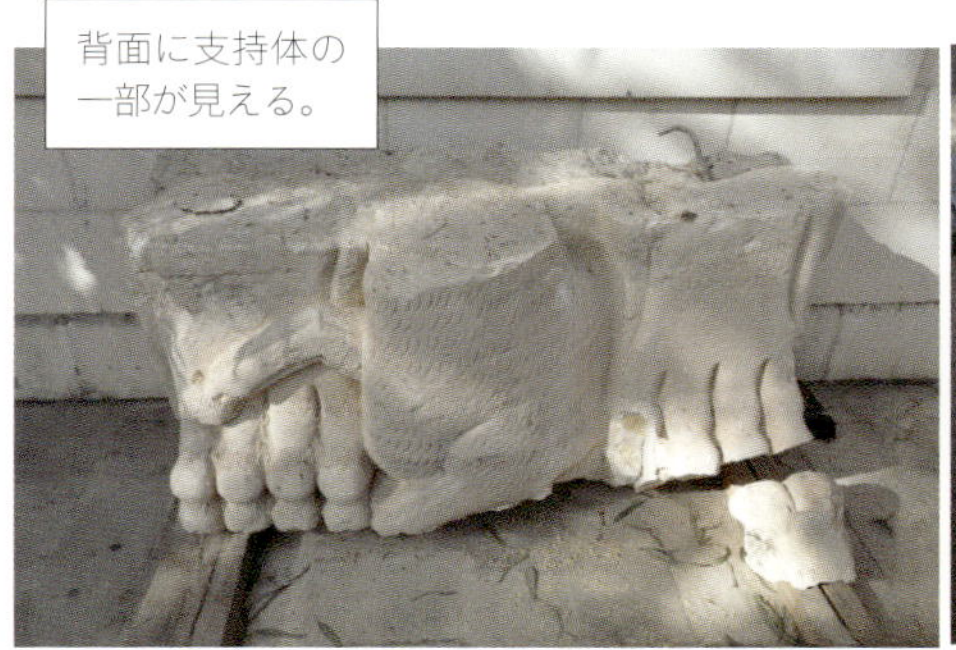

背面に支持体の一部が見える。

9 **ダマスカス移送後のライオン像の下部**
（2016 年 10 月、筆者撮影）

顔は完全に破壊されている。

8 **ダマスカス移送後のライオン像の顔**
（2016 年 10 月、筆者撮影）

IO **破壊前のアラート神殿の展示スペース**
（2014 年、筆者撮影）

II **破壊後のアラート神殿の展示スペース**
（2016 年 4 月、筆者とズコウスキー氏撮影）

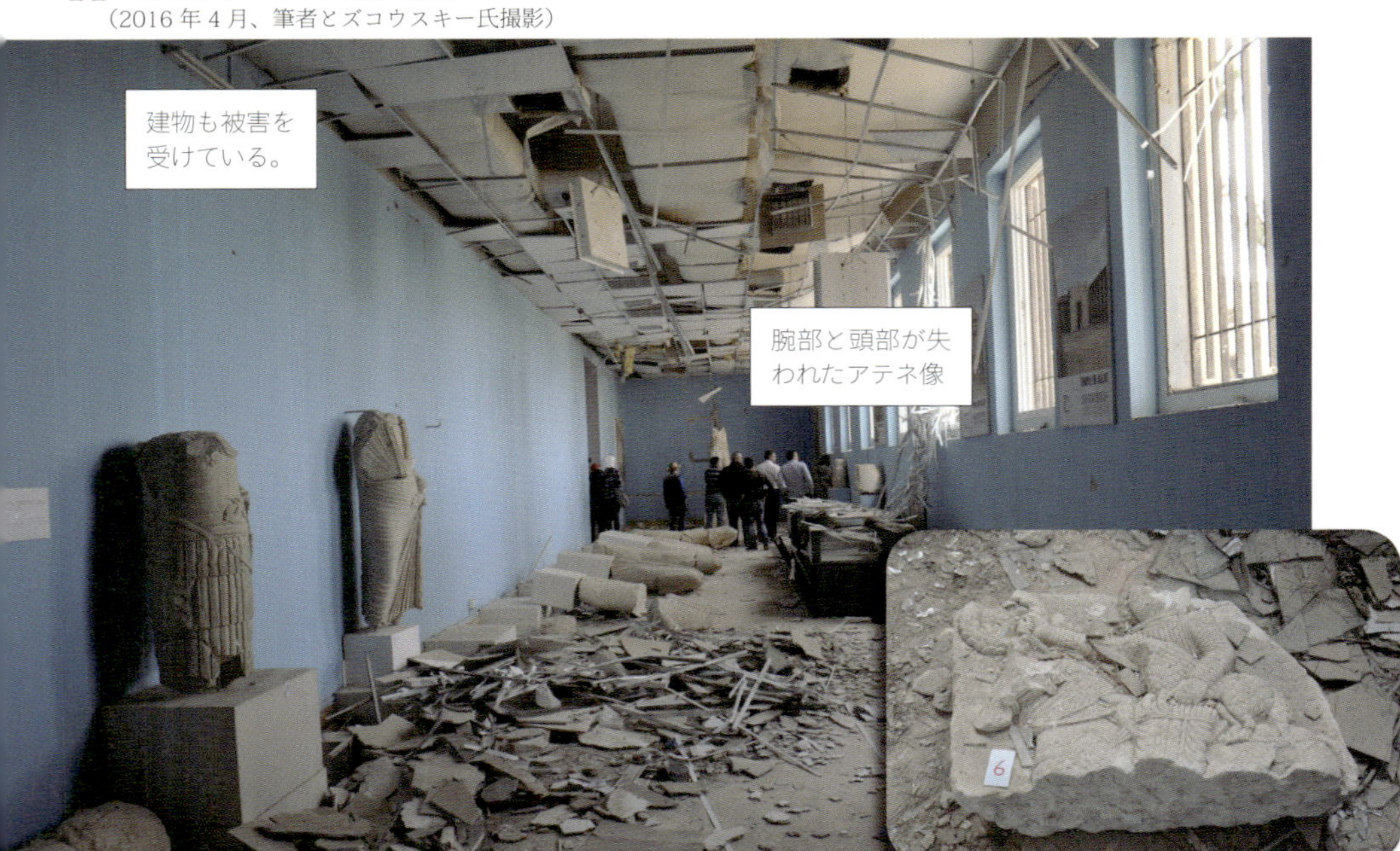

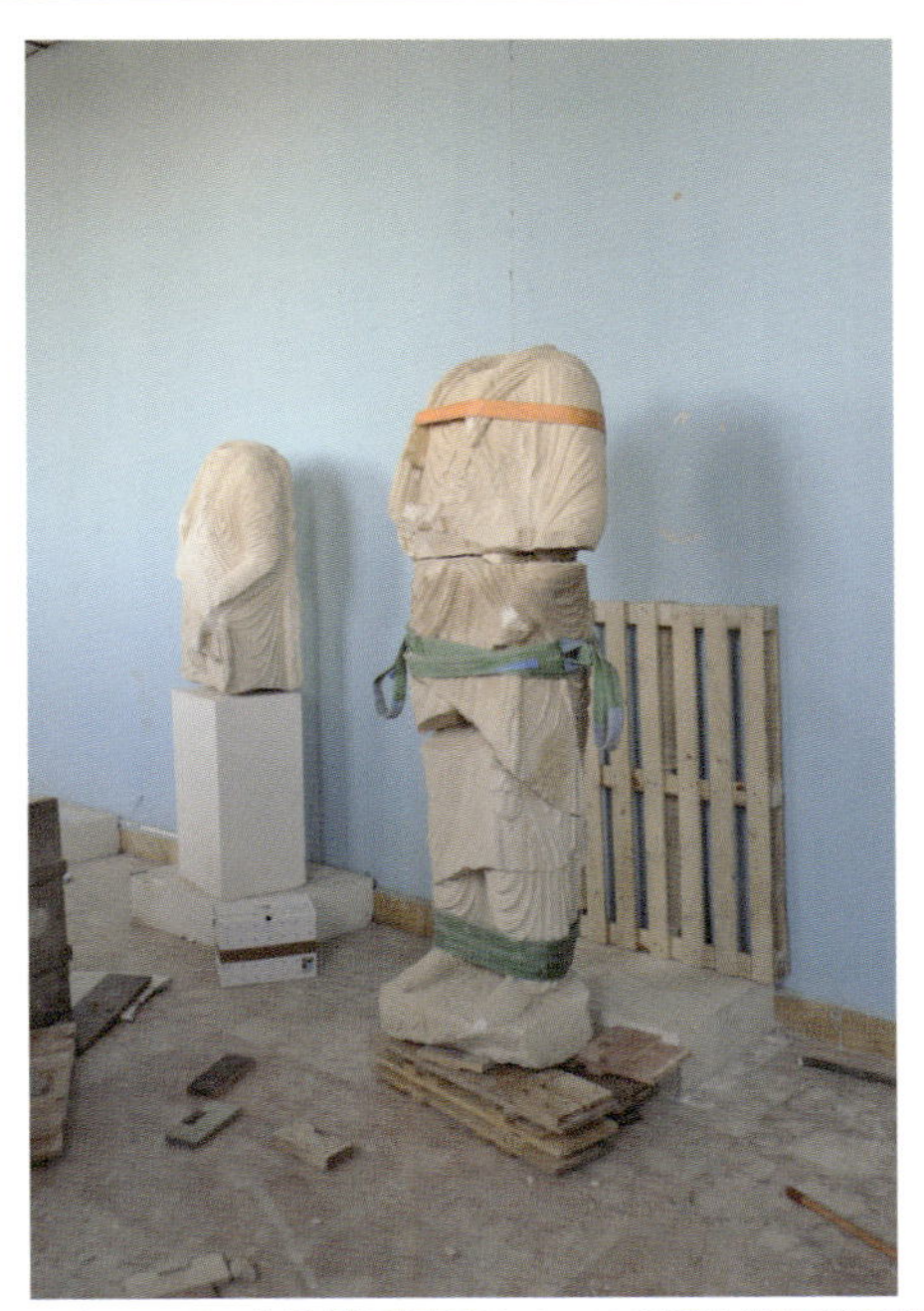

この彫像の頭部は、ほかの展示室から見つかった。

12 **アラート神殿の展示スペースの緊急保存修復事業**
（2016年5月、筆者とズコウスキー氏撮影）

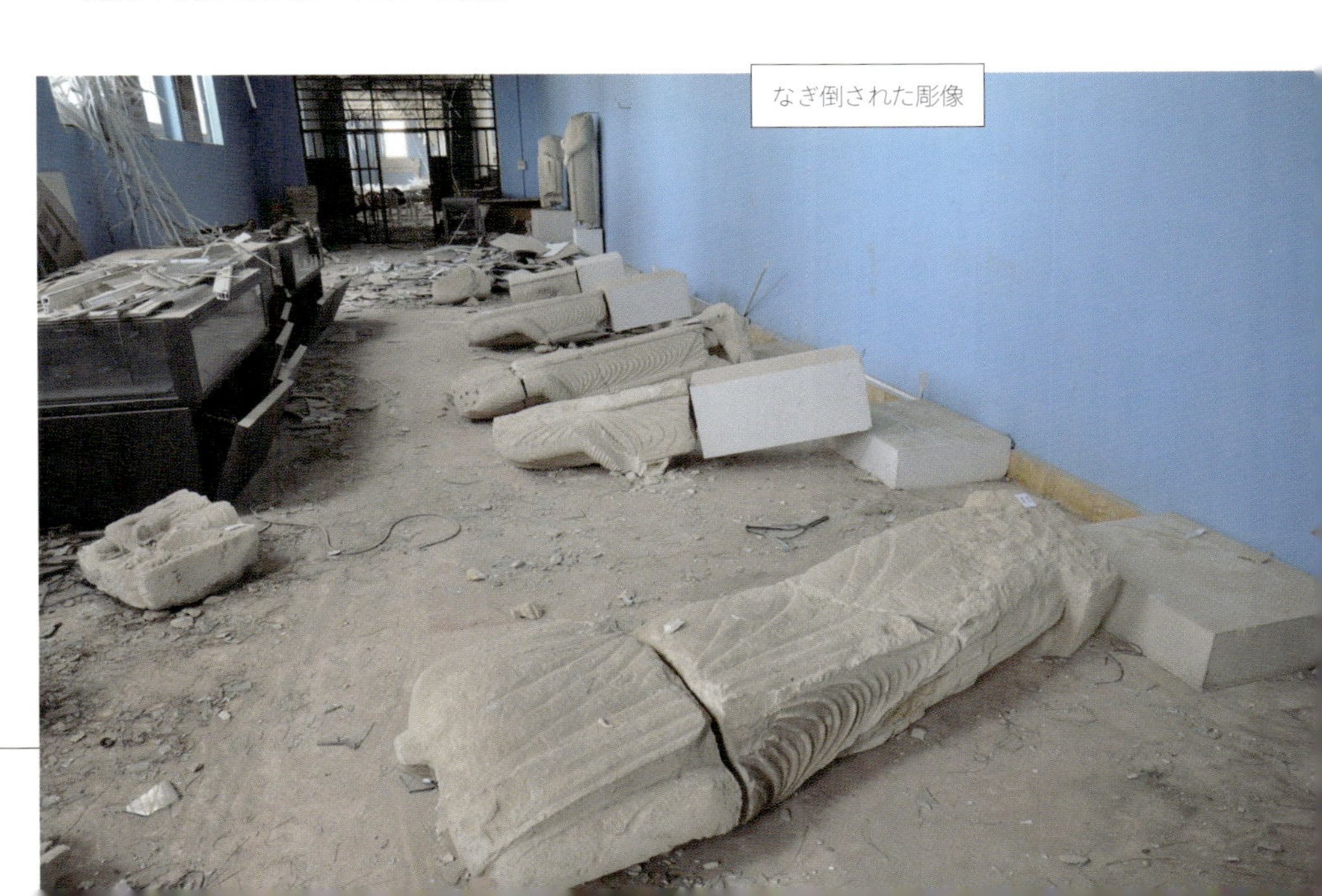

なぎ倒された彫像

13 緊急保存修復事業後のアラート神殿の展示スペース（2016年5月、筆者とズコウスキー氏撮影）

14 破壊されたアテネ像
（2016年4月、筆者とズコウスキー氏撮影）

15 アテネ像の破片
（2016年4月、筆者とズコウスキー氏撮影）

16 移送前のアテネ像と集められた破片
（2016年5月、筆者とズコウスキー氏撮影）

17 ダマスカス移送後のアテネ像（2016年10月、筆者撮影）

18 **第 1 展示室の最初の状態**（2016 年 4 月、筆者とズコウスキー氏撮影）

19 **作業後の第 1 展示室**（2016 年 5 月、筆者とズコウスキー氏撮影）

破片を収めた箱が
移送を待っている。

20 **収集され、箱に収められた彫像の破片**
（2016 年 5 月、筆者とズコウスキー氏撮影）

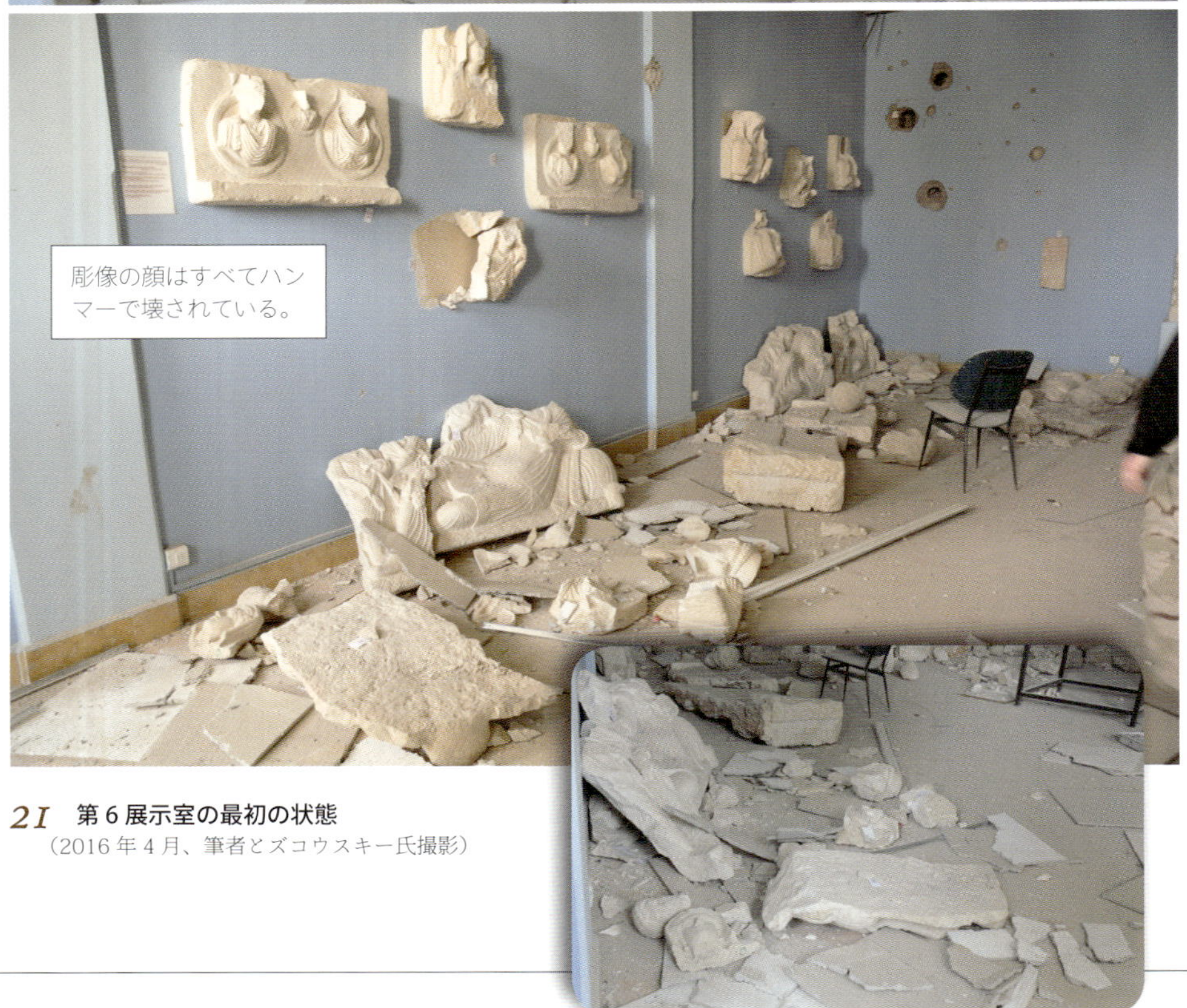

彫像の顔はすべてハンマーで壊されている。

21 **第6展示室の最初の状態**
（2016年4月、筆者とズコウスキー氏撮影）

集められた破片の中から同一個体を探す。

個体ごとに破片をまとめる。

22 **収集された彫像の破片**（2016年4・5月、筆者とズコウスキー氏撮影）

小さな破片は、手や顔など部位ごとに分けて、箱に収めた。

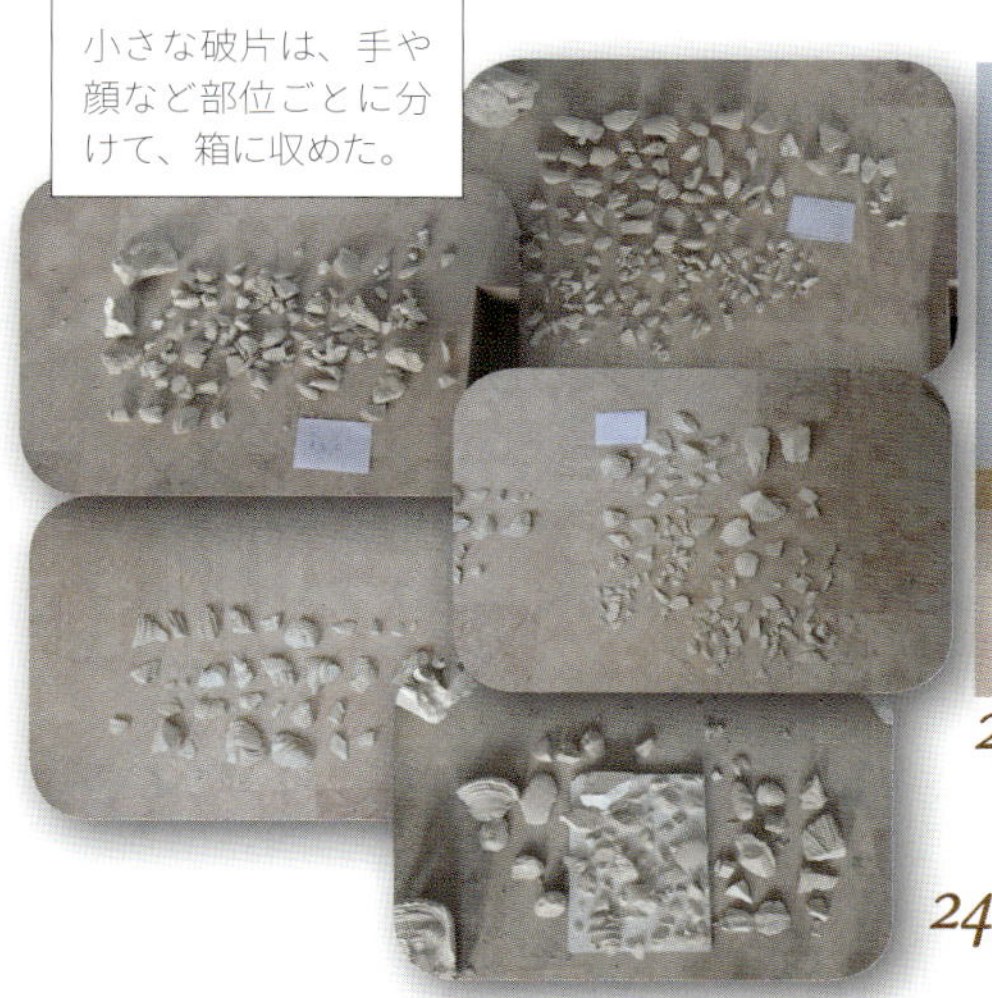

この石棺については、すべての破片を見つけることができた。

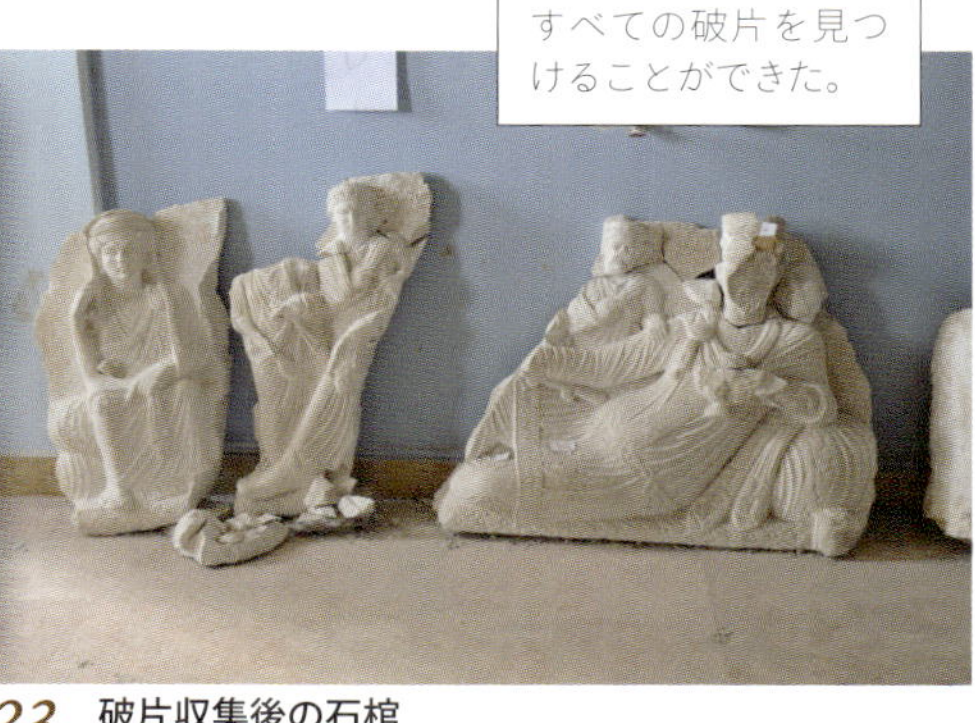

23 **破片収集後の石棺**（2016年5月、筆者とズコウスキー氏撮影）

24 **残された小破片**（2016年5月、筆者とズコウスキー氏撮影）

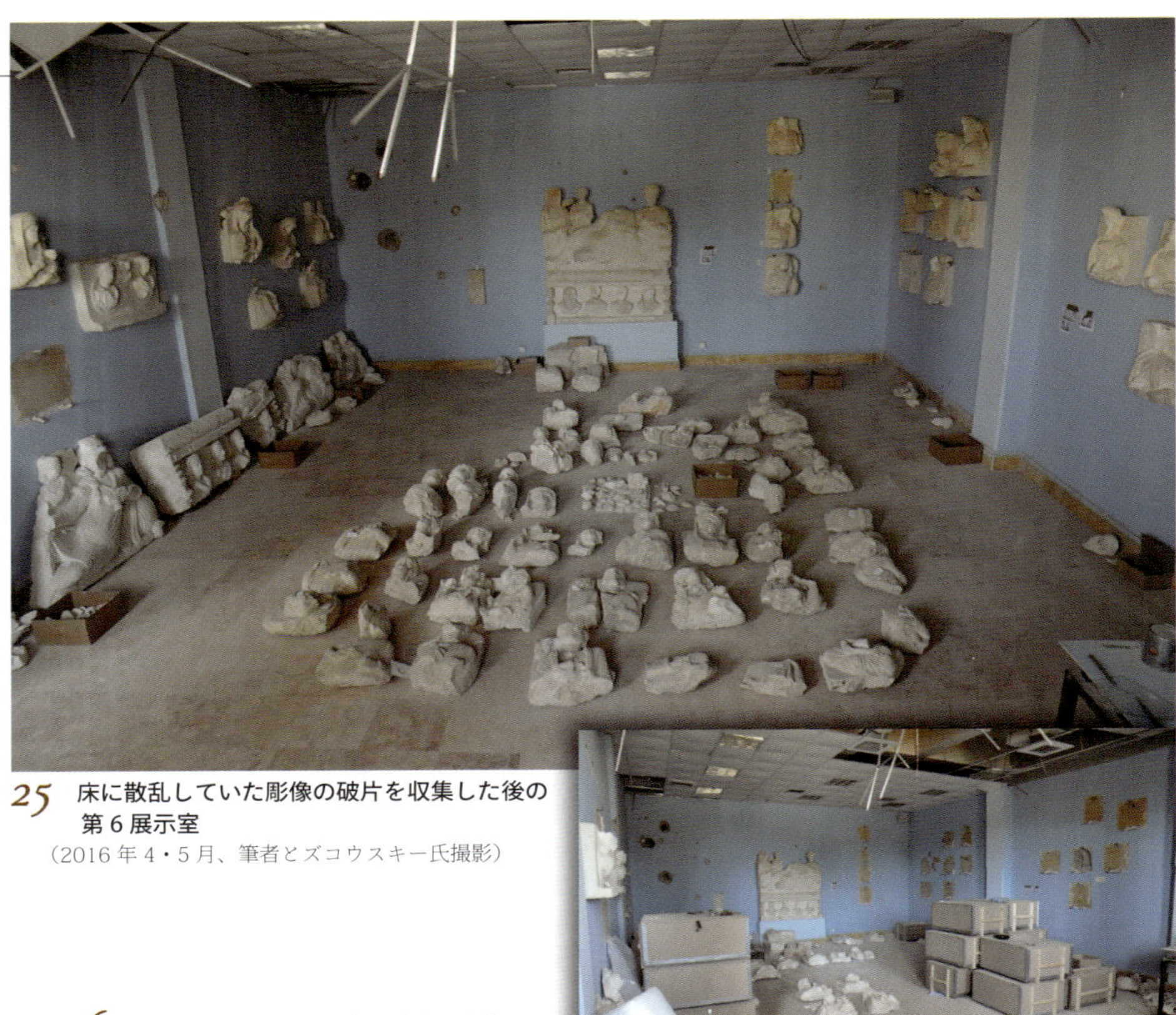

25 床に散乱していた彫像の破片を収集した後の第６展示室
（2016年４・５月、筆者とズコウスキー氏撮影）

26 床に散乱していた彫像の破片を収集し、箱に納めた後の第６展示室
（2016年４・５月、筆者とズコウスキー氏撮影）

28 奇跡的に無傷で残った彫像
（筆者とズコウスキー氏撮影）

27 壁にかかった展示品の取り外し作業
（2016年５月、筆者とズコウスキー氏撮影）

29 **顔の破片の接着**（2016 年 4 月、筆者とズコウスキー氏撮影）

30 **ザブダ像の接着**（2016 年 4 月、筆者とズコウスキー氏撮影）

重要な顔の破片など、ごく一部のみ、ポリエステル樹脂で接着した。

展示品が保管してあるダマスカスの保管所は、保存修復作業にも適している。

31 **ダマスカス移送後の展示品**（2016年10月、筆者撮影）

Al-lāt will bless
whoever will not shed
blood in the sanctuary
―聖域で血を流さぬ者に祝福あれ―

32 **ライオン像の左足に刻まれた碑文**（筆者撮影）

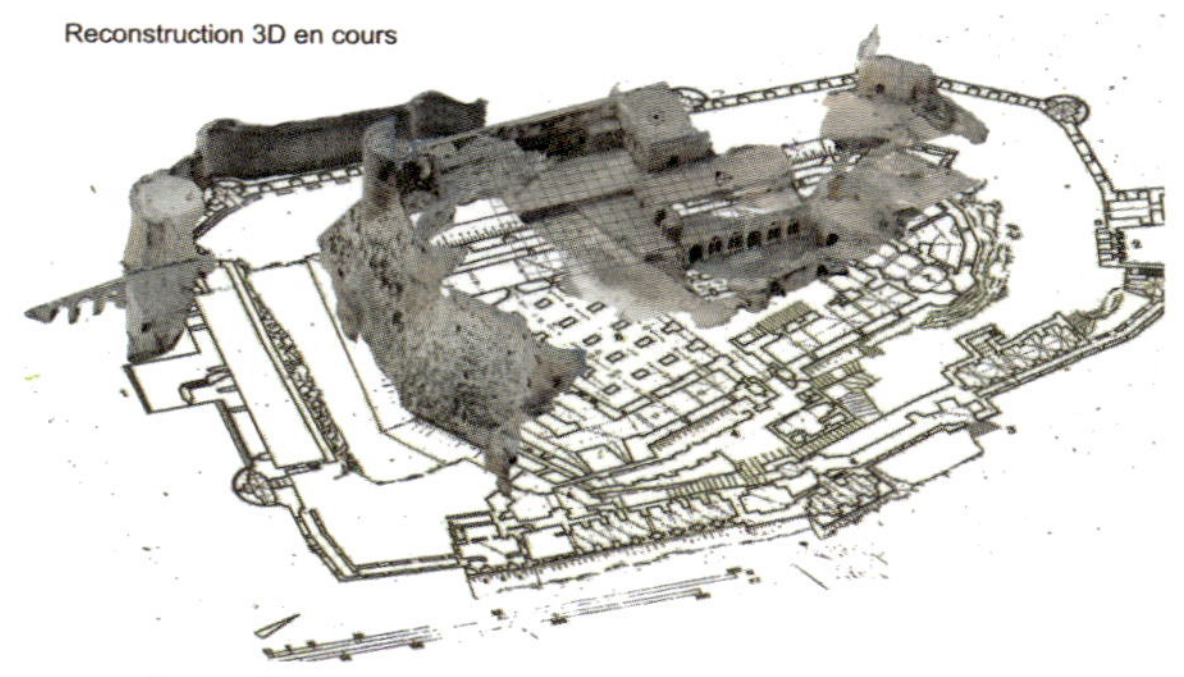

1 インターネット上の写真から作成した、
世界遺産クラック・デ・シュヴァリエの 3D モデル（写真以下、すべてホマーム・サード氏提供）

シリア古物博物館総局が撮影した写真、現地でドローン撮影した写真を加えて完成した。

2 完成したクラック・デ・シュヴァリエの 3D モデル

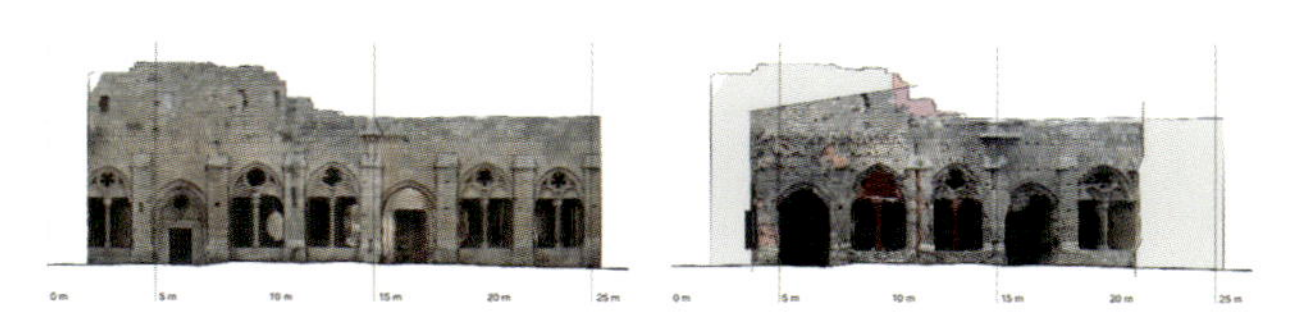

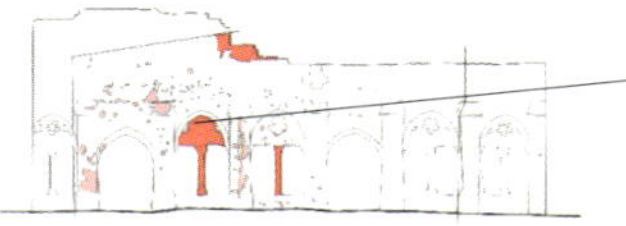

修復が必要な箇所を比較して示す（赤い部分）。

3 クラック・デ・シュヴァリエのダメージ・アセスメント

4 シテ建築遺産博物館所蔵模型の
3D モデル作成のための撮影

3

最新技術を用いてシリア紛争下の文化遺産を護る

シリア古物博物館総局・イコネムによるパルミラ・ドキュメンテーション事業

ホマーム・サード
HAMMAM SAAD

本文
pp. 63-70

6 パルミラ博物館の現状

5 ベル神殿の 3D モデル

7 パルミラ博物館の 3D モデル（上：斜め上方から　下：真上から）

重い破片などの接合も、
あらかじめコンピュータ
上で試すことができる。

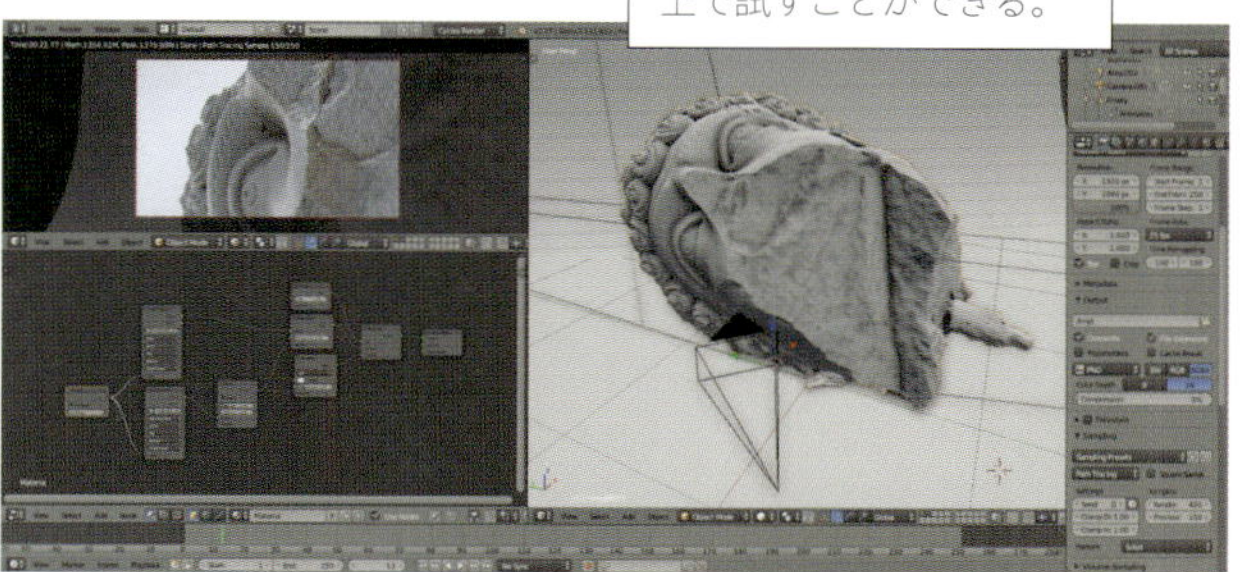

9 コンピュータ上の破片接合作業

8 アラート神殿出土
ライオン像の 3D モデル

損壊が大きく立ち入りは困難
だったが、ドローンにより撮
影し記録することができた。

10 被災したアラブ城の現状

11 ISによって爆破されたバール・シャミン神殿の現状

3D モデルをよく見ると、破損
していない石材も多かった。

12 ISによって破壊された記念門の現状

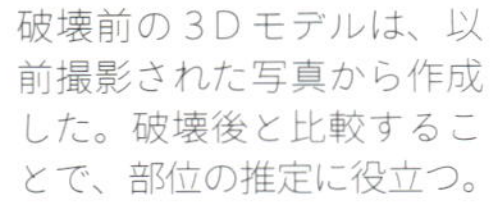

破壊前の3Dモデルは、以前撮影された写真から作成した。破壊後と比較することで、部位の推定に役立つ。

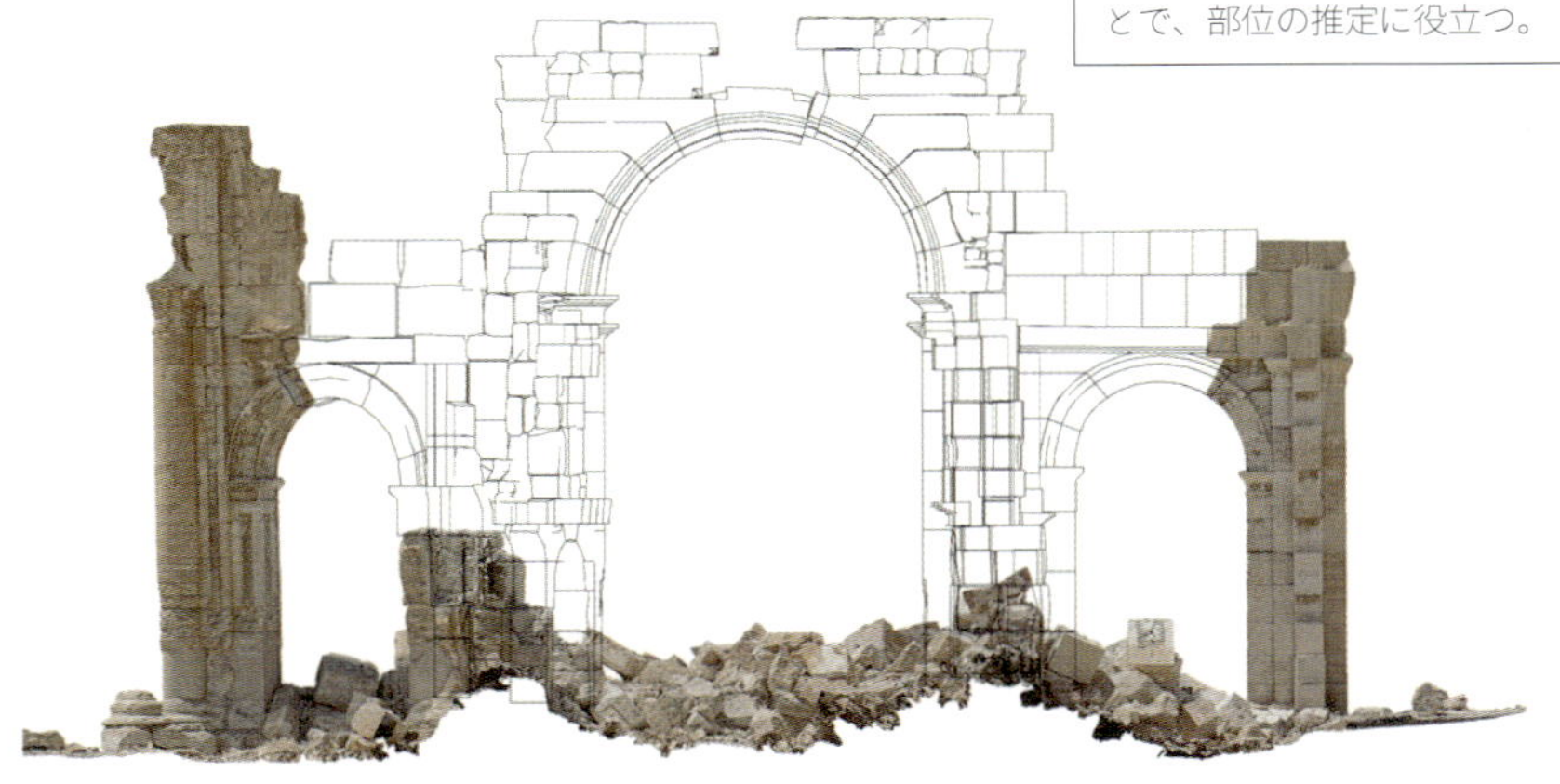

13 破壊前、破壊後の記念門の3Dモデルを重ね合わせたもの

14 ISによって爆破されたベル神殿の現状

石材の状況を分析し、残りのよい石は赤、比較的残りのよい石はピンク、残りが悪い石は白で示している。

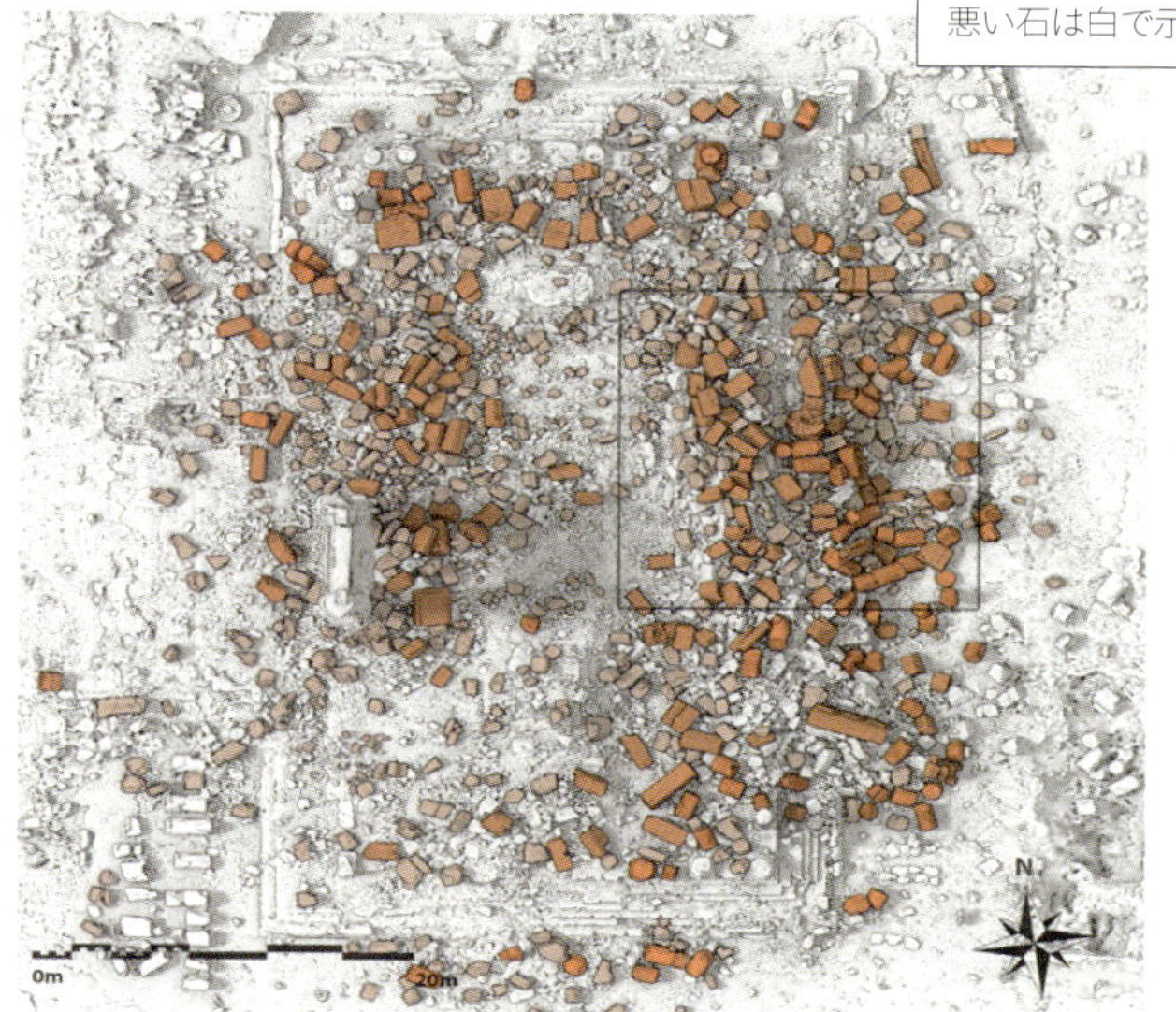

15 爆破後のベル神殿

16 爆破前、爆破後のベル神殿の 3D モデルを重ね合わせたもの

17 ISによって破壊された塔墓の現状

遺構のすぐそばに多くの砲弾が残っていた。

18 東南墓地に散乱する砲弾

ISの兵士がキッチンや就寝スペースに使用するために、内部は大きく変更されていた。

20 白い物質で塗りつぶされた壁画

19 ISに軍事拠点として利用された３兄弟の地下墓

1 パルミラ・レスキュー事業

ロバート・ズコウスキ
Robert Zukowski
ポーランド科学アカデミー考古学民族学研究所

カラー pp. 16-20

はじめに

私たちポーランド隊は、パルミラ遺跡において、約六〇年にわたり発掘をしてきました。一九五九年に、ポーランド隊は、シリアと共同でディオクレティアヌスの陣営での発掘調査を開始しました。そしてこの近隣で、ポーランド隊は、先イスラーム期のアラート神殿を発見しました。ポーランド隊による発掘調査は、シリア紛争が始まるまで続きました。パルミラ遺跡でポーランド隊が最後に調査を行ったのは、二〇一〇年のことです。

それ以来、私たちは、シリアの動向を注意深く見守ってきました。そして、二〇一六年三月の終わりに、私たちは、いますぐにパルミラ遺跡に駆けつけるべきだと決断しました。パルミラ遺跡がIS（自称「イスラム国」）から解放されてから数日後、私たちは破壊されたタドモルの街やパルミラ博物館を撮影した写真を見る機会がありました。そして、パルミラ博物館の展示室に、ISによって破壊された彫像の破片が散乱したままになっていることを知りました。破壊されてはいますが、破片のほぼ全てがその場に残されていると思われたので、破片を回収さえすれば、将来的に復元できると感じました。今すぐ行動することが重要だと考えました。

今回のレスキュー事業は、私たちポーランド隊の自発的な行動でした。しかし、シリア古物博物館総局の支援なしには、実現できなかったと思います。私たちがパルミラ入りすることを手助けくださったシリア古物博物館総局に感謝を申し上げます。

二〇一六年四月時点でのパルミラの状況

二〇一六年の四月初頭にパルミラ博物館前の広場に入りました（カラー頁の写真1、以下【1】）。博物館の前には、多くのベビーカーが放置されたままになっています。シリア紛争下で、パルミラの住民は、博物館前から、バスに乗ってパルミラから脱出していきました。人々は、このベビーカーに家財を載せ、ここまで運び、ここから避難していったのです。非常に悲しい光景です。博物館の塀やゲートも破損しているのがわかると思います。

中東の博物館の現状

ここで、過去、十数年の間に中東の博物館で起きた事件を振り返りたいと思います。最初の事例は、二〇〇三年四月に起きたイラクのバグダッドにある国立博物館の事例です。バグダッドがアメリカ軍によって占領された直後、国立博物館の収蔵品が略奪をうけたのです。バグダッドを占領したアメリカ軍は、博物館を護ることはしませんでした。三日間にわたり、一般市民が、博物館の収蔵品を略奪し続けました。略奪された古代の遺物は、のちにブラック・マーケットに流れていきました。

次の事例は、二〇一五年二月に起きたイラクのモースル国立博物館の事例です。ＩＳの兵士が博物館に侵入し、展示品を破壊してまわったのです。バグダッドの事件とは質が異なります。バグダッドでは展示品が略奪されたのに対し、モースルでは展示品が破壊されたのです。男性兵士だけではなく、女性も加わっていたことが確認されています。このような事件が起こった心理的背景を考える必要があると思います。

次の事件は、エジプト中部ミンヤ県のマラウィ博物館で起こりました。エジプトは紛争国ではないので、この事件はあまり知られていません。クーデターによりムハンマド・ムルシー大統領が失脚した混乱時の二〇一三年八月一六日の金曜日に、この博物館は略奪を受けました。略奪者の一人は、博物館のスタッフの一人を射殺し、収蔵品一〇八九点のうち一〇四〇点の文化財が略奪されました。また腹いせとして、重くて運べない展示物はその場で破壊されるか、燃やされてしまいました。

最後に、日本人の専門家にもよく知られ、世界中の仏教徒にとって重要であった遺跡の破壊に関して紹介します。アフガニスタン中央部、バーミヤーン渓谷の大崖に、六世紀から、七世紀ごろに穿たれた二体の大仏は、ムハンマド・オマルの命令によって、二〇〇一年三月にターリバーンによって、異教の偶像として、爆破されてしまいました。今は、大仏を失った巨大な大仏龕が残されているだけです。ターリバーンの行動は、大仏を破壊した以上の意味があります。彼らの行動は、文化浄化にあたり、人類に対する挑戦なのです。

パルミラの破壊

次にパルミラの破壊に関してご説明します。まずは、今世紀初頭に撮影した主神殿の一つバール・シャミン神殿の写真をお見せします【2】。神殿のなかにはこのように木が生え、神殿と自然が見事に調和していました。このバール・シャミン神殿は、パルミラ遺跡のなかで最も残りが良い建造物でした。一九八〇年に、ユネスコはこの神殿を世界遺産に登録しています。

しかし、この神殿はＩＳによって二〇一五年八月二三日に破壊されました【3】。大量の爆薬が仕掛けられ、神殿は爆破されてしまいました。バール・シャミン神殿は完全に破壊され、悲惨な現状を見せています【4】。

ＩＳは、文化を破壊しただけではなく、バール・シャミン神殿のなかに生えていた一本の木の生命をも奪ったのです。そして驚くことに、ＩＳはバール・シャミン神殿を破壊したことを自慢しているのです。彼らは、爆薬の設置、神殿の爆破、神殿の残骸を撮影した写真を誇らしげに、ソーシャル・メディアにアップしたのです【3】。

また、バール・シャミンは、古代にアラブ人たちが信仰した神であります。バーミヤーンで大仏が破壊されたのとは事情が異なります。神殿を破壊した人々は、自分たちの祖先の歴史をも同時に消し去ったのです。彼らは、自分たちの文化、遺産を十分に理解していないのです。

ベル神殿もまた、バール・シャミン神殿と同様の手口で破壊されました【5】。気が狂っているとしかいいようがありません。遺跡を破壊したことをなぜ誇れるのでしょうか。ＩＳによる遺跡の破壊は、プロパガンダにすぎません。ＩＳは、遺跡の破壊を通じて、自分たちは屈強である、そして不屈であるということを世界中に示そうとしているのです。

ベル神殿は、パルミラ遺跡のなかで最大の神殿であり、一番重要な場所に立地していました。また、この神殿は、一番の観光名所でした。そのため、ベル神殿は、ＩＳによって標的にされたのです。しかし、この神殿は、一五〇年前までは、モスクとして利用されていたのです。メソポタミアの神ベルを祀った神殿は、ビザンツ時代にはキリスト教会へと転用され、一二世紀には、アラブ人によってモスクとして利用され始めます。この神殿は、歴史の重層性を体現していました。しかし、このような歴史的な遺産が破壊されてしまったのです。

また、記念門までもが破壊されてしまいました。しかし、この記念門は、神殿や信仰の場所ではなく、ただの門にすぎません。人の彫像なども彫りこまれていませんでした。この記念門を破壊する宗教的な理由は、どこにも存在しないのです。しかし、記念門は破壊されました【6】。これは、文化に対する攻撃以外の何物でもありません。驚くべき蛮行です。

パルミラ博物館の惨状

タドモルは、パルミラ遺跡の近郊にある現代の街です。一九五〇年代には、この街には、たった数千人の住人しかいませんでした。しかし、二〇一〇年までには、人口は六万人から七万人にまで膨れ上がります。人口が五〇年の間に、一〇倍にまで増加したことになります。パルミラ遺跡の観光業の発展が、そのおもだった原因でした。遺跡や博物館、発掘によって街は発展したのです。また、タドモルは、地中海沿岸とユーフラテス河流域を結ぶ幹線道路沿いに立地しています。戦略的にも重要だったため、戦火がタドモルの街にもおよんだのです。そして、私たちが訪れた二〇一六年四月、街は完全に廃墟になっていました（図1）。街は静まり帰り、ときど

図1　タドモルの街の現状（2016年4月にロバート・ズコウスキー氏とバルトシュ・マルコヴスキー氏が撮影、以下同）

き銃声が聞こえるのみでした。道路はバリケードで封鎖され、ロシア人兵士が、一軒一軒住宅に地雷が埋設されていないか調べていました。調査済みの家の壁には、「地雷なし」とロシア語で示されていました。

パルミラ博物館の周辺では、大規模な戦闘が行われました。博物館へと続く道路は、戦略的に最も重要な道路であったため、博物館は徹底的に破壊されたのです。

広場からパルミラ博物館を見ると、博物館前に道路があります【7】。実はそのアスファルトの下には地雷が埋設されていました。この地雷は、どこに埋まっているか、まったくわかりませんでした。しかし、私たちがラッキーだったのは、この地雷が対戦車用の地雷だったことです。パルミラに到着した日、私たちは、道路に地雷が埋まっているなど予想だにしませんでした。しかし、地雷が対戦車用の地雷だったため、私たちの体重では反応しなかったのです。おかげさまで、私たちは生きながらえています。私たちがパルミラに滞在した一ヵ月の間に、兵士たちによって、この道路から数百を超える地雷が掘り起こされました。博物館から一〇〇メートルの範囲に、六〇もの地雷が埋まっていました。しかし、地雷によってパルミラ遺跡やパルミラ博物館に人が近寄れなかったことは、結果的には良かったと思います。

博物館の裏側は、砲撃によりひどく損傷し、窓はすべて割れて壁の一部は崩れ落ちています。また、クレーン車が大破した状態で博物館の庭に放置されていました【8】。このクレーン車は、西藤先生の発表にもあるとおり、日本の発掘隊が墓の発掘を行うときに、石を持ち上げるのに使っていたものです。もちろん、ほかの調査団による発掘でも活躍しました。

では、なぜ博物館がここまでの被害を受けたのでしょうか。それは、ＩＳが博物館を改造し、軍事拠点として利用したからです。ＩＳは、この軍事拠点を防衛するため政府軍と激しい戦闘を行ったのです。

私は、シリア古物博物館総局のスタッフがとった行動は非常に勇敢だったと思っています。シリア古物博物館総局のスタッフは、二〇一六年三月にパルミラがＩＳから解放された直後に、パルミラに入り、パルミラ博物館の安定化措置を行っています。彼らは、危険をかえりみずに、このような行動をとったのです。そして、博物館を封鎖し、誰も博物館に立ち入ることができないようにしたのです。

パルミラ博物館は空爆され、天井に大きな穴が開いています【9】。建物全体が危険な状態でした。博物館が今後修復可能なのか、私にはわかりません。

パルミラ博物館の内部も、非常に危機的でした【10】。天井がすぐにでも崩れ落ちる可能性があったので、私たちは、シリア古物博物館総局と相談し、博物館内の収蔵品を保護するためには、一つしか方法はないという結論に達しました。それは、博物館内の収蔵品を安全な場所へと緊急移送することでした。

一階の西ギャラリーでは、外側から撃ち込まれた砲弾が隣の部屋まで貫通していました【11】。西ギャラリーの壁面に展示されていた、遺跡から出土したモザイク画は、その半分が失われてしまったのです。しかし、セメントを用いてモザイク画を壁面に貼りつけていたため、この壁が崩壊せず、結果として隣の部屋の展示物の一部が守られることになりました。二階と同様、この西ギャラリーの窓ガラスは戦闘によってすべて割れていました。

一方で、展示用ショーケースのガラスは、ショーケースの中に何も残されていなかったため、ＩＳの兵士が憂さ晴らしに壊していました【12】。紛争勃発以前に、ショーケースの中身は、古物博物館総局によって、ダマスカスに移送されていたのです。ＩＳの兵士は、期待したような金目のものを見つけることができなかったため、ショーケースを破壊したのでしょう。

二階も一階と同様に、窓ガラスが割れ、天井のタイルが崩落している状況でした【13】。ショーケースの上に被さった天井タイルやガラス片を取り除くと、パルミラ遺跡の墓から出土した染織品のコレクションを発見することができました。これは驚くべき発見でした。一点も欠くことなく、染織品のコレクションすべてが、完璧な状態で守られていたのです【14】。この発見により、私たちは勇気付けられました。私はそのとき、「希望はどこにでもある。すべてが破壊され略奪され、失われたわけではない。前向きに考えれば、かならず解決策が見つかる、物事は良い方向に動く」と感じました。では、なぜＩＳは染織品を略奪しなかったのでしょうか。おそらく、ＩＳの兵士には、染織品の価値がわからなかったものと思われます。これは、ローマのウール、中国の絹の破片で、非常に価値の高いものですが、彼らにとっては、ゴミ同然だったのでしょう。

一階のアラート神殿展示スペースやほかの展示室の状況に関しては、このあとバルトシュ・マルコヴスキー氏が詳しく発表を行います。私の発表では、全般的な状況に関してのみ、説明したいと思います。パルミラ博物館は、重要な古代の彫像の膨大なコレクションを有していました。これらの彫像は、パルミラ遺跡の神殿や墓地から発掘されたものです。パルミラ博物館では、彫像は台座の上、あるいは壁面に固定された形で展示されていました。これらの彫像は非常に重量があるため、運び出すのは困難でした。運送するには、トラックが必要となります。私は、ＩＳは、運び出すことが困難だったため、これらの彫像を破壊したのだと考えています。彫像は一点残らず破壊されました。ＩＳの兵士は、彫像を床へとなぎ倒し、彫像の顔をハンマーなどの固い道具で叩きつぶしたのです【15・16】。

紛争が始まる以前、博物館の地下室は収蔵庫として利用されていました。しかし、二〇一六年四月に私たちが足を踏み入れたとき、この地下室はすっかりと変貌していました。ＩＳの兵士は、土嚢や彫像の破片などを積み上げげ、地下室の入り口や窓を封鎖していました（図2）。これは、ＩＳが、パルミラ博物館を軍事拠点として利用した結果です。また、彼らは、地下室を事務室やキッチン、ベッドルームとして利用するために、収蔵庫の棚に納められていた石製品や石膏製品、土器、そのほかの遺物をいっさいがっさいどかし、部屋の片隅に山積みにしたのです（図3）。

二〇一六年四月、シリア古物博物館総局の専門家は、この瓦礫の山から貴重な収蔵品をレスキューし、ダマスカスの安全な場所へと移送する作業を行いました【17】。

さきほど述べましたように、希望はどこにでもあります。彼らは、まったく破損していないランプや、ハンマーで顔を潰されていない石彫を見つけ出すことに成功したのです。矛盾しているようですが。瓦礫の山の中に埋も

図２　地下室の窓の前に積み上げられた土嚢や彫像の破片

図３　地下室の瓦礫の山
(図２・３ともに、2016年４月にロバート・ズコウスキー氏とバルトシュ・マルコヴスキー氏が撮影)

れていたからこそ、保護されたと言えます。

なぜパルミラ遺跡は重要か？

パルミラ遺跡で最も重要で美しいものはなんでしょうか？　私は、その一つが、古代パルミラ人が造った墓だと思います。

パルミラの街の西側丘陵斜面いわゆる墓の谷に、パルミラ人は塔墓を建設しました。塔墓は高いものでは、四階建てのものもあります。パルミラには、ほかにも北墓地、西南墓地、東南墓地がありますが、ここには地下墓が造営されました。しかし、こういった墓の多くが、紛争で被害を受けました。そして、ＩＳは塔墓を爆破したのです【*18*】。

なぜ、ＩＳは塔墓を爆破したのでしょうか。まず、墓の中にある彫像をまとめて破壊するには、塔墓を爆破するのが一番楽であると考えたからかもしれません。ほかにも、ＩＳが墓の中の彫像を略奪し、ブラック・マーケットに流した可能性もあります。略奪した証拠を消すために、塔墓そのものを破壊した可能性があります。しかし、実際に何が起きたのか、本当のことは、私たちにはわかりません。

美しい彫像もまた、パルミラ遺跡を代表するものです【*19*】。古代パルミラでは、二〇〇年にわたり、このような彫像が何千も製作されました。また、この彫像は、古代パルミラの市民の彫像であるということも重要です。王や支配者の彫像ではなく、一般市民の彫像なのです。貴族や高位の聖職者、比較的裕福だった市民の彫像です。

何千も製作されたこれらの彫像は、一点、一点、すべてが異なります。そして、彫像に刻まれた碑文から、名前までもがわかるのです。彼らが一体何者で、どのように生きたかわかりますし、ときには家族構成や職業に関してわかることもあります。彫像から、古代パルミラの人々の人生がわかるのです。世界には、このような場所は、ほかにはありません。パルミラは唯一無二の存在なのです。

誰が彫像を破壊したのか？

【*20*】の上の写真は、男たちが、古代の彫像をハンマーで破壊しているのを撮影したものです。下の写真には、若いイスラームの宗教指導者が写っています。彼は、宗教裁判の判決を読み、彫像を破壊するよう命じています。この彫像のモデルになった人物は、二〇〇〇年前にすでに亡くなっていますが、彫像が破壊されたことによって二度目の死を迎えたのです。

この若い宗教指導者は、どこから来たのでしょうか？ 問題の本質を考えるうえで、この問いは重要です。彼は、パルミラそしてシリアの人間ではないと思います。おそらく、中央アジアなど非常に遠くから来たのだと思われます。彼は、シリアの伝統や文化に関して、なにも理解していないのです。また教養のある人物とも思われません。彫像が破壊された背景には、他文化、他者に対する理解や寛容さの欠如があります。このようなものが欠如しているため、二〇〇〇年前の貴重な彫像をいとも簡単に破壊できるのです。

彼らは、彫像を破壊したことを自慢しています。彫像を破壊する写真や映像を誇らしげにインターネットにアップしているのです。私は、このような人間を理解することができません、非人道的な行為です。

未来に向けて

今後、破壊された遺跡を修復していくべきでしょうか？ 私は、今は、まだ修復を行う段階ではないと考えています。まずはシリア古物博物館総局のスタッフを支援し、何が破壊され、何が略奪され、何が残っているのか、情報を集めるべきだと思っています。パルミラ遺跡だけではなく、シリア全体の文化遺産の情報を集めるべきです。

シリア古物博物館総局は、本当に支援を必要としています。どのように修復をしていくか、議論する会議や学会は、今の段階では、必要ないのです。予算面でも、シリア古物博物館総局を支援する必要があると思っています。

二〇一七年五月の状況

日本での講演から約二週間経った二〇一六年一二月に、ＩＳはパルミラを再び占拠しました。パルミラは、再び空爆や戦闘に巻き込まれたのです。そして、残念なことに、ＩＳの兵士は、再びパルミラ遺跡に足を踏み入れます。そして、かつてＩＳが公開処刑場として利用したローマ劇場を爆破したのです【*21*】。同様に列柱道路の中央にある四面門も爆破されました。しかし、ＩＳは決して、軍事的な理由や宗教的な理由で、このような蛮行を行ったわけではありません。

そして、二〇一七年三月二日に、ＩＳは再びパルミラから撤退します。私は、二〇一六年四月に、仲間たちとパルミラまで出向き、パルミラ博物館のレスキュー事業を行ったことは、非常に意味のあったことだと考えています【*22*】。もし、レスキュー事業を行わず、収蔵品をダマスカスまで緊急移送していなかったら、被害はより深刻になっていたと思われます。

このレスキュー事業は、シリア古物博物館総局の協力なしでは成功しなかったと思います。文化遺産は政治から切り離す必要があります。貴重な文化遺産を保護し、次の世代に受け渡していくために、できることはすべて行うべきだと考えています。

2 パルミラ博物館所蔵の石彫を対象とした緊急保存修復

Bartosz Markowski
バルトシュ・マルコウスキー
ワルシャワ大学ポーランド地中海考古学センター共同研究員・石造物修復専門家

カラー pp. 21-32

はじめに

私からは、二〇一六年の春にパルミラ博物館で行いました緊急保存修復事業についてお話しします。私は石造物の修復家で、シリアではワルシャワ大学のポーランド地中海考古学センターと共同で仕事をしています。

IS（自称「イスラム国」）からパルミラが解放された直後、二〇一六年の四月と五月に、私たちワルシャワ大学ポーランド地中海考古学センターの専門家チームは、シリア古物博物館総局から招かれ、シリア人専門家と共同で、パルミラ博物館において文化財の緊急保存修復事業を行いました。この事業の目的は、紛争下で被災した博物館の収蔵品を保護し、将来の本格的な保存修復作業のために安全な場所へ移送することでした。

アラート神殿出土のライオン像

被災した約二〇〇点の収蔵品のなかで、とくに有名なのがアラート神殿出土のライオン像です。一九七七年に、ミハウ・ガヴリコウスキー教授率いるポーランド隊が、パルミラで驚くべき石造物の破片を発見します。この破片は、すぐに巨大なライオン像の一部であることがわかりました（カラー頁の写真*1*、以下【*1*】）。

この発見の直後、ライオン像は、当時パルミラで働いていたポーランドの保存修復家ヨーゼフ・ガズィー氏によって修復され、パルミラ博物館の入口に展示されます【*2*・*3*】。それから三〇年にわたり、ライオン像はパ

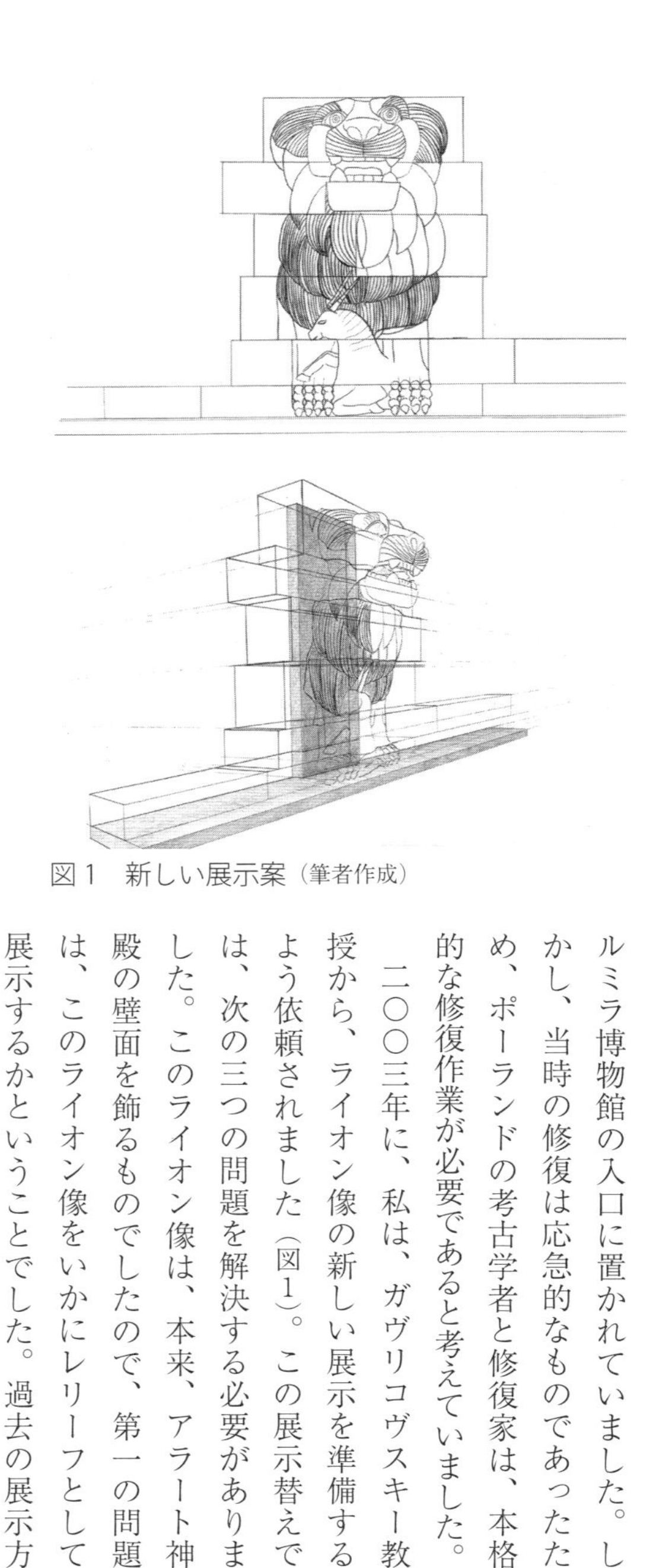

図1　新しい展示案（筆者作成）

ルミラ博物館の入口に置かれていました。しかし、当時の修復は応急的なものであったため、ポーランドの考古学者と修復家は、本格的な修復作業が必要であると考えていました。

二〇〇三年に、私は、ガヴリコヴスキー教授から、ライオン像の新しい展示を準備するよう依頼されました（図1）。この展示替えでは、次の三つの問題を解決する必要がありました。このライオン像は、本来、アラート神殿の壁面を飾るものでしたので、第一の問題は、このライオン像をいかにレリーフとして展示するかということでした。過去の展示方法では、このライオン像は立体的な彫像であったと、見る人に誤解を与えていたからです。したがって、レリーフであったことがわかるよう展示を工夫する必要がありました。

第二の問題は、ライオン像の破片を支持する構造物をどのように作るかということでした。というのも、前方に突き出したライオン像の頭部は非常に重く、過去の展示方法では、重さに負け、ライオン像が前方に傾斜しはじめていたからです。

第三の問題は、これまでと同じ場所で、どのように新しい展示をするかということでした。私たちはライオン像を動かし、既存の壁を使ってライオン像を後方から支えることを許されませんでした。つまり、同じ場所で新しい展示をしなければならなかったのです。

作業は二〇〇五年に始まりました。まずは人力とクレーンで、ライオン像の破片を一つずつ解体しました（図2-1）。パルミラ博物館の多くの職員が、このプロジェクトに参加しました。

そして、新しい土台と新しい支持体を作り、そのうえで、ライオン像の破片を組みあげました（図2-2）。そして新たに、もともとあった神殿の壁面を視覚的に表現するために、周囲に一〇個ほどのブロックを追加しました（図3）。また、私は、ライオン像の欠損部分を復元することを決めました。ただし、細部まで復元するのではなく、たてがみの全体的な形状のみを復元することにとどめました。

1. ライオン像の解体

2. 新しい土台の作成

図２　アラート神殿出土のライオン像の展示替え作業１（2005年、筆者撮影）

すべての破片を組み上げたのち、固定するため、ライオン像の後方にコンクリートを流し込みました。修復作業は二〇〇五年に終わりました【4】。

修復後、このような状態は、約一〇年間にわたり保持されました。しかし、二〇一五年に紛争の影響がパルミラにおよぶと、パルミラ博物館は、このライオン像を鉄板で覆って保護することを決断しました【5】。ミサイ

図3　アラート神殿出土のライオン像の展示替え作業2
（2005年、筆者撮影）

ルなどから防御するために、ライオン像の前面に鉄板を設置したのです。

しかし、二〇一五年の五月に、ライオン像はＩＳによって破壊されます。ライオン像は、大型のブルドーザーで押し倒され、さらにハンマーで打ち砕かれました【6】。パルミラが解放された直後の二〇一六年四月初頭に、私たちは現地に入りました。その数日前に、パルミラ遺跡や博物館の現状の写真を見せてもらいました。修復家ができるだけ早く現地入りし、ライオン像を含む破壊されたすべての彫像の破片を収集しなければならないことは明らかでした。

不幸中の幸いというべきか、ライオン像を破壊した人たちは破片をほかの場所に投げ捨てずに、その場所に放置していました。そのため破片はライオン像の周りに散乱しており、ほぼすべてを回収することができました【7】。したがって、将来的にライオン像をもとに戻すことは可能だと思われます。

ライオン像は後方に展示されていた石棺のうえに倒されたため、ライオン像を持ち上げ、横に移動する作業を行いました。支持体からライオン像をはずすために鉄筋を切断し、クレーンを使ってライオン像を横へと移動しました（図4）。作業後、ライオン像は移送される準備が整うのを待ちました（図5）。

二〇一六年一〇月に、ライオン像はダマスカスの安全な場所へと移送され、本格的な保存修復作業が始まるのを待っている状況です。

ライオン像の顔は完全に破壊され【8】、ほかの部位も被害を受けています。しかし、ほとんどの破片が手元にあるので、もとに戻すことは可能です。私は、紛争下でなにが起きたのか後世に伝える歴史の証拠として、たとえ、不完全でも、破損しているとしても、あるいは弾痕がついているとしても、すべての破片をそのまま用いて復元するつもりです。

ライオン像の下部には支持体が残っていました【9】。本格的な保存修復作業を実施する際には、ライオン像にいまだ取り付いたままの支持体の一部を取り外す必要があります。しかし、この支持体があったために、ライオン像の下部は粉々になることがなく、二つに割れただけですんだのです。

図４　ライオン像の移動（2016 年 5 月、筆者とズコウスキー氏撮影）

図５　移送を待つライオン像
（2016 年 5 月、筆者とズコウスキー氏撮影）

アラート神殿出土の古代の彫像

アラート神殿出土のライオン像は、博物館の入口に展示されていました。しかし、博物館内部は、さらに悲惨な状況でした。私は、かつてアラート神殿から出土したほかの彫像の保存修復も行いました（図６）。

博物館には二〇片ほどの破片が保管されていましたが、私は、数年をかけてこれらを七体のほぼ完全な彫像へと復元しました。復元された彫像は、アラート神殿の展示スペースに展示されていました（【10】、図７）。

しかし、二〇一六年四月、残念なことに、ＩＳによって彫像の大半がなぎ倒されていました【11】。建物の内部も損壊しています。

私たちは、これらの破片を拾い集め、安全な場所へ移送されるのを待っている状況です【12】。

【12】右下の彫像の頭部は、偶然にもほかの展示室から見つかりまし

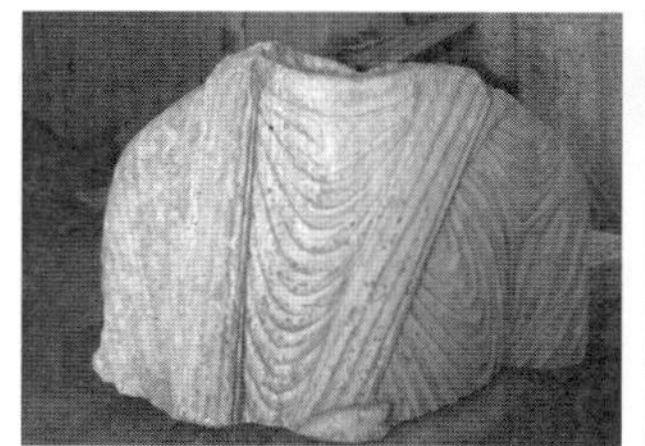

図６　アラート神殿出土の彫像破片（2004 年、筆者撮影）

図７　復元したアラート神殿出土の彫像（2014 年、筆者撮影）

た。首の底部に小さな穴があったことから、判別することができました。似たような頭部はたくさんありますが、この頭部は展示のために選ばれた特別なものでした。しかし、この頭部は、本来展示されていた場所とは、まったく異なる場所から発見されました。自然災害たとえば地震の場合には、崩落した破片は予測可能な場所に落ちています。しかし、パルミラ博物館では、破片が乱雑に入りまじり、別の展示室に移されているものもありました。【13】は、私たちの緊急保存修復事業後のアラート神殿の展示スペースの様子です。

アラート神殿出土のアテネ像

ＩＳによって破壊された彫像のなかに、アラート神殿出土のアテネ像も含まれています【11・14】。この彫像は非常にもろい大理石で造られていたため、ハンマーのような固いもので叩かれ、頭部と腕部が粉々になってしまいました。

私たちは破壊されたアテネ像の破片を二〇点ほど回収しました【15】。壊された頭部と腕部などの破片です。しかし、残念なことに破片の表面は失われてしまっていました。大理石が砕かれ、表面が砂糖のように粉々になってしまったため、頭部の破片はあるのですが、表面の顔の部位は失われてしまっています。元に戻すことは不可能です。

すべての破片を箱の中に納めました【16】。二〇一六年一〇月に移送したアテネ像は、ダマスカスで保管されています【17】。

パルミラ人の彫像

しかし、本当の難題は、博物館に収蔵されていたより小さな展示品でした。博物館の一階には、およそ二〇〇点の展示品があり、そのほとんどがパルミラ人の彫像でした。そのすべてが、ISによって破壊されたのです。いくつかではなく、すべてです。すべての彫像の顔部や腕部が、ハンマーで破壊されました。また、すべての破片が入りまじり、本来の場所からほかの場所へと移動された破片もありました。

【18】・図8は、第一展示室の最初の状態を写した写真です。展示品のいくつかは緊急避難の準備が進められていたのですが、時間がなく放置され、最終的にISによって破壊されてしまいました。

図8　第1展示室の最初の状態
(2016年4月、筆者とズコウスキー氏撮影)

図9　作業後の第1展示室
(2016年5月、筆者とズコウスキー氏撮影)

この回収作業は困難を極めました。どこから取り掛かっていいかわかりませんでした。本当に気持ちが落ち込みましたが、どうにか同一個体の破片を集め、一緒にすることができました（【19】、図9）。同一個体の破片を集め、箱に収納しました【20】。しかし、破片同士の接着は行いませんでした。そして、箱に収納し終わり、移送に備えました。

第六展示室の最初の状況も悲惨でした【21】。ここには、約七〇点の展示品があり、床に落ちた展示品もあれば、まだ壁にかかっているものもありました。おわかりの通り、彫像の顔は、すべてハンマーで壊されていました。そして彫像の破片は、展示ケースの破片やガラス片、また天井の破片と入りまじっていました。そのため、これらの破片のなかから、彫像の破片を見つけなければなりませんでした。同一個体の破片を集め、一緒にする作業を行いました【22】。まず、床に散乱する同一個体の破片を集め箱に納めたのち、壁にかかっていたものを取り外し、同じように同一個体の破片を集め、箱に納める作業を行いました。石棺も破壊されていましたが、ほぼすべての破片を見つけることができたものもありました【23】。

しかし、この作業のあと、どの破片と接合するか、この短時間ではわからなかった小さな破片がたくさん残りました【24】。そのため、手や顔などの部位ごとに区分し、それぞれ箱に納めました。これらの破片を接合するには長い時間かかると思いますが、不可能ではありません。このような作業を行う適切な場所があれば、数ヵ月あれば十分だと思います。

このような作業をして驚いたことは、このパズルのような破片一つ一つを、私たちが暗記してしまったことです。数日後にはすべての破片を暗記し、これらの破片は夢にまで出てきました。ある朝、博物館に行き、はっと第一展示室で見つかった破片が、ほかの部屋の破片と接合することに気が付いたときは、本当に驚きました。これは、私にとって特別な経験となりました。

こうして、第六展示室の床に散乱していた同一個体の破片を集め終わりました【25】。それから破片を箱に納め、壁にかかっている展示品を床に下ろすためのスペースをつくりました【26】。

壁にかかっている展示品のなかには非常に重たいものがありましたので、一時的な足場も使用しました【27】。また、奇跡的に顔が破壊されていない影像がありました【28】。この影像はなぎ倒されたのですが、破損せず、そのまま床に伏せられたままになっていたのです。人力で持ち上げるには重すぎたため、機械で動かしました。この影像は、顔が破壊されなかった唯一の影像です。

今は、まだ作業全体のなかで初期的な段階ですので、いくつかの例外を除くと、私たちは、破片の接着は行いませんでした。とくに石棺の破片のように、重くて簡単に動かせないものに関しては、接着せずに破片を一ヵ所にまとめておくのが最良であると思われました。しかし、顔の破片の場合は、誰かが持ち去ってしまう恐れがありますので、接着してしまった方が良いと判断しました。このような場合、例外的に、ポリエステル樹脂を使って破片を接着しました【29】。

有名なザブダの影像も、顔の部位が失われないよう、破片を接着しました【30】。しっかりと接着できたので、やり直す必要はないと思います。しかし、繰り返しますが、このような処置を行ったのは、重要な顔の破片など、ごく一部の展示品だけでした。

二〇一六年一〇月にダマスカスへの移送を終えました。すべての展示品は箱に納められ、本格的な保存修復が行われるのを待っています【31】。本格的な保存修復作業を実施する準備は整いつつあり、シリア古物博物館総局の判断を待っているところです。この保管場所は、保存修復作業を行うにも適した場所です。

最後に、アラート神殿出土のライオン像の左足に刻まれた碑文を紹介し、私の話を終えたいと思います【32】。ここには、「聖域で血を流さぬ者に祝福あれ」と書かれています。この碑文の意味するところは平和の希求であり、博物館がある種の聖域になっている現在の状況に繋がると思います。このような場所が戦火に見舞われたことは、非常に残念なことです。

＊

二〇一六年四月、五月に実施したパルミラ博物館における緊急保存修復事業には、ポーランドから以下の専門家が参加しました。

ロバート・ズコウスキー（考古学者）
バルトシュ・マルコヴスキー（保存修復家）
クシュシュトフ・ユルコフ（保存修復家）
トマシュ・ヴァリシェフスキー（考古学者）

3 最新技術を用いてシリア紛争下の文化遺産を護る

シリア古物博物館総局・イコネムによるパルミラ・ドキュメンテーション事業

ホマーム・サード
HAMMAM SAAD
ソルボンヌ大学

カラー
pp.
33-38

私は、今回、初めて日本に来ました。私には、二人の恩師がいます。一人は、元ダマスカス大学の教官で、現在はシリア古物博物館総局の総裁を務めるマモーン・アブドゥル・カリーム先生です。もう一人は、日本の奈良県立橿原考古学研究所の西藤清秀先生です。私は、二〇〇五年から、西藤先生率いるパルミラ遺跡の発掘調査に参加し、多くのことを学ばさせていただきました。このことを誇りに思っています。

シリア古物博物館総局は、日本の文化庁に相当する機関です。シリア紛争以前には、シリア国内において、数多くの外国調査団が活動していました。しかし、紛争がはじまると、多くの外国調査団と連絡が途切れてしまいました。二〇一一年から二〇一三年にかけてはとくに事態は深刻で、シリアの文化遺産を保護する活動のすべてをシリア古物博物館総局だけで行わなければなりませんでした。とは言え、シリアの文化遺産は、シリア国民だけの文化遺産ではありません。シリアの文化遺産は、世界中の人々にとっても重要な文化遺産のはずです。二〇一四年以降は、ユネスコがシリア古物博物館総局を支援してくださるようになり、事態は大きく改善しました。現在は、多くの専門家が、シリア古物博物館総局に連絡をくださり、シリアの文化遺産を保護する活動に協力くださっています。

私は、二〇一四年に、母国であるシリアを去りました。シリア国内で博士号を取得後に、パリのソルボンヌ大学で博士研究員のポストを取得できたからです。しかし、渡仏後も、私は、シリアに残る友人たちと協力し、シリアの文化遺産を護る活動を継続しています。

文化遺産のドキュメンテーション

シリア紛争が始まる以前からの友人に、イブ・ユーベルマンという友人がいました。彼は、最新技術を用いて文化遺産をドキュメンテーションするイコネム（ＩＣＯＮＥＭ）という会社を設立した人物です。彼は、ドローンを使って文化遺産のドキュメンテーションを行う専門家でした。私は、パリで彼に会い、シリアの文化遺産を護る活動に協力してほしいと頼みました。

しかし、当初、シリアの状況は厳しく、彼自身がシリアに入国することは不可能でした。そこで、私たちは、特別なコンピューター・プログラムを用いて、インターネット上の写真を集め、その写真から文化遺産の３Ｄモデルを構築することにしました。

まず、世界遺産であるクラック・デ・シュヴァリエから作業を開始しました。最初に、インターネット上の写真からクラック・デ・シュヴァリエの３Ｄモデルを作成しました（カラー頁の写真*1*、以下【*1*】）。しかし、多くの部位が欠損している状態でした。

その後、私たちは、ダマスカスに招待され、シリア人専門家を対象に人材育成を行うことになりました。その際に、古物博物館総局のスタッフに、どのような情報が必要か伝えたところ、クラック・デ・シュヴァリエまで出かけ、城の内部を撮影し、写真をパリにまで送ってくださいました。

そして、最終的に、私たち自身がクラック・デ・シュヴァリエを訪れるチャンスが来ます。現地で、ドローンを用いて空撮を行い、写真を撮影し、３Ｄモデルを完成させました【*2*】。その後、私たちは、シリア古物博物館総局と協力して、シリア国内のほかの史跡でも３Ｄモデルを作成する作業を行っています。クラック・デ・

シュヴァリエではすでに保存修復作業が開始されていますが、私たちが作成した３Ｄモデルが、ダメージ・アセスメントなどに利用されています【*3*】。

また、パリにあるシテ建築遺産博物館には、クラック・デ・シュヴァリエの精巧かつ非常に古い模型が残されています。この模型に関しても、３Ｄモデルを作成しました【*4*】。模型と現状を比較することで、過去七〇年間において、城がどのように変化したかがわかるのです。このことが、クラック・デ・シュヴァリエでの保存修復作業に非常に役に立っています。

私たちは、同様のプロジェクトをダマスカスのウマイヤド・モスクでも行いました。図1が、私たちが作成したモスクの３Ｄモデルになります。

シリアには、紛争の戦火がおよんでいない地域もあります。しかし、私たちは、このような地域に関しても、ドキュメンテーションを進めています。将来的に、何が起こるか予測できないからです。例えば、私たちは、地中海沿岸のウガリト遺跡でも３Ｄモデルを作成し、ドキュメンテーションを行いました。また、ラタキア近郊のジャブラに残されているローマ時代の劇場でも作業を行いました。この劇場では、かつて発掘調査が行われているのですが、しっかりとした図面が残されていないか

図１　ダマスカスのウマイヤド・モスクの3Dモデル（ホマーム・サード氏提供）

らです。また、タルトゥース近郊にあるフェニキア時代のアムリット神殿でも、同様に３Ｄモデルを作成しました。

また、私たちは、遺跡だけではなく、博物館収蔵品のドキュメンテーションも行っています。私たちは、すでにシリア全土の博物館の収蔵品をドキュメンテーションする新しいプロジェクトを開始しています。ラタキア博物館収蔵のローマ時代の彫像の３Ｄモデル作成は、その一例です（図２）。

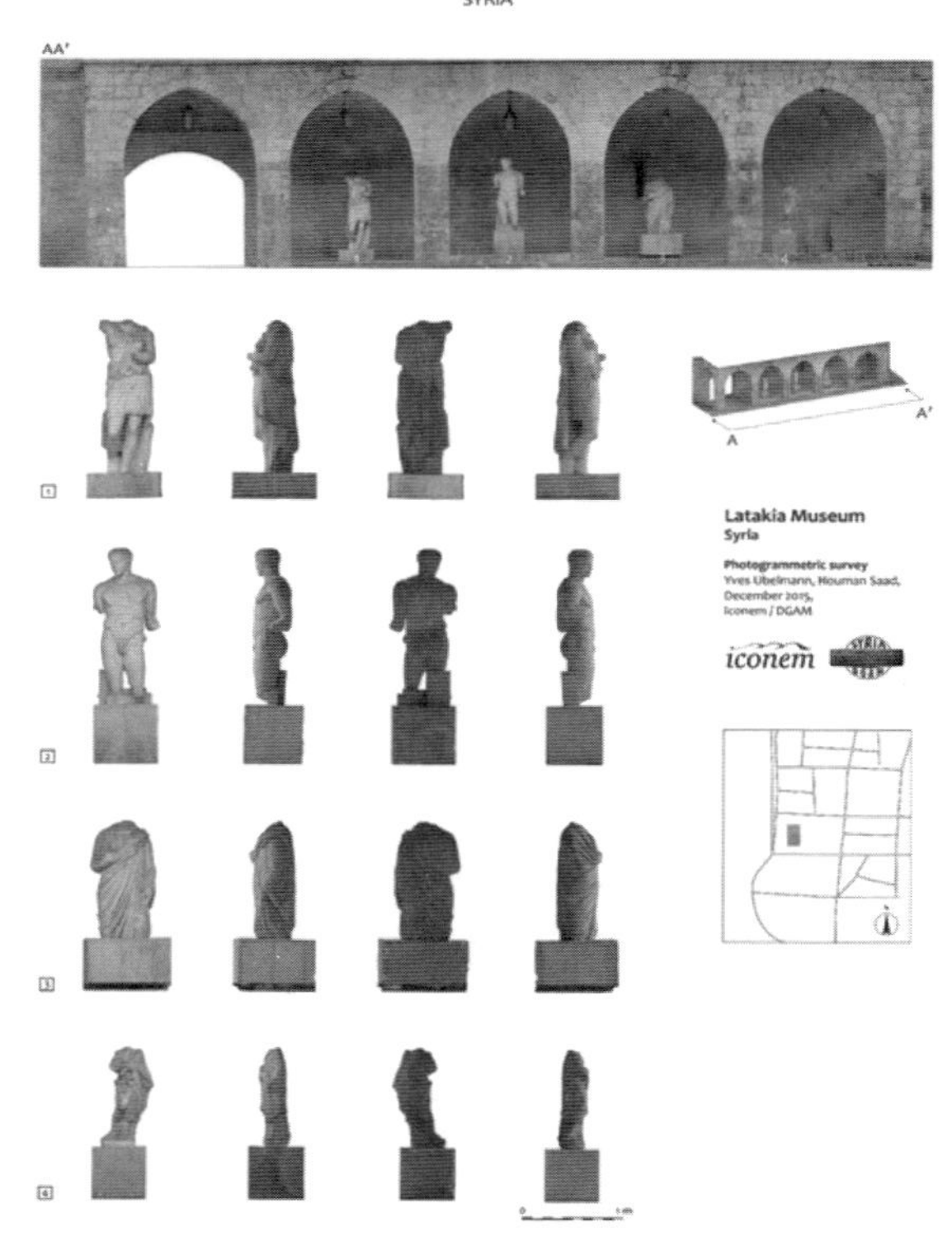

図２　ラタキア博物館収蔵品の 3D モデル
（ホマーム・サード氏提供）

パルミラ遺跡のドキュメンテーション

さて、私はパルミラの話をするため日本に来ましたので、ここからは、パルミラに関してお話しします。パルミラにＩＳ（自称「イスラム国」）が進攻し、ベル神殿やバール・シャミン神殿などの破壊を行ったことを知り、私たちは、まずインターネット上で、爆破された建造物の写真を集めることから開始しました。また、報告書やアーカイブから、パルミラの既存の写真や図面を収集することも行いました。

このような写真などを利用して、私たちはベル神殿の３Ｄモデルを作成しました【5】。また、日本の西藤先生も独自に、ベル神殿の３Ｄモデルを作成する作業を進めています。現在、ベル神殿に関しては、将来の修復に向けて、非常に良いデータが揃ってきています。

そして、パルミラがシリア政府軍によって解放された直後の二〇一六年三月二七日に、私は、シリア古物博物館総局のマモーン・アブドゥル・カリーム総裁から電話を受けます。そして総裁から、シリアに駆けつけるよう依頼を受けたのです。私たちは翌日の三月二八日にはダマスカス入りをし、その二日後にはパルミラに到着し、パルミラ博物館の状況を撮影しました【6】。私たちの仕事は、このパルミラ博物館の状況をドキュメンテーションすることでした。そのため、マモーン・アブドゥル・カリーム総裁は、私たちが到着するまでの間、博物館を封鎖し、博物館への立ち入りを禁止する指示を出しました。

私たちが到着した時、破壊された彫像が博物館内に散乱していました。私たちは、ドキュメンテーションのため、博物館内部の写真を何千枚も撮影し、博物館内部の３Ｄモデルを作成しました【7】。この３Ｄモデルは、将来、非常に重要になると思います。この３Ｄモデルを見れば、博物館内部がどのように被災していたかを知ることができるからです。例えば、将来、破壊された彫像を修復する際、このモデルを見れば、どの破片が博物館内部のどこに散乱していたのか一目瞭然です。

また、破壊されたアラート神殿出土のライオン像の破片などの３Ｄモデルも作成しました【8】。これにより、実際に修復家が破片を接合する前に、コンピュター上で破片がうまくつながるか、試すことができるようになりました【9】。破片のなかには非常に大きく、重くて扱いにくい破片も含まれています。このような破片を接合するのは、大変な労力ですので、コンピューター上であらかじめ試しておけば、時間の節約となります。

パルミラ遺跡に関してですが、私たちがパルミラに到着した当初は、遺跡への立ち入りが許されていませんでした。遺跡に数千を超える地雷が埋まっていたからです。しかし、しばらくすると、遺跡への立ち入り許可が出ました。私たちは、シリア政府軍に同行し、アラブ城を訪れました。アラブ城は損壊し、城に入ることが難しかったため、ドローンが非常に役に立ちました【10】。

バール・シャミン神殿に関しても、私たちが到着した日には、現場に立ち入ることが許されませんでした。いまだに神殿内に、地雷が埋まっていたからです。二日ほど待つと、地雷の除去が終了し、立ち入りの許可が下りました。私たちは、破壊された神殿の址を、ドローンによる空撮、写真撮影を行い、3Dモデルを作成しました【11】。マスコミは、バール・シャミン神殿の石材の残存状態が良くないと報道しています。しかし、私たちの写真を見ていただければ、破損していない石材も多くあることがわかると思います。バール・シャミン神殿に関しては、全体の石材のうち五〇％は、残りが良いと思います。

記念門もバール・シャミン神殿と同様の状況でした【12】。私たちは、既存の写真などを用いて破壊前の記念門の3Dモデルを作成しました。また、ドローンを現地で飛ばし、写真を撮り、破壊後の記念門の3Dモデルも作成しました。この二つのモデルを比較することで、破壊によって地面の上に崩落した石材が、もともとは記念門のどの部位にあったのかを調べています【13】。この作業は、将来的に修復作業を行ううえで、非常に役に立つと思われます。

ベル神殿も、同じような状況でした【14】。私たちは、破壊されたベル神殿址をドローンによって空撮、また写真撮影を行いました。また、崩落した石に関して、どの石が残りが良く、どの石が残りのが悪いのか分析を行いました。残りが良い石は赤、比較的残り具合いが良い石はピンク、非常に残りが悪い石は白というように示しました【15】。

そして、ベル神殿についても、爆破前、爆破後の3Dモデルを重ね合わせて確認しました【16】。赤い箇所が崩落した箇所、白い箇所が残存している箇所になります。

さて、記念門、バール・シャミン神殿、ベル神殿と同様に、ISは、墓の谷に立ち並ぶ塔墓の爆破も行いました【17】。私は、この塔墓を修復することは非常に難しいと考えています。また、破壊されたものすべてを修復する必要もないと思います。何が起きたかを未来に伝えるため、爆破された状態のままで、残すべきだと思います。そのため、爆破された塔墓に関しては、修復しないまま残す方向が良いのではと考えています。また、実際に、すべての塔墓が破壊されたわけではありません。保存状態の良い塔墓も残されています。

日本隊がかつて発掘した東南墓地ですが、私たちがパルミラに到着した当初は、地雷が多く埋まっていたため、立ち入ることができませんでした。その後、シリア政府軍が同行することを条件に許可がおり、東南墓地を訪れました。しかし、ここは、遺構のすぐそばに砲弾が放置されているような危険な状態でした【18】。

かつて西藤先生率いる日本隊は、東南墓地にあるタイボールの墓の発掘調査を行いました。しかし、シリア紛争下で、タイボール墓は、ISがパルミラに進攻する前から荒らされていました。胸像はすべて持ち出され、大きな饗宴像に関しては首が切り落とされ、頭部だけが盗み出されていました。

西南墓地も、芳しい状況ではありませんでした。この墓地でとくに重要なのが、三兄弟の地下墓です。これが、唯一壁画を持つ墓だからです。しかし、この墓は、ISによって軍事拠点として利用され、私たちが訪れた際には、墓の内部は大きく変貌していました。ISの兵士が、ここで寝泊まりをし基地として利用できるように、キッチンや就寝スペースを作り、内部に新たにブロックで仕切り壁が増築されていました【19】。また、貴重な壁画も、白色のペンキのようなもので塗りつぶされてしまいました【20】。墓の内部に残されていた石棺に関しては、布で覆われただけで、幸いにも破壊されることはありませんでした。壁画に関しては、修復を行う前に、まず白色のペンキのような物質が何なのか科学的な分析を行う必要があります。いずれしかるべき時が来ましたら、科学的分析を行い、壁画の修復に取り掛かりたいと思っています。

最後に、シリアの文化遺産を護るために殉職した人々に関してお話ししたいと思います。パルミラのハレド・アスアド氏をはじめ、シリア古物博物館総局のスタッフの多くが殉職を遂げています。シリア国民そして世界中の人々にとって重要なシリアの文化遺産を保護するために、シリア古物博物館総局に、今後、ますます多くの方々がご協力くださることを祈っています。

第2章 シリアの文化遺産と日本の調査団

（西秋・小高・小川 2016、東京大学総合研究博物館提供）

重層的な歴史を伝える唯一無二の「遺産」。
シリアの遺跡は、世界中から注目されるとともに、
多くの日本人研究者を惹きつけてきた——

紀元前５千年紀終末
都市の発生

銅石器時代

青銅器時代

1　エブラの神殿（安倍雅史氏提供）

2　アパメアの列柱道路（安倍雅史氏提供）

3　パルミラの列柱道路（安倍雅史氏提供）

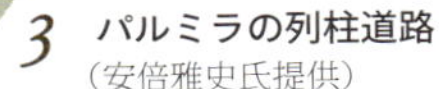

4　フィリッポポリスの皇帝礼拝のための神殿（江添誠氏提供）

5　ボスラの円形劇場（江添誠氏提供）

1　世界史のなかのシリア

間舎裕生　KANSHA Hiroo

本文　pp. 79-90

6 バシリカ式教会堂の例（ボスラ。江添誠氏提供）

7 ボスラの集中式教会堂（江添誠氏提供）

奥にミナレットが見える。

8 ダマスカスのウマイヤド・モスク（江添誠氏提供）

1～7世紀
ローマ時代とキリスト教

7～10世紀
イスラームの台頭

11～13世紀
十字軍の遠征とイスラームによる再奪還

10 アレッポ城の城門と城壁、斜堤（安倍雅史氏提供）

9 サラディン城（安倍雅史氏提供）

2　日本によるシリア調査の歴史

常木　晃
TSUNEKI Akira

本文
pp. *91-110*

調査機関

東京大学
古代オリエント博物館
タルトゥス沈没船委員会
筑波大学
奈良県立橿原考古学研究所
東京文化財研究所
国士舘大学
金沢大学

70 71 72 73 74 75 76 77 78 79 80 81 82 83 84 85 86 87 88 89 90 91 92 93 94 95 96 97 98 99 00 01 02 03 04 05 06 07 08 09 10

1957 年　最初のシリア踏査

1　パルミラ記念門前で記念撮影する
東京大学イラク・イラン遺跡調査団の団員
（西秋・小高・小川 2016、東京大学総合研究博物館提供）

1970 ～ 1984 年　旧石器時代人を求めて

2　1970 年のドゥアラ洞窟の発掘風景
（東京大学総合研究博物館提供）

1989 ～ 2009 年　ネアンデルタール人骨の発見

3　デデリエ洞窟と
発掘された
ネアンデルタール人骨
（Akazawa and Nishiaki 2016、
赤澤威氏提供）

1974〜1980年
青銅器〜鉄器時代
のテル型遺跡

4 テル・アリー・アル＝ハッジ遺跡の発掘風景（Ishida *et al.* 2014, color p.1.3）

5 オリーブに覆われたテル・マストゥーマ遺跡（Iwasaki *et al*. 2009 表紙）

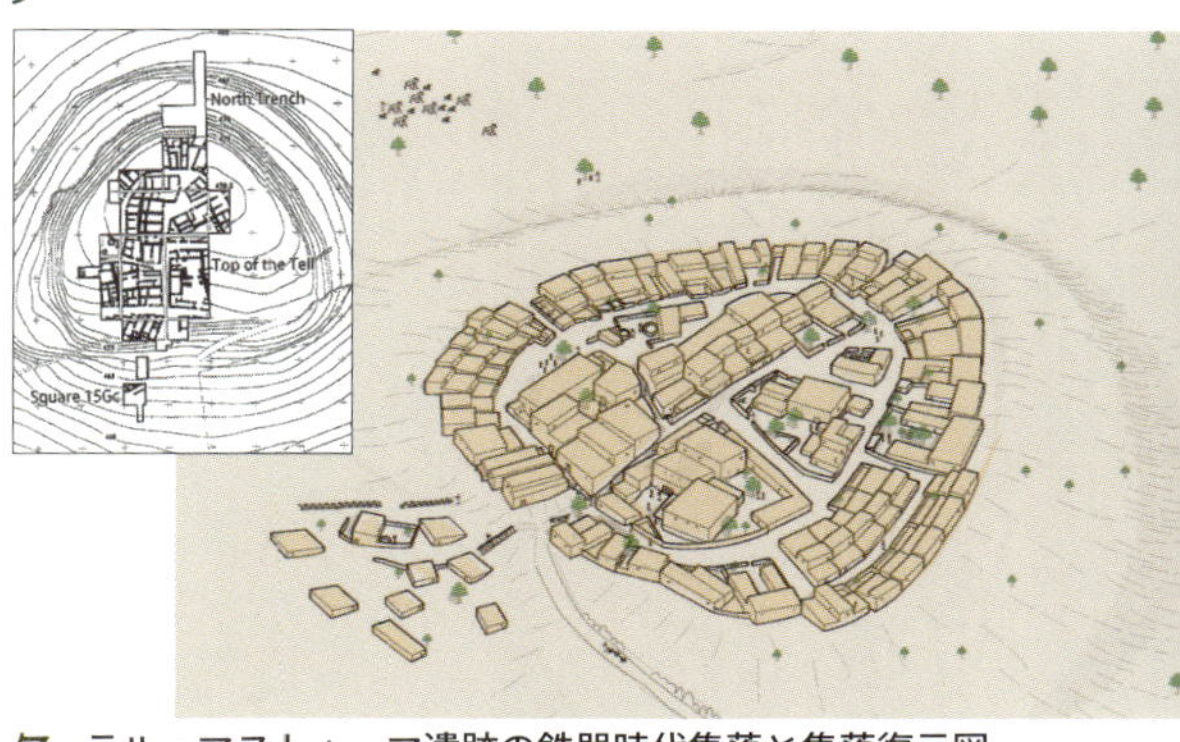

7 テル・マストゥーマ遺跡の鉄器時代集落と集落復元図
（左：Tsumoto 2016, Fig.2　右：Iwasaki *et al*. 2009, 89）

6 テル・マストゥーマ遺跡出土の
オリーブ炭化種子（上）
オリーブ搾油施設（中）
発掘を指揮される江上波夫先生（下）
（古代オリエント博物館提供）

8 古代オリエント博物館開館
当時のシリア発掘品の展示
（古代オリエント博物館提供）

調査機関

東京大学
古代オリエント博物館
タルトゥス沈没船委員会
筑波大学
奈良県立橿原考古学研究所
東京文化財研究所
国士舘大学
金沢大学

70 71 72 73 74 75 76 77 78 79 80 81 82 83 84 85 86 87 88 89 90 91 92 93 94 95 96 97 98 99 00 01 02 03 04 05 06 07 08 09 10

1994 ～ 1998 年
銅石器時代ウバイド期の調査

9 コサック・シャマリ遺跡のウバイド土器工房址
（Nishiaki 2016、西秋良宏氏提供）

10 コサック・シャマリ遺跡出土の蛇の装飾のついたウバイド土器
（Nishiaki 2016、西秋良宏氏提供）

2000 ～ 2010 年
農耕社会の始まりを探る

11 テル・セクル・アル・アヘイマル遺跡出土の女性土偶
（Nishiaki 2016、西明良宏氏提供）

先土器新石器時代の文化層から出土した。

1990～1992年
エル・ルージュ盆地の踏査

12 エル・ルージュ盆地のテル型遺跡の分布
（筑波大学西アジア文明研究センター提供、以下*13*～*15*同）

1997～2010年
新石器時代の大集落遺跡の調査

共同の貯蔵施設

高度なモノづくり技術

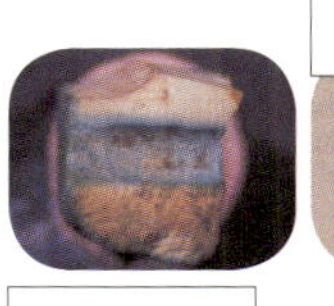

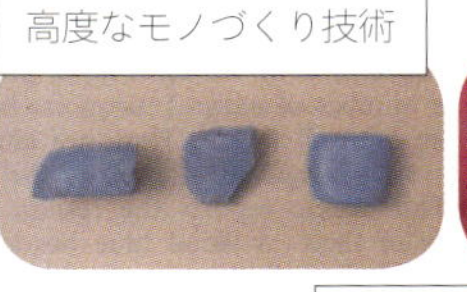

職業専門化

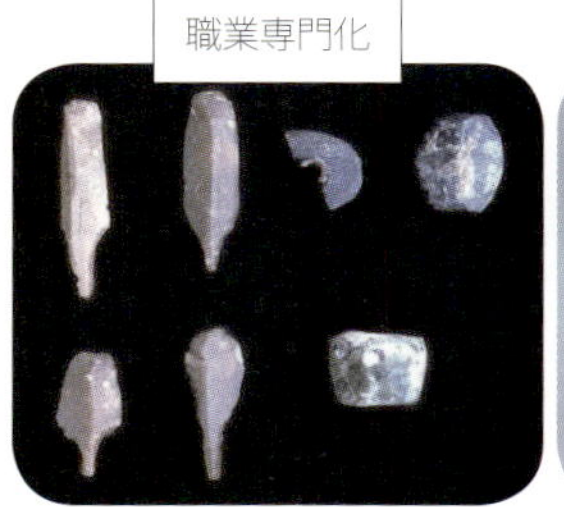

長距離交易

所有権の発達

13 複雑な社会を示す
テル・エル・ケルク遺跡
出土遺構と遺物

共同墓地の運営

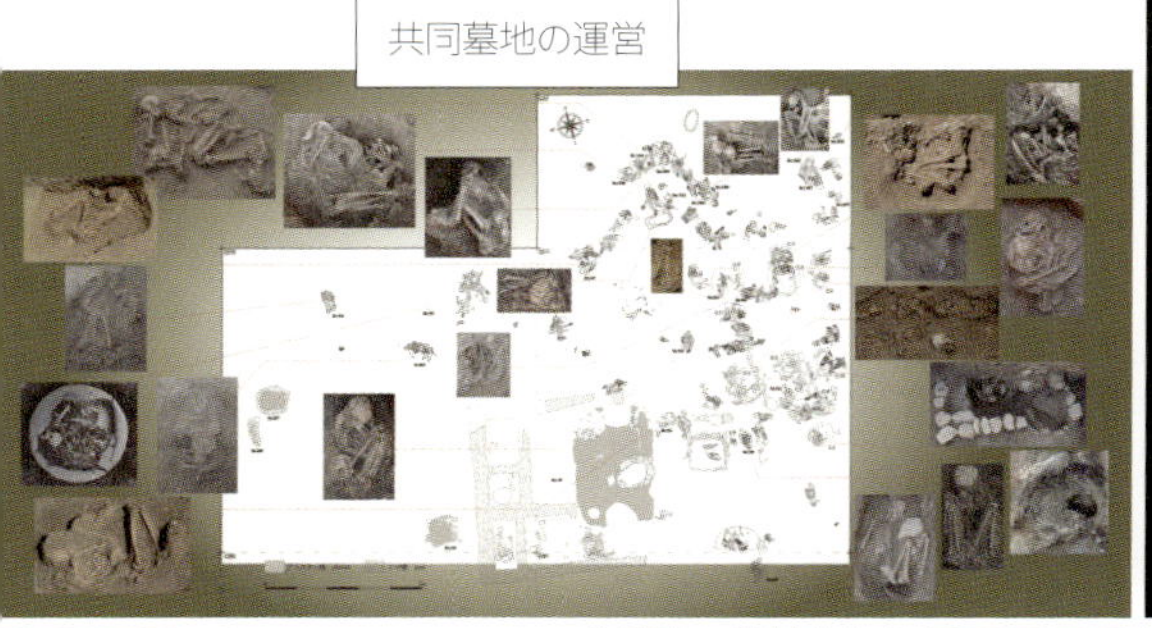

15 テル・エル・ケルク遺跡で発見された
屋外型共同墓地

14 テル・エル・ケルク遺跡出土スタンプ印章

16 パルミラ東南墓地の各墓（Saito 2016）

17 アイン・ダーラの鉄器時代神殿址

18 テル・タバン遺跡と王墓・粘土板文書（Numoto 2016）

19 ビシュリ山系に残されたケルン墓の発掘（藤井純夫氏提供）

1 世界史のなかのシリア

間舎裕生 *KANSHA Hiroo*
東京文化財研究所文化遺産国際協力センター

カラー
pp.
72-73

はじめに

私からは、シリアの文化遺産がどのような重要性を持っているのかを知ってもらうために、世界史のなかにおけるシリアの位置づけをお話しいたします。歴史的に見ると、現在シリアの位置する地域は、つねに周囲からの影響を受け続けてきたということができます。ただし、それはシリアがつねに翻弄されていたということではなく、外部の要素を積極的に取り入れ、融合させ、独自の文化を作りあげていったということを意味します。

シリアは、現在のイラン西部からティグリス河・ユーフラテス河流域を経て東地中海沿岸部にいたる、いわゆる「肥沃な三日月地帯」の一部をなしています。この地帯は文明の揺籃地であり、ティグリス河・ユーフラテス河流域にメソポタミア文明が発達したことはご存知かと思います。

現在シリアの人口のほとんどは、降水量が多く穏やかな気候の北部や地中海沿岸部に集中しています（図1）。それ以外の大部分にはシリア砂漠が広がっていて、イラクやヨルダン、アラビア半島にまで繋がっています。砂漠内には、いくつかのオアシスを除くと、大きな都市は見られませんが、かつてオアシスに栄えたパルミラや、現在シリアの首都であるダマスカスは、オアシスの大都市として知られています。この砂漠でさえも、歴史的には多くの民族や文化が出入りする玄関口でした。

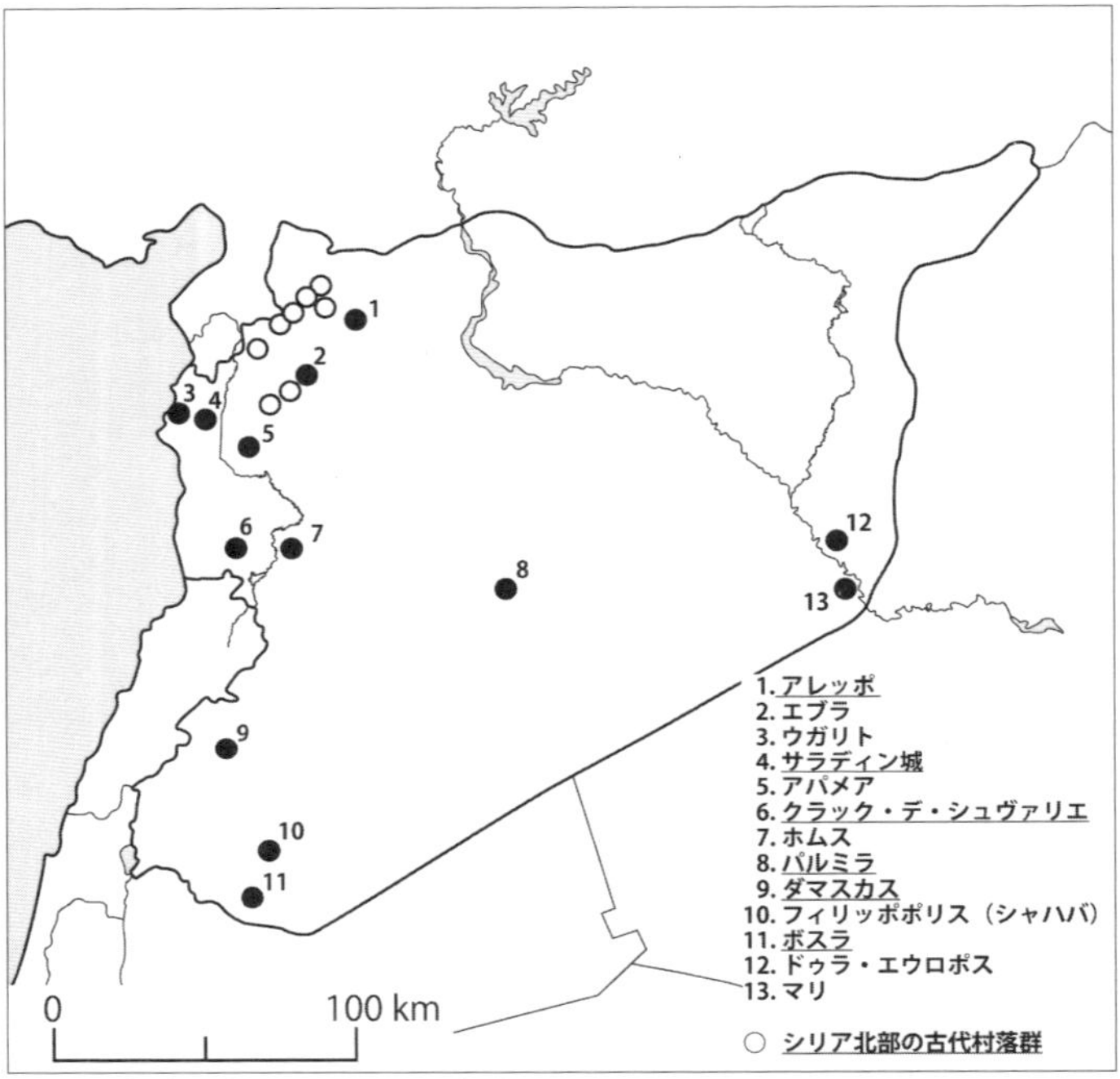

1. アレッポ
2. エブラ
3. ウガリト
4. サラディン城
5. アパメア
6. クラック・デ・シュヴァリエ
7. ホムス
8. パルミラ
9. ダマスカス
10. フィリッポポリス（シャハバ）
11. ボスラ
12. ドゥラ・エウロポス
13. マリ

○ シリア北部の古代村落群

0　100 km

図１　本稿で扱うシリアの史跡（下線のあるものは世界遺産）

都市の発生からペルシア時代まで

シリアでは紀元前五千年紀終末頃には都市が興っていたという議論があり、これはイラクよりも古い年代です。この時の都市は一度衰退しますが、前期青銅器時代に入った紀元前二六〇〇年頃から再び大規模な都市が形成されるようになり、なかにはマリやエブラなど数十ヘクタールを超える大きなものもみられます。しかし、これらの都市も、現在のイラクから地中海沿岸部まで領域をもつにいたったアッカド帝国の侵攻や、干ばつなどの影響で、紀元前二〇〇〇年頃までには衰退していきます。

紀元前一九世紀（中期青銅器時代）になると、シリア砂漠からアモリ人（またはアムル人）と呼ばれる民族がやってきて定住し、三たび都市化の波が訪れます。アモリ人は本来定住していない部族集団で、シュメールの記録には野蛮人として登場しますが、この時代には在地の人々と交わり、社会を作っていきました。「目には目を、歯には歯を」で有名な「ハンムラビ法典」で知られるバビロニアのハンムラビ王もこの時代の人物ですが、彼もアモリ系であったと考えられています。この中期青銅器時代には、奥行きの方が長い長方形で左右対称のプランを持った神殿が、エブラなどに造られるようになります（カラー頁の写真*1*、以下【*1*】）。このような神殿プランの伝統は継承され、紀元前一〇世紀にエルサレムに建設されたソロモンの神殿の原型ともなりました。

ちなみにハンムラビ法典は、高さが二メートル以上ある石に楔形文字が刻まれたもので、日本でもいくつかの博物館にレプリカが展示されています。この石碑は、本来はバビロニアの首都バビロン（現イラク）にあったものですが、発見された場所はスーサという現在のイランにある遺跡です。これはイラン南西部にいたエラム人が、紀元前一二世紀にバビロンを攻撃した際に略奪したためであり、現在わかっている文化財の略奪のなかで、史上もっとも古い例かもしれません。

次にシリアにやってくるのがヒッタイトで、中央アナトリアに興った後、紀元前一六世紀なかばにはバビロニアを滅ぼします。この頃にエジプトの地中海沿岸部を支配していた「ヒクソス」と呼ばれる集団は、この影響によってシリアから追い出されたアジア系の集団であった可能性が指摘されています。一方でシリア北東部には、フリ人という民族による連合王国であるミタンニが形成されます。このほかに東方からはアッシリアも勢力を拡大しており、紀元前一五世紀から紀元前一四世紀にかけてのシリアは、ヒッタイト、エジプト、ミタンニ、アッシリアといった領域国家が支配権を争う場となりました。ちなみにミタンニは、エジプトへ王妃を嫁がせるなどの外交婚を行って和睦関係を結び、共同でヒッタイトに対抗しようとしていたことが、両国間で交わされた楔形文字の書簡（エジプトのテル・エル＝アマルナ遺跡から出土したため、「アマルナ文書」または「アマルナ書簡」と呼ばれる）からわかっています。

この時代、地中海沿岸部はフェニキア人による海上交易が盛んに行われていました。シリア沿岸部にあるウガリト（ラス・シャムラ）という遺跡は、キプロスとの銅交易などで繁栄した大都市です。紀元前一二〇〇年頃にエーゲ海方面からやってきた「海の民」と呼ばれる集団によって、ヒッタイトもウガリトも滅ぼされることになりますが、フェニキア人による海上交易は存続しました。これによって、後の時代にはアルファベットがギリシアに伝わり、世界中に広がっていきます。また、先ほどお話ししたエルサレムのソロモン神殿には、レバノン杉を大量に用いたことが旧約聖書に書かれています。レバノン杉は、現在のレバノンやシリアにあたる地域が原産で、聖書によるとレバノンの沿岸から海路で木材を運んだとされています。したがって、ソロモンの神殿はプランだけでなく建材も、この地域から得ていたということになりますし、運搬にはもちろんフェニキア人が関わっていたと考えられます。

「海の民」による混乱の後には、アラム人と呼ばれる民族が国家をつくり、とくに南部ではアラム・ダマスカスという強力な王国が興りました。しかしそれ以降は新アッシリア、新バビロニア、アケメネス朝ペルシアといった世界史的にも有名な王朝が入れ代わり立ち代わりやってきて、シリアを支配下としていきます。新アッシリアは紀元前七三二年にダマスカスを占領するなどシリアを支配下に入れ、略奪品を首都のニネヴェ（現イラクのモースル近郊）の宮殿に持ち帰りました。新アッシリアは、同じく北メソポタミアに興った新バビロニアによって紀元前七世紀終盤に滅ぼされますが、新バビロニアによるシリア支配は約七〇年と短く、紀元前六世紀後半にはアケメネス朝ペルシアがシリアを支配します。

ヘレニズムからローマ時代へ

アケメネス朝ペルシアは、シリア沿岸部をギリシアとの交易ネットワークの拠点としたことで、シリアをめぐる初の東西対立のきっかけを作ったと言われています。この対立は熾烈さを増し、最終的にアレクサンドロス大王によって紀元前三三〇年にアケメネス朝ペルシアが滅ぼされることで終わります。これによって、古代オリエントとギリシアの文化が融合した「ヘレニズム」と呼ばれる文化が誕生します。シリアにも、五万人程度のギリシア人兵士が移住したと考えられています。この時期にあたるセレウコス朝時代の遺跡や遺構は、残念ながらシリアにはほとんど残っていません。これは後の時代に破壊されてしまったからというわけではなく、後の時代に手を加えられながら使われ続けたためです。実際、ローマ時代に造り替えられていないヘレニズムの要塞はないと言われており、戦略的に重要な場所を選ぶギリシア人の能力や技術が、どれだけ優れていたかを示していると考えられます。ドゥラ・エウロポスはセレウコス朝期に造られ、ローマ時代にも使用された要塞都市の典型例ですし、アレッポもヘレニズム時代に中心都市として本格的に発展した町の一つです。

紀元前六四年にセレウコス朝が滅んだ後、シリアはローマの属州となります。属州の州都はアンティオキア（現トルコのアンタキヤ）で、ローマ、アレキサンドリアに続く帝国第三の都市として発展しました。ローマ帝国が後世に残した偉大な事業の一つに、街道の整備が挙げられます。エジプトから地中海沿岸を通る伝統的な「海の道」に加え、ボスラを起点としてヨルダン高原の東側を南下し、紅海沿岸のアカバへと至る「新トラヤヌス街道」、パルミラを経由するシリア砂漠縁辺の「ディオクレティアヌス街道」などが新たに整備されました。また、シルクロードによって、ローマ帝国内だけでなく中国とも交易が盛んになったことはご存知かと思います。このような東西交易、南北交易の中継地となったダマスカスやアレッポ、パルミラなどは、大いに繁栄しました。

ローマ時代の街並みといえば、列柱の並んだ大通りを想像される方も多いかと思います。たとえば、アパメアでは全長一六〇〇メートルにもわたる大列柱道路が残っています【2】。また、パルミラでは、遺跡の東南部にあるベル神殿から伸びる列柱道路が、遺跡のシンボルの一つとなっています【3】。ローマ時代には、ヘレニズム時代に造られた都市に手を加えながら引き続き使用することが多く、アパメアもパルミラも例外ではありません。シリア出身の皇帝フィリップス・アラブス（在位二四四～二四九年）が建設したフィリッポポリス（シャハバ）

を除いては、ローマ時代に新たに造られた都市は、シリアではほとんどないと言われています【4】。

また、ローマ時代の街の景観として忘れてはならないのは、円形劇場でしょう。シリアには一二の円形劇場が残っています。とくにボスラの劇場は、地中海世界で最も保存状態の良いものと言われており、紛争以前はコンサートにも使用されていました【5】。建物の建設には現地で採れる石材を使用するのが基本で、ボスラでは溶岩性の石材である玄武岩を使用しているために全体的に黒色の町並みとなっています。

キリスト教とシリア

ローマが世界史の中で重要な位置を占めているもう一つの理由に、キリスト教を公認し、国教としたことがあります。ダマスカスはパウロが回心し、イエス・キリストの使徒となったとされる町であるなど、シリアは元来キリスト教と関係の深い土地でした。三一三年にキリスト教が公認されるまでは、教会堂は一般の家屋に付随した小規模なものでしたが、それ以降は、我々がイメージするような独立した大規模なものへとなっていき、続くビザンツ時代まで各地にさまざまな教会堂が造られるようになっていきます。シリアにおける初期の教会堂のほとんどは献堂銘文などによって年代が確定しており、なかには建築家の名前が刻まれたものも残っています。

教会堂のプランで基本的なものは、ローマ建築に広く見られる「バシリカ式」と呼ばれるものです。バシリカ式教会堂は東西に長い長方形の建物で、内部が列柱によって三列または五列の通路に分けられたものです【6】。中央の通路を「身廊」、両脇の通路を「側廊」と呼び、身廊の東端には「アプシス（またはアプス）」と呼ばれる半円形の祭壇が設けられています。床は石板か、場合によっては舗床モザイクによって装飾が施されることもありました。教会堂はシリア各地に多く建てられましたが、なかには聖人や殉教者を記念して建てられたものもあり、そういった教会堂をめぐる巡礼の旅がキリスト教徒の間で流行しました。

円形劇場は現地で採れる材料を使用して建設するとお話ししましたが、これは教会堂も同じで、北部では石灰岩が建材として使われ、屋根には木材が使用されていました。このような教会堂は、二〇一一年に世界文化遺産に登録された、「シリア北部の古代村落群」と呼ばれるシリア北西部に分布する一連の集落遺跡群に、多く見ることができます。一方で南部では、重くて硬い玄武岩しか利用できず、また木材も入手が困難であったために、屋根まで石で造る必要があり、したがってその重量を支えるためのアーチやドーム天井といった内部構造の技術が発展しました。とくに中心部分から放射状に広がる八角形ないし円形の空間をドーム型の屋根で覆う「集中式」と呼ばれる構造が教会堂に用いられたのは、シリア南部が初めてといわれています。この集中式教会堂の代表的なものは、ボスラに見ることができます【7】。また、石材の違いは装飾の差にも表れており、加工のしやすい石灰岩を用いた北部の教会堂では、精巧な彫刻が施されるようになっていきます。

イスラーム時代

さて、ローマ・ビザンツの時代は、東方のササン朝ペルシアとの争いはあったものの、比較的安定した時期が長い間続きました。しかし、七世紀からのイスラーム勢力の台頭・拡大によって、情勢は大きく変化します。とくにダマスカスを首都としたウマイヤ朝が六六一年に興ってからは、シリアは本格的にイスラーム世界の一部となっていきます。ただし、ウマイヤ朝による支配は比較的穏健で、シリアに根付いていた伝統や文化を積極的に吸収していきました。後のアッバース朝の時代に破壊されてしまったため、ウマイヤ朝期の建物は残念ながらほとんど残っていませんが、ダマスカスのウマイヤド・モスクが当時の特質をよく残しています【8】。ウマイヤド・モスクの建っている場所には、かつてキリスト教の洗礼者ヨハネの教会堂があり、さらにそれよりも古い時代にはゼウス神殿がありました。モスクの礼拝室にある列柱やアーチには、そういった古い時代の建材が再利用されていますし、ミナレットは教会の鐘楼を転用したものです。ちなみに、アレッポにも同じくウマイヤ朝期に建てられたモスクがありますが、今回の紛争で甚大な被害を受けたことが報道されています。

七五〇年にウマイヤ朝が滅び、シリアはアッバース朝の支配下に入ります。アッバース朝は首都をバグダードに移し、またウマイヤ朝を否定する政策をとったために、それまで中心地であったシリアは荒廃していきます。イスラームの分裂により、各地で異端とされた宗教的少数派の人々が辺境の地であるシリアにやってくるようになったのは、この時代以降とされております。また、キリスト教の少数派であるマロン派も、この頃レバノンにやってきたと考えられており、イスラームだけでなくキリスト教内にも分裂があったことがわかります。こういった状況は、さまざまな宗教・宗派の人々が混在する現在のシリア・レバノンの状況につながっていきます。

シリアを訪れた十字軍

一一世紀終盤から一三世紀にかけて、聖地エルサレム奪還のために、ヨーロッパのキリスト教諸侯による十字軍がやってきます。一一世紀終盤に十字軍が訪れた時、シリアはセルジューク朝の支配下にありましたが、セルジューク朝は組織だった抵抗ができず、アンティオキアなどの大きな都市が占領されてしまいます。十字軍はシリアからさらに南下しますが、その際に、現在世界文化遺産となっているクラック・デ・シュヴァリエやサラディン城などを含めた要塞を、地中海沿岸各地に建設していきます【*9*】。この二つの要塞はいずれも十字軍が訪れる以前からあったものですが、十字軍の手によって改良され、その後イスラームが奪還してさらに手を加えられて、現在の姿になっています。

ところで、私たちが学ぶ歴史は、西洋の視点から記述されたものであることが多いため、十字軍は「イスラームに奪われたキリスト教の聖地を取り戻した」というニュアンスで語られたものを目にされたことが多いと思います。しかし、そこに住んでいた人々から見れば、十字軍は侵略者以外の何者でもなく、じっさいに破壊や虐殺、略奪の限りを尽くしていたという記録もあります。また、イスラーム圏で生産・使用されるようになった砂糖をヨーロッパに持ち帰ったのはこの時の十字軍であったと考えられており、アラビア語で砂糖を意味する「スッカル」という語が、英語の「シュガー」の語源となっています。

イスラームによる再奪還から現代まで

一二世紀に入ると十字軍に対抗するためにイスラーム勢力が結集し、ザンギー朝や続くアイユーブ朝の時代には、シリアそしてエルサレムを取り戻すことに成功します。その結果として軍事建築が発展し、ダマスカスやアレッポの城塞が再建されたほか、ボスラのローマ劇場が厚い城壁で囲まれて要塞化されました【*10*】。また、モスクなどのイスラーム建築の技術も発達し、方形の壁の上に円形のドームを造る際などに用いる装飾技法（ムカルナス）が広く使われるようになります。このほか、マドラサと呼ばれるイスラーム神学校が、アイユーブ朝期に多くつくられるようになります。マドラサは周辺のスーク（市場）などからの寄付によって成り立っており、ダマスカスでは八二ヵ所、アレッポでは四七ヵ所が建設されました。一つの都市内におけるこれらの数は、イスラーム世界のなかでもとりわけて多く、シリアにおいてマドラサがいかに普及したかを示しています。

一三世紀後半に、職業軍人によるマムルーク朝がエジプトで成立し、シリアもその領域内に組み込まれます。この中で、ダマスカスはカイロに次ぐ第二の首都として継続して発展しましたが、一四世紀終盤から一五世紀初頭にかけてのティムールの襲来によって大規模に破壊されてしまいました。その後、一五一六年にダマスカスが開城してからは、シリアはオスマン帝国の領土となります。「オスマン・トルコ」と呼ばれていたことからもわかる通り、オスマン帝国は本来トルコ系の王朝ですが、彼らの文化が強制されることはほとんどなく、シリアはそれまでの文化を維持することができました。

オスマン帝国にとってのシリアは、貿易の中継地であると同時に、メッカへの毎年の巡礼（ハッジ）の際に、アナトリア方面からやってきた巡礼者への支援を行う土地という、二重の重要性を持っていました。とくにアレッポは国際交易の中心地、ダマスカスは巡礼の出発地という性格を持っており、それにともなって、ハーンやキャラバンサライと呼ばれる宿泊施設などが発展しました。スークはマムルーク朝の時代から徐々に拡大してありましたが、ダマスカスやアレッポなどの旧市街にみられるスーク内の建物のほとんどは、オスマン帝国時代のものです。

二〇世紀のシリアは、第一次世界大戦後にフランスによる委任統治があり、一九四六年の独立を経て、一九六一年にシリア・アラブ共和国が建国され、現在にいたります。

シリアの文化遺産が伝える歴史の重層性

冒頭で申し上げましたように、つねに周辺からの影響を受け続けてきたことによって、シリアは独自の文化を築き上げてきたのです。今回のお話のなかでは、「ダマスカス」と「アレッポ」という地名がとくに多く登場しましたが、いずれの都市も人や文化の絶え間ない流入を受け入れ、吸収し、唯一無二の景観を今に伝えています。さらにダマスカスもアレッポも、現在も人々が生活し続けている「リビング・ヘリテージ」であります。シリアのこの二大都市のように、何千年にもわたって人々が生活し続けている場所は、世界中を探してもほかにありません。このような重層性や混交性が評価され、この二つの都市は世界文化遺産に登録されました。ほかの世界文化遺産であるパルミラや十字軍要塞（クラック・デ・シュヴァリエとサラディン城）も、ある特定の時代の文化や技術の集大成というよりは、さまざまな時代のものが共存して現在の姿をつくっているのです。人類史という大きな視点で眺めた際に、シリアの歴史、そしてその過程で生まれた文化遺産が持つ価値や重要性の一つは、そういった点にあるのだと思います。

付記

本稿で使用している写真は、東京文化財研究所研究員の安倍雅史氏と、国士舘大学イラク古代文化研究所共同研究員の江添誠氏の御好意により提供していただきました。両氏にはこの場をお借りして厚く御礼申し上げます。

なお、シリアには六件の世界文化遺産があり、本文中でもそのように扱っておりますが、二〇一三年にすべての資産は「危機にさらされている世界遺産（危機遺産）」として登録されております。

参考文献

アンサーリー、T.（小沢千重子 訳）二〇一一『イスラームから見た「世界史」』紀伊國屋書店（T. Ansary, *Destiny Disrupted: A History of the World through Islamic Eyes*, PublicAffairs Massachusetts 2009）。

神谷武夫　二〇〇六『イスラーム建築─その魅力と特質』彰国社。

黒木英充 編著　二〇一三『シリア・レバノンを知るための64章』（エリア・スタディーズ123）、明石書店。

小杉　泰　二〇一一『イスラーム　文明と国家の形成』（諸文明の起源４）、京都大学学術出版会。

佐藤次高　二〇〇八『砂糖のイスラーム生活史』岩波書店。

佐藤次高 編　二〇一〇『イスラームの歴史１─イスラームの創始と展開』（宗教の歴史11）、山川出版社。

深見奈緒子　二〇〇三『イスラーム建築の見方─聖なる意匠の歴史』東京堂出版。

マザール、A.（杉本智俊・牧野久実 訳）二〇〇三『聖書の世界の考古学』リトン（A. Mazar, *Archaeology of the Land of the Bible: 10,000-586 B.C.E*, Doubleday, New York, 1990）。

ロスフィールド、L.（山内和也 監訳）二〇一六『略奪されたメソポタミア』ＮＨＫ出版（L. Rothfield, *The Rape of*

Mesopotamia: Behind the Looting of the Iraq Museum, The University of Chicago Press, Chicago, 2009）。

Burns, R. 2010 *The Monuments of Syria: a Guide* （New and Updated Edition）, London and New York: I. B. Tauris.

Sharon, I. 2010 “Levantine Chronology,” in M. L. Steiner and A. E. Killebrew （eds.）, *The Oxford Handbook of the Archaeology of the Levant: C. 8000-332 BCE*, Oxford: Oxford University Press, pp.44-65.

2 日本によるシリア調査の歴史

常木 晃
TSUNEKI Akira
筑波大学人文社会系教授

カラー
pp. 74-78

世界史の中のシリアの重要性

私は日本隊によるシリア考古学調査の歴史をお話させていただくことになります。まず、シリアの位置ですが、地図を見ていただいてもわかるように、ヨーロッパ、アフリカ、アジア大陸のまさに結節点という位置にあります（図1）。西アジア全体がそういう場所にあるわけですが、とりわけシリアは地中海北東岸にありまして、結節点の中でもさらに中心に位置することがおわかりになると思います。こうした地理的な位置から、シリアは多くの歴史的に重要なイベントに関わっています。

例えばアフリカで生まれた原人や現生人類がユーラシア大陸に拡散したプロセスを研究しようとする時に、最初の通過点の一つとなっていたシリアの遺跡は、大変重要な資料を提供します。農耕社会の成立は人類のみならず地球の歴史にとっても重大な影響を及ぼしましたが、現在得られている証拠では、シリアのユーフラテス河中流域で最も古いコムギ栽培や農耕社会の証拠が得られています。現代社会の政治経済文化の中心である都市の成立を考え

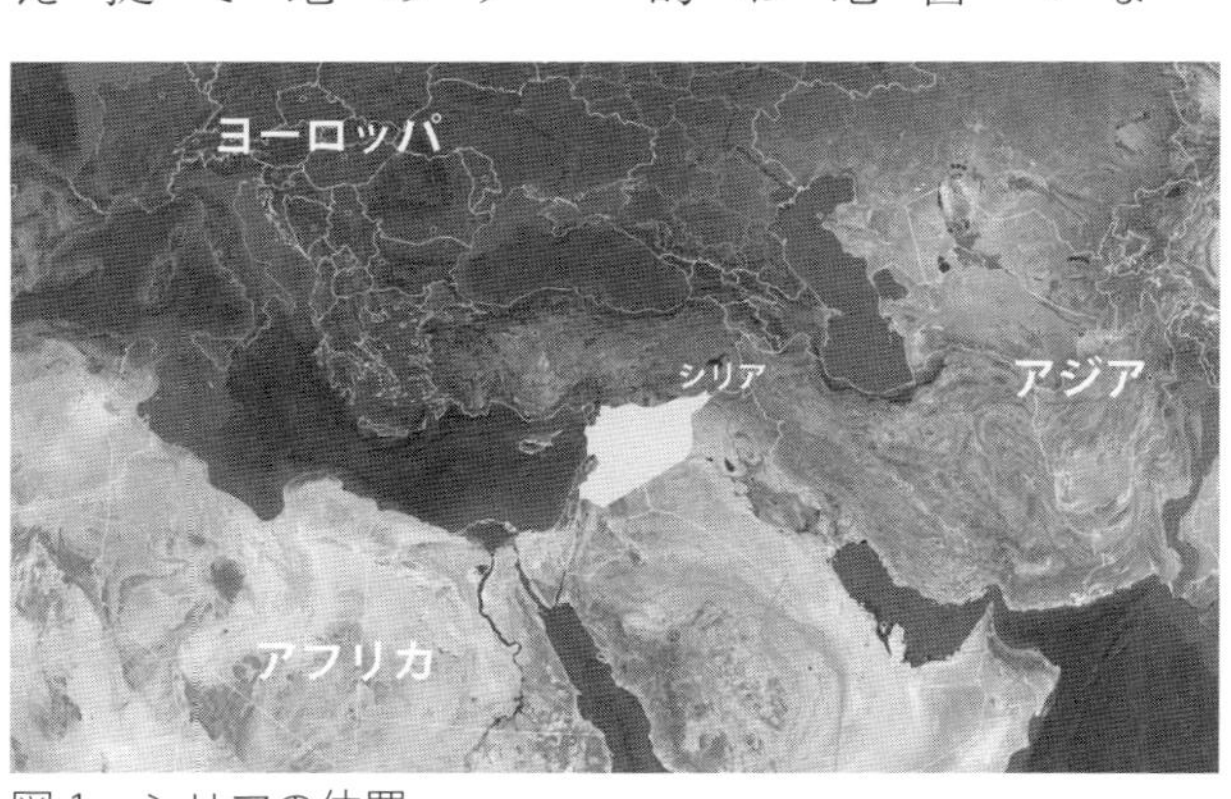

図1　シリアの位置

るときにも、以前は紀元前四千年紀後半の南メソポタミア低湿地で都市社会が成立したとする主張が主流でしたが、現在では、それよりも五〇〇年以上も前の紀元前五千年紀終末ごろに、テル・ブラクやハモーカルといったシリア北東部の平原に位置する遺跡で最も古い都市の証拠が表れているのではないかと盛んに議論されるようになりました。都市の成立と前後して、南メソポタミアで世界最古の文字である楔形文字が作られ始めますが、この楔形文字の発明を導いたのは、シリアの新石器時代や銅石器時代に盛んに使われていた、モノを数えたり貯蔵したりするために使用されたカウンターやスタンプ印章などの封泥システムであったと考えられます。文字が人々の生活でこれだけ盛んに使用されるようになった一つの大きな要因は、表音文字であるアルファベットの発明です。このアルファベットの発明についてもまた、ウガリト遺跡出土の楔形文字アルファベット粘土板に代表されるように、シリアが深く関わっていたことは自明です（図2）。西のローマ時代、東の漢代に、ローマ帝国と漢帝国を結ぶ交易路を、のちの歴史家がシルクロードと呼んだのですが、どのルートを取るにしてもシリアを通過していくことになり、シリアが東西の結節点になっています（図3）。

つまり、旧石器時代からシルクロードの時代に至るまで、西アジアは多くの重要な歴史上の転換点の舞台となってきましたが、その中でもシリアが最も重要な結節点となってきたことがおわかりになると思います。シリアが人類史的に大変重要な場所だからこそ、考古学の調査隊が世界中からシリアに参りまして、ここで調査活

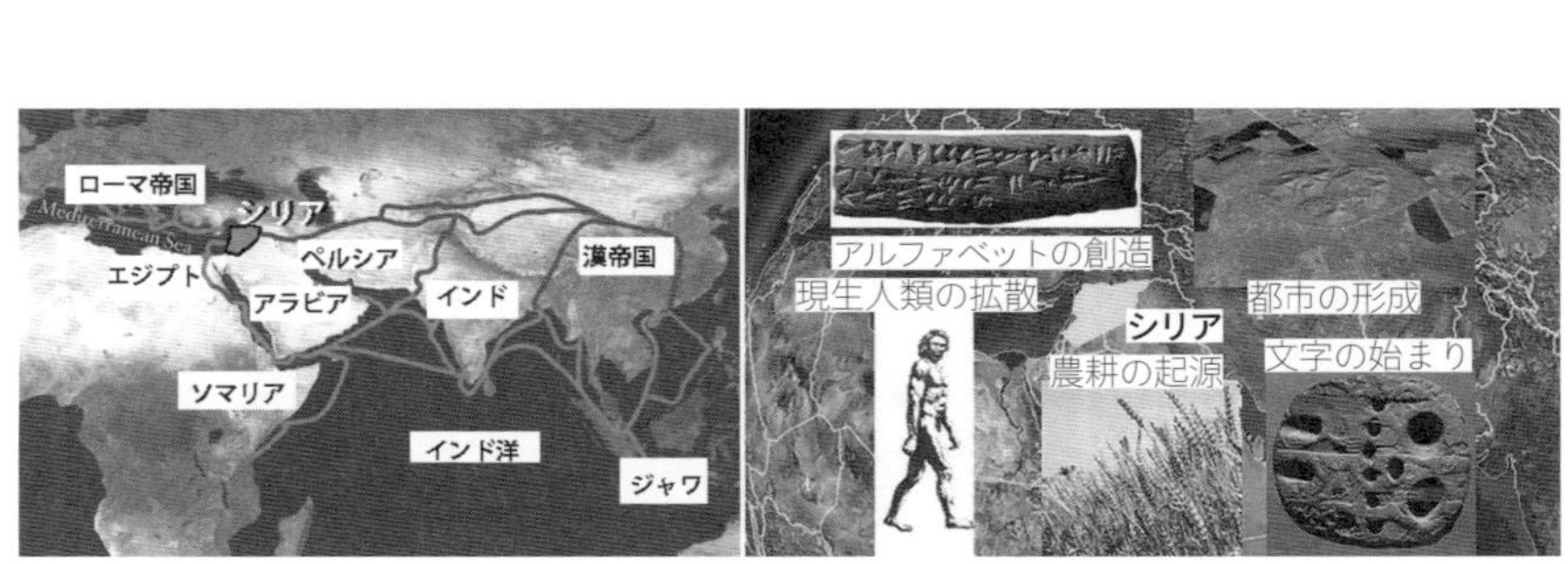

図3　シルクロード（Wikipedia 英語版を改変）　図2　シリアで起こった様々なイベント

動をやってきました。日本隊ももちろんそのようなシリアの魅力にひかれて、活動をしてきたのです。

シリア考古学にとって大きな日本の存在

紛争が勃発した二〇一一年以前、シリアでは多くの考古学調査が行われ、日本隊も活動していました（図４★）。シリア古物博物館総局（ＤＧＡＭ）の資料に基づいて、二〇一〇年にシリアで活動していた考古学調査隊を国別にみると（図５）、二〇一〇年の考古学調査隊数は全部で一一七、そのうちフランスの調査数が一番多くて三二隊です。それから、ドイツが一九隊、シリアが一九隊でした。続いてイタリアが七隊、アメリカが七隊、それに次いで

図４　2011 年以前にシリアで発掘されていた遺跡

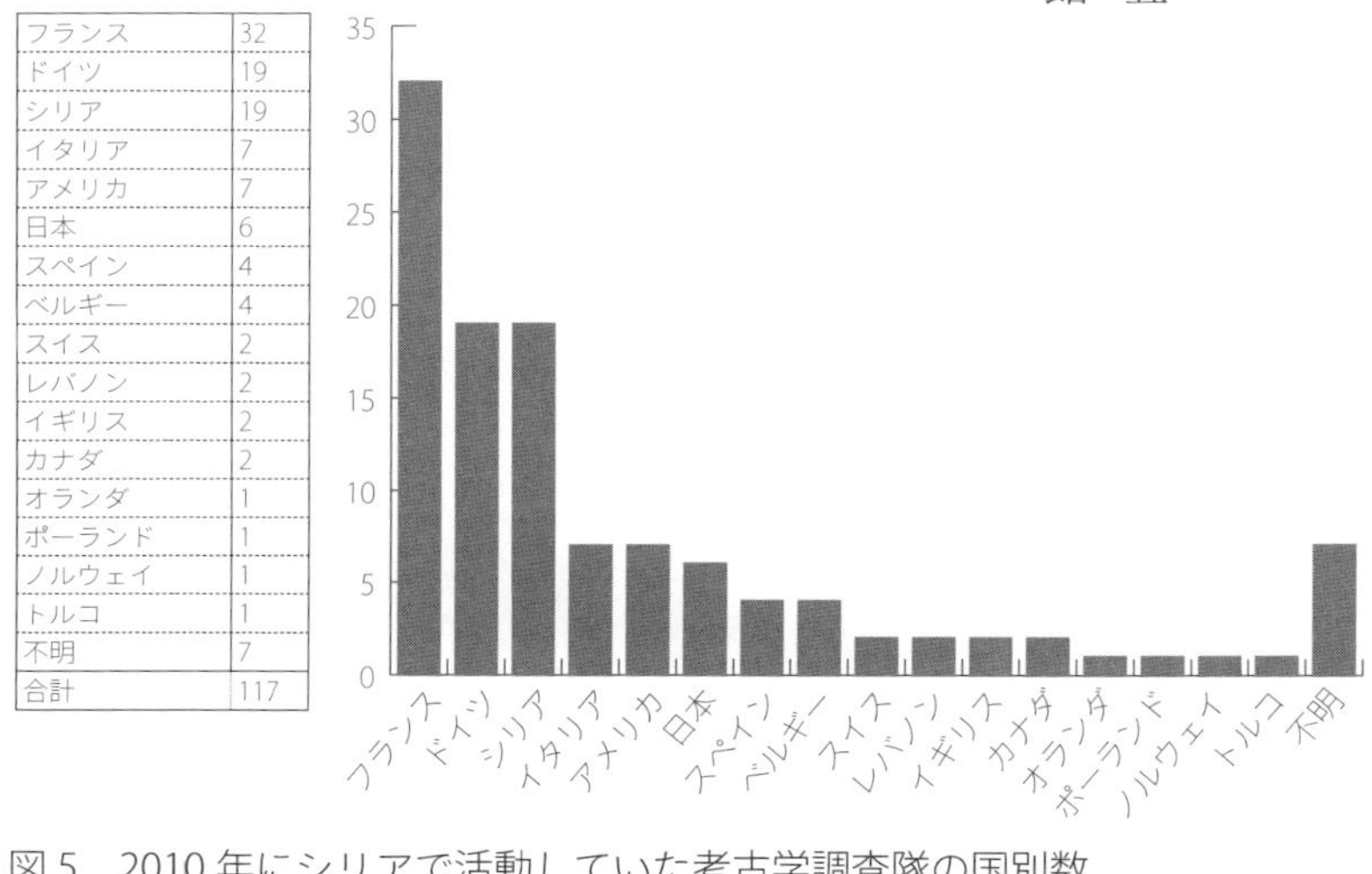

フランス	32
ドイツ	19
シリア	19
イタリア	7
アメリカ	7
日本	6
スペイン	4
ベルギー	4
スイス	2
レバノン	2
イギリス	2
カナダ	2
オランダ	1
ポーランド	1
ノルウェイ	1
トルコ	1
不明	7
合計	117

図５　2010 年にシリアで活動していた考古学調査隊の国別数

日本が六隊ということになります。日本の後に、スペイン、ベルギー各四隊と続いていきます。紛争前のシリアでの日本の考古学調査隊の存在感は決して小さくない、ということがおわかりになると思います。フランスはシリアを委任統治領にしていたこともありまして、フランスとシリアは考古学にかかわらず古くから深い関わりがございます。フランスはダマスカスに素晴らしい考古学研究所を持っていたりするわけです。従いまして、こうしたフランスに比べるともちろんずっと少ないのですが、ほかの欧米諸国に比べても、日本のシリアにおける考古学調査隊の存在感が相当なものであるとおわかりになっていただけるかと思います。

最初のシリア踏査

さて、その中で日本隊は一体いつからシリアで考古学調査を開始したのでしょうか。皆さんご存知のように、一九五六年に日本の西アジアの考古学調査が始まります。それは東京大学の江上波夫先生を団長とする東京大学イラク・イラン遺跡調査団で、最初に北イラクのテル・サラサート遺跡で鍬入れをします。鍬入れをされたのは、先日ご逝去された三笠宮殿下ですが、一〇月の鍬入れの後、翌年の四月までという非常に長い期間調査をしています。この調査の合間、冬の期間は雨で発掘調査ができないので、一九五七年の一月から二月にかけて、周辺のシリア、レバノンを踏査しています。数班に分

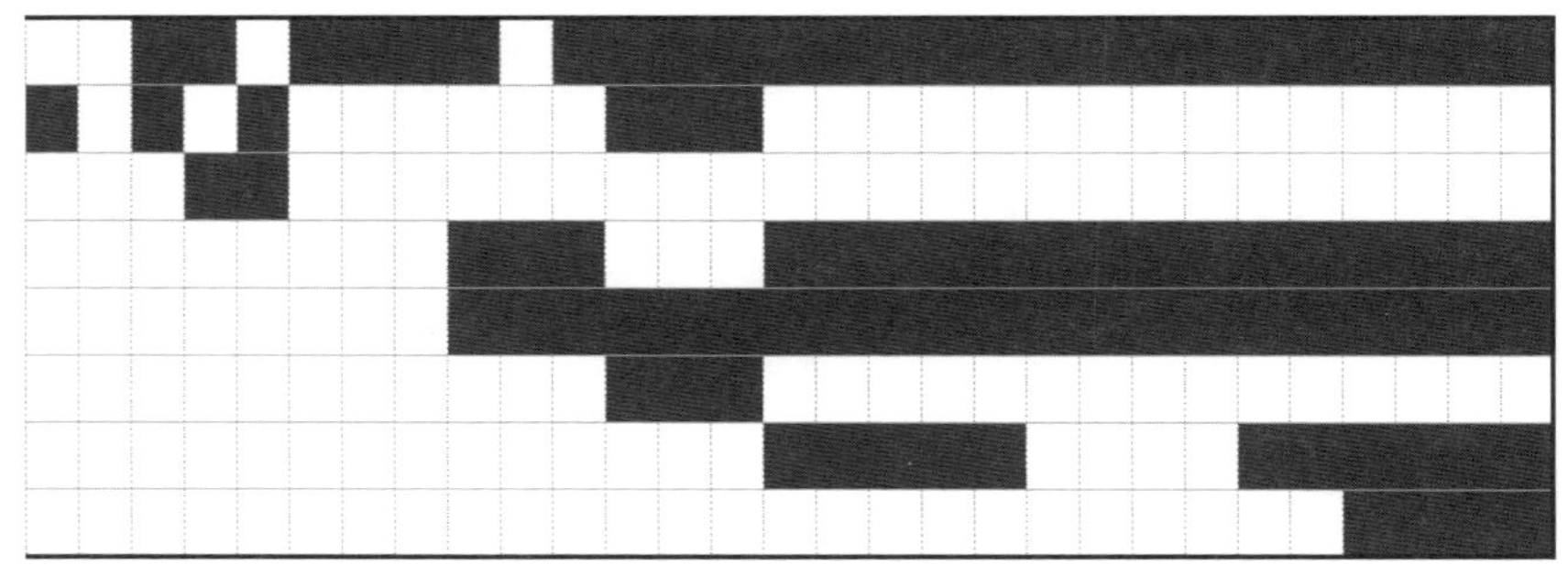

かれてシリア各地を踏査したこの調査が、シリアでの最初の考古学調査、ということができるかもしれません（カラー頁の写真1、以下【1】）。

旧石器時代人を求めて—東京大学調査団—

シリアにおいて、日本隊による本格的な発掘調査が始まったのは一九七〇年です。それからの主な調査隊の活動年を、機関別にまとめてみました（図6）。最初の発掘は、東京大学の鈴木尚先生が団長の西アジア洪積世人類遺跡調査団です。この調査団は、シリアではパルミラ盆地のドゥアラ洞窟で発掘調査を行っています【2】。左側の写真には、一番右に若き日の赤澤威先生が写っておられます。右側の写真には、ちょっとポールで隠れていますが、鈴木尚先生が写っておられます。当時のシリアでの日本隊の調査の様子がわかる写真です。この調査隊は、洪積世人類遺跡調査団という名前の通り、シリアだけではなくてパレスチナ、イスラエル、それからレバノンなどで旧石器時代の人骨を探求していました。当時、イラクのザグロス山脈にあるシャニダール洞窟で、アメリカ隊のソレッキーたちがネアンデルタール人骨を掘り当てて話題になっていましたが、鈴木先生たちの日本隊もネアンデルタール人を探そうというのが一番大きな目的だったと思います。残念ながら、パルミラのドゥアラ洞窟の発掘調査では、ネアンデルタール人は出土しませんでしたが、中期旧石器時代の素晴らしい文化層と、もっと新しい続旧石器時代

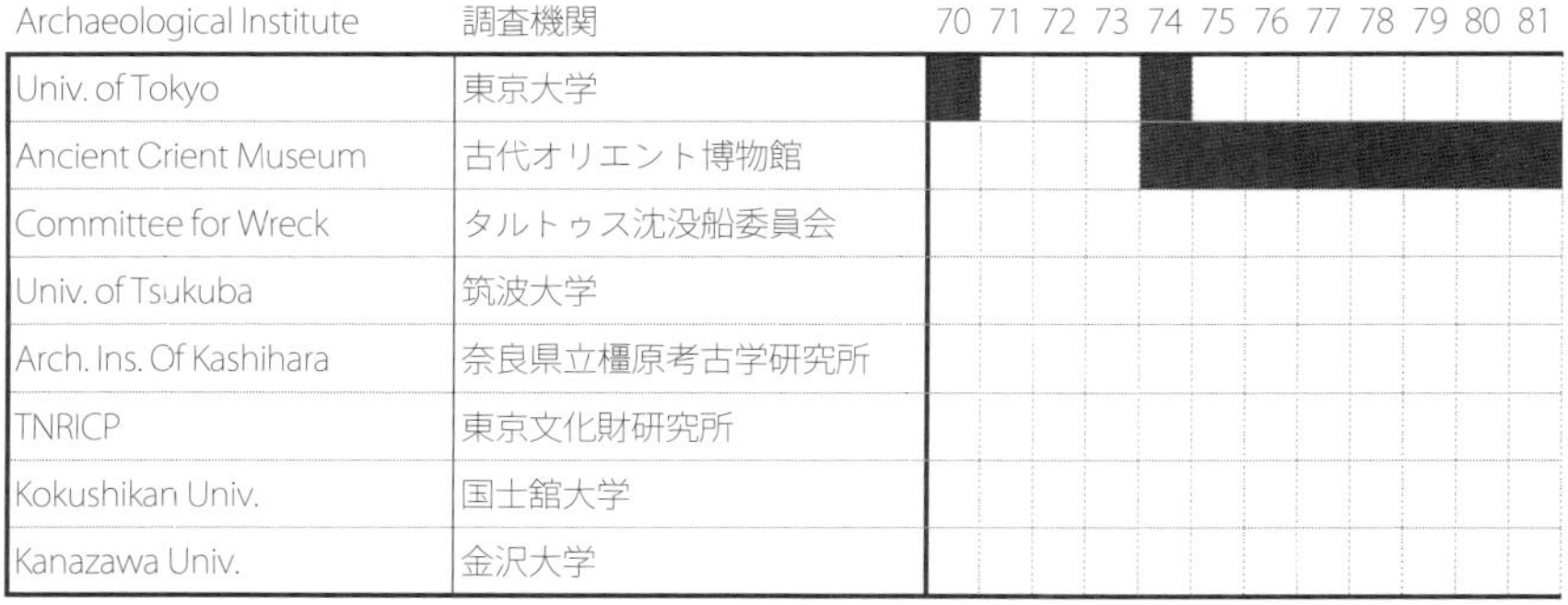

Archaeological Institute	調査機関	70	71	72	73	74	75	76	77	78	79	80	81
Univ. of Tokyo	東京大学	■				■							
Ancient Crient Museum	古代オリエント博物館					■	■	■	■	■	■	■	■
Committee for Wreck	タルトゥス沈没船委員会												
Univ. of Tsukuba	筑波大学												
Arch. Ins. Of Kashihara	奈良県立橿原考古学研究所												
TNRICP	東京文化財研究所												
Kokushikan Univ.	国士舘大学												
Kanazawa Univ.	金沢大学												

図6　日本隊によるシリアでの考古学調査

の文化層が発掘されました。この調査に連なる系譜を持つ調査隊は、一九八九年から赤澤威先生を団長としまして北西シリアのアフリン盆地にあるデデリエという洞窟遺跡の発掘調査を始めます。そしてデデリエ洞窟では、念願のネアンデルタール人の子供の骨を発見され【3】、ネアンデルタール人に対する様々な新知見を得て、新たなネアンデルタール像を創造されることになります。このデデリエ洞窟での考古学調査は、二〇〇九年まで長きにわたって継続されました。

ユーフラテス河からイドリブへ—古代オリエント博物館設立のきっかけとなった調査—

東京大学西アジア洪積世人類遺跡調査団に続いたシリアでの考古学調査として、ユーフラテス河にできるタブカ・ダムのために沈んでしまう遺跡の緊急調査を一九七四年から始めた、後の古代オリエント博物館に連なる調査隊の活動があります。これは、広大な人口湖であるアサド湖造成に伴って国際的な緊急調査をシリア政府が各国に呼び掛け、それに呼応した救済のための調査でした。緊急調査自体は一九六〇年代には始まっていたのですが、江上波夫先生を団長とする日本の調査隊はやや遅れて一九七四年から参加し、一九八〇年までの七シーズンにわたって、テル・アリー・アル＝ハッジ遺跡（テル・ルメイラ遺跡）とテル・ミショルフェ・ハッジ・アリー・イーサー遺跡という二つのテル型遺跡の発掘を担当しました【4】。テル・アリー・アル＝ハッジ遺跡では青銅器時代から鉄器時代の集落址を、テル・ミショルフェ・ハッジ・アリー・イーサー遺跡ではローマ時代の砦跡や多数のコインの入った壺などを発掘しています。

このオリエント博物館に連なる日本の調査隊は、調査地をユーフラテス河からイドリブ県に移して、一九八〇年から九五年までイドリブ南郊のテル・マストゥーマ遺跡で発掘調査を行っています。テル・マストゥーマ遺跡は素晴らしいオリーブ畑のただなかに位置します【5】。そしてオリーブ畑に囲まれた集落遺跡の発掘調査で、鉄器時代の紀元前八世紀の層から、オリーブの搾油施設と推定される遺構も発見しています【6上・中】。オリーブやブドウの炭化種子も大量に出土していますので、マストゥーマの集落の運営に果樹栽培が深く関わっていたことがわかります。江上波夫先生は、当時もう九〇歳近いご年齢かと思いますが、現場で調査を指揮されていました【6下】。テル・マストゥーマ遺跡は新石器時代からビザンツ時代に至る長期の文化層を有するテルですが、特に鉄器時代の集落が大規模に発掘され、当時の集落構造を知ることのできる希少な遺跡として、様々な書物で引用されています【7】。この一連の調査は、東京池袋のサンシャインシティに古代オリエント博物館が開館するきっかけになりました。調査を主導された江上波夫先生が、日本画家の平山郁夫先生や小説家の井上靖先生、そして日本精工会長の今里廣記氏らと相談して、日本で最初の古代オリエント史研究の専門博物館として一九七八年に古代オリエント博物館を設立されたのです。同博物館の中で、ユーフラテス河での発掘調査の展示は現在でも異彩を放っています【8】。そうした意味で、古代オリエント博物館はシリア調査から生まれたといって過言ではありません。

新石器時代とウバイド期の調査―東京大学調査団―

次にシリアで活動した調査隊として挙げられるのは、東京大学東洋文化研究所および総合研究博物館に連なる調査隊です。調査のきっかけは、シリア北東部のハブール川流域でのダム建設に伴う緊急調査で、一九八七年から一九八八年に、テル・カシュカショクⅡ遺跡の調査を行っています。東洋文化研究所の松谷敏雄先生が団長となられ、新石器時代の文化層を調査されていたのですが、銅石器時代ウバイド期の墓地も発掘しています。同じ調査隊は、一九九四年から一九九八年にかけてユーフラテス河中流域のティシュリーン・ダム建設に伴う緊急調査に入り、テル・コサック・シャマリ遺跡の発掘調査を行っています。ここでは、ウバイド期の彩文土器製作のための工房址が発見され、ウバイド土器づくりの状況がわかる貴重な資料を提供しています【9】。ウバイド土器の中には、ヘビが獲物を追っているような面白い装飾がついたものもあります【10】。松谷敏雄先生の後を継がれてコサック・シャマリ遺跡の調査をされていた西秋良宏さんは、先述したデデリエ調査についても赤澤威先生の後も継いでおられるのですが、再びハッサケに戻られて、二〇〇〇年からテル・セクル・アル・アヘイマル遺跡の調査を始められました。調査の目的は、北東シリアでの農耕社会の始まりと展開を調べることで、先土器新石器時代から土器新石器時代にかけて連続的な文化層の調査を行いました。先土器新石器時代文化層からは、「女神像」と西秋さんが呼ぶ美しい大型の土偶が出土しています【11】。

イドリブでの先史時代遺跡調査―筑波大学調査団―

古代オリエント博物館のユーフラテス河やイドリブ県での調査に参加されていた筑波大学の岩崎卓也先生は、イドリブ県の西部にあるエル・ルージュ盆地という非常に豊かな農村地帯で、農耕の開始から都市の成立までの歴史に焦点をあてて、一九九〇年から一九九二年にかけて大規模な踏査を行っています。踏査の結果、三〇×五～七キロという狭小な盆地に三〇以上のテル型遺跡が存在し、新石器時代にはすでに集落規模に大きな格差が生じていたことが判明しています【12】。この調査では三つの遺跡で試掘調査も行っており、新石器時代から青銅器時代に至る地域文化編年の構築もなされています。エル・ルージュ盆地に所在する先史時代遺跡のうち特に注目されたのが、盆地南部に位置するテル・エル・ケルク遺跡です。新石器時代に後の青銅器時代の小都市遺跡に匹敵するような一〇ヘクタールを優に超える規模に発達していたことが推定されたため、岩崎卓也先生の後を継いだ常木晃は、テル・エル・ケルク遺跡の調査を画策しました。

常木らは、シリア政府の要請を受けて一九九六年にハッサケのダム・サイトに沈むウンム・クセイール遺跡の緊急調査を実施した後に、一九九七年からテル・エル・ケルク遺跡の発掘調査を始め、二〇一〇年まで継続しています。調査の結果、ケルク新石器時代集落は、先土器新石器時代Ｂ期末には一六ヘクタールもの規模を誇り、土器新石器時代の初めごろにも七～八ヘクタールもの大きさを有していたことが推定されています。そしてこの集落は、単に規模が大きかっただけではなく、大型の共同の貯蔵施設や、高度なモノづくり技術、職業専門化、長距離交易、所有権の発達、共同墓地の運営など相当複雑な社会が存在したことが判明してきています。例えば、いくつもの大型土製容器が連なった大規模な貯蔵施設や、動物の牙（歯）で作ったトルコ石に似せた青色ビーズ、シリア内外の各地から集められた様々な素材で作られたビーズ、非常にたくさん出土しているスタンプ印章など、複雑な社会を示す様々な証拠があります【*13*】。この遺跡は、西アジアの新石器時代で最も多数の印章を出土している遺跡であり【*14*】、私たちが今印鑑を使用して生活しているように、紀元前七千年紀にはシリアの人々は印章を使って取引や貯蔵をしていたことがわかっています。それからまた、今のところ判明する限りで、西アジアで最も古い屋外型の共同墓地なども発見されています【*15*】。

パルミラのローマ時代墳墓の調査―奈良県立橿原考古学研究所調査団―

一九九〇年からは奈良県立橿原考古学研究所がパルミラで発掘調査を始めます。この調査は樋口隆康先生が団長でしたが、その後西藤清秀さんが団長を引き継がれ、二〇一〇年まで長期にわたって調査を続けてこられました。奈良県立橿原考古学研究所は、パルミラのオアシスの南側に点在する東南墓地を主な対象として発掘調査を行い、大変残りのよいローマ時代の地下墓をいくつも発見しています【*16*】。奈良県立橿原考古学研究所の発掘では、３Ｄイメージによる墓や彫像の詳細な記録を行うなど、調査に最新技術を惜しみなく投入していることが特筆されます。また、発掘した墓をなるべくローマ時代と同じ材料と手法によって建設当時の状況に近いものに復元し、一般公開するなど、考古学調査隊の手本になるような試みを多くされています。多くの日本の調査隊が、シリアにあるそれぞれの地域の国立博物館の展示に協力していますが、奈良県立橿原考古学研究所がパルミラ博物館の展示を強力にバックアップしてきたことも特筆されます。シリアの文化遺産をシリアの人々が利用できるように努めておられることは、日本の調査隊によるシリアの歴史への極めて重要な貢献であることは間違いありません。

アイン・ダーラ遺跡の保護の試み―東京文化財研究所―

一九九四年から一九九六年にかけて、東京文化財研究所の西浦忠輝先生らは、シリア北西部のアフリン盆地に位置するアイン・ダーラ遺跡の修復作業に取り組みました。アイン・ダーラはシロ・ヒッタイト時代の神殿遺跡で、旧約聖書に書かれているソロモン神殿と様式が似ていることで知られています。神殿の外壁が玄武岩製のライオンとスフィンクスのレリーフに覆われている大変印象的な外観を持ち、床石には巨大な足跡が描かれています【*17*】。しかしながら強い日差しと風雨によって、玄武岩の剥落が激しく、その処理にシリア政府が大変苦労していたために、東京文化財研究所に保存修復の依頼があったのです。西浦先生たちはここで三年間にわたって、大変困難な保護活動に取り組んだのです。

多数の粘土板文書の発見―国士舘大学調査団―

一九九七年からは、国士舘大学によって、北東シリアのハブール川流域に所在するテル・タバン遺跡の調査が始まりました。この遺跡は、前述したウンム・クセイールと同様にハッサケ市南方のダム・サイトの緊急調査の一つとして行われ、一九九九年までは大沼克彦先生が、中断期間を挟んで二〇〇五から二〇一〇年までは沼本宏俊さんが調査隊長を務められています。テル・タバン調査の最大の成果は、なんといっても西アジアで活動する日本隊が初めて遭遇した多数の粘土板文書の発見と言えます。紀元前一三世紀頃の中期アッシリア時代の王墓が発掘され、その近くから一五〇枚以上の粘土板文書が発見されています【18】。粘土板文書は筑波大学の山田重郎さんと柴田大輔さんが解読にあたり、この遺跡がタバトゥムという名前の小王国の王都であったことや当時の微妙な政治情勢、使用していた暦のことなど、いろいろなことが分かってきました。中期アッシリア時代だけではなくて、もっと古い紀元前一八世紀の古バビロニア時代の粘土板文書も出土しています。日本隊の発掘する遺跡からこんなに沢山の粘土板文書が出土し、その粘土板文書を日本人研究者が解読して世界の学界に発信し、北西シリアの青銅器時代の歴史の解明に大きく寄与するという、日本人にとっては実に爽快な成果をテル・タバン遺跡の発掘調査はもたらしたのです。

二〇〇六年から五年間、国士舘大学の大沼克彦先生を領域代表者として、多くの日本の西アジア考古学研究者が参加した文部科学省科学研究費特定領域研究「セム系部族社会の形成」が実施されました。この領域研究の主目的は、シリア中央部ラッカ県からディ・エッ・ゾール県にかけてのビシュリ山系を舞台として、後のアラム人やアモリ人など、遊牧系の人々の社会の成立を探ろうとするものでした。この領域研究に関係して、国士舘大学の大沼克彦先生や沼本宏俊さん、金沢大学の藤井純夫さん、東京大学の西秋良宏さんなどが隊長となり、旧石器時代から青銅器時代を対象とした多くの発掘調査、踏査がビシュリ山系で行われています。特に遊牧民研究をライフワークにされている藤井純夫さんは、ヨルダンの調査と同様に、ビシュリ山系に遊牧民が残したと考えられるケルン墓調査を大々的に実施し、ヨルダンと同じようにシリア砂漠の中にも遊牧民たちがかなり古くから様々な遺構を残していることを証明しています【19】。

シリアにおける日本隊の調査成果

ここまで、シリアにおける二〇一〇年までの日本隊の調査について、その概要をお話してきました。日本の調査隊によるシリアでの考古学調査が、シリアの歴史や西アジアの歴史、ひいては世界の歴史に連なる多くの新知見をもたらし、また西アジア地域に対する私たちの理解の深化にさまざまに貢献してきたことをご理解いただけたと思います。

例えば、東京大学の調査団はデデリエ遺跡でネアンデルタール人骨を発見し、その研究からネアンデルタール人に関する私たちの認識を新たにする成果を提案しています。この調査を契機として、赤澤威先生を領域代表者とする新学術領域研究「ネアンデルタールとサピエンス交替劇の真相」が二〇一〇年から二〇一四年に実施され、ネアンデルタールとサピエンスの頭蓋形態や学習能力の差異など非常に詳細な学際研究が行われて、世界的な注目を集めました。現在その研究は西秋良宏さんに継続され、二〇一六年からは西秋さんを領域代表者とする新学術領域研究「パレオアジア文化史学」が始動しさらに発展しようとしています。

ユーフラテス河中流域で一九七〇年代に実施されたタブカ・ダムサイトの緊急調査は、その調査自体が契機となって、日本で最初の古代オリエント研究のための専門博物館が設立されることになりました。古代オリエント博物館は、その設立当初から西アジア現地での調査研究が大きな任務となっていたのです。日本では大変希少な研究博物館として、現在の日本での西アジア考古学研究の一つの拠点となり、また日本西アジア考古学会の活動にもその設立当初から大いに貢献しています。博物館では古代オリエントの社会や西アジア文明を身近に感じることができ、その価値や意味を日本の人々に広く広報する同博物館の役割は極めて大きなものがあります。

筑波大学のシリア調査では、社会の複雑化や都市の起源の研究に新たな視点を提供しました。農耕社会の成立から都市文明の発展という人類史の大転換点について、様々に考え直す必要があることを、テル・エル・ケルクの発掘調査は私たちに教えてくれます。また西アジア考古学や楔形文字研究を行う研究者を筑波大学に結集させて、大学内に西アジア文明研究センターを作り、日本の中で西アジア文明研究の拠点の一つとなっていること、二〇一二年から二〇一六年に新学術領域研究「現代文明の基層としての古代西アジア文明」を実施したことも特筆されます。

奈良県立橿原考古学研究所の調査は、世界遺産であるパルミラ研究の重要な世界拠点の一つが日本の研究機関であることを世界に向けて証明しています。ＩＳ（自称「イスラム国」）の遺跡破壊などを受けて現在のパルミラ遺跡は極めて危機的な状況にありますが、奈良県立橿原考古学研究所が記録してきた東南墓地やベル神殿などの３Ｄイメージと研究所が蓄積してきた膨大な知見は、これからのパルミラ遺跡の復興に大いに貢献するはずです。調査を主導してきた西藤清秀さんは、現在、シリア文化遺産の復興を目指す国際プロジェクト「未来につなぐシリア文化遺産シルクロード友情プロジェクト」を主導するなど国際的に活躍されています。

アイン・ダーラ修復事業は、東京文化財研究所が西アジアでの遺跡保護活動を活発化させる一つの契機となりました。本シンポジウムを主催されているのが東京文化財研究所であることからおわかりのように、シリアに限らず、西アジア地域の文化遺産の保護活動にとって、東京文化財研究所の役割はこれからますます大きくなっていくことでしょう。

国士舘大学のテル・タバン調査は、日本隊で初めてまとまった粘土板文書を遺跡から発掘するという大きな成果を上げ、その解読はハブール川流域の青銅器時代研究のみならず、世界の楔形文字研究者から大きな注目を集め続けています。またビシュリ山系の総合調査は、特にアラム系の遊牧民の登場と発展についての考古学的な証拠を提示したものとして、西アジアの遊牧民研究の大きな業績となっています。

危機に瀕するシリアの文化遺産に対して私たちができること

私たちは、シリアでの日本隊による考古学的調査・研究が、旧石器時代からローマ時代にわたる様々な時代に新しい知見をもたらし、世界的規模の人類史や地域の歴史研究に大いに貢献してきたと自負することができるかと思います。それはまた、シリアでの考古学的調査や研究を行うことによって、シリアから多大な学問的恩恵を私たちは受けてきたのだ、ということを意味しています。しかしながら今、人類史を再構成するための私たちの研究に多大な恩恵をもたらし続けたシリアの遺跡や建築、遺物などの文化遺産が、現在の激しい紛争下で、消滅や破壊の危機に瀕しているのです。私たち日本人は、そのような大きな恩恵を受けてきたシリアの文化遺産の危機に対して、いったい何をすることができるのでしょうか。

いくつかの悲劇的なスライドをお見せします。図7はアレッポ博物館の二〇一六年七月の姿です。図8はパルミラ博物館の同年六月の様子、図9はバール・シャミン神殿がISによって破壊された跡を同年四月に撮影した様子です。シリア古物博物館総局はこの五年間の被害状況を事細かにまとめた本を出版しています（図10）。この本は、シリアでの文化遺産の被害がど

図7　アレッポ博物館
（2016年7月、シリア古物博物館総局提供）

図８　パルミラ博物館（2016年６月、シリア古物博物館総局提供）

図９　パルミラのバール・シャミン神殿（2016年４月、シリア古物博物館総局提供）

図10　紛争下のシリア考古学遺産
（シリア古物博物館総局発行）

図11　シリア古物博物館総局による
シリア文化遺産救済キャンペーン

のようなもので、どのようなことを私たちはするべきなのかについて、色々考えさせられます。この他にも、シリア古物博物館総局は、文化遺産の重要性を人々に啓発するために様々なキャンペーンを行っています（図11）。ユネスコでは、ベイルート・オフィスが中心になってＥＵの信託基金を得て、シリアの文化遺産をどのように守ろうかという検討を行っています。ユネスコの主な実施項目は、第一にシリア文化遺産の現状を把握してオブザバトリーになろうということであります。第二に、シリア文化遺産の重要性と保護の教育広報活動です。シリアの文化遺産がなぜ重要なのかということを、シリアの人々、世界中の人々に知ってもらって、それをなぜ守らなければいけないのかの理解を高めようとしています。第三は、シリアの文化遺産に関わる人々のうち、特にシリアの若手研究者たちの文化遺産の保護に関する研修です。ユネスコの活動については、ナーダさんがもっと詳しくお話になると思います（本書第3章4）。他にも、例えばＩＣＯＭ（国際博物館会議）がシリア文化遺産のうち、流出したり危機にある遺産についてのレッドリストを様々な言語で出版しています。

日本の考古学者は次のような活動をしています。日本西アジア考古学会では、会長（当時）の西藤清秀さんを中心として二〇一五年一二月三日から六日にかけて、シリアに隣接するレバノンのベイルートにおいて、シリア考古学と文化遺産に関する国際会議を主催しました（図12）。この会議の開催にあたり、日本の一般の方々に寄付を呼び掛け、たくさんのご賛同を得て、実施することができました。この会議の一番の目的は、シリアの文化遺

図12　2015年12月にベイルートで開催されたシリア考古学会議に集まった研究者たち（吉竹めぐみ氏撮影）

産を実際にシリア国内で護っている人々を励ますことにありました。シリアの文化遺産を護っている人々には様々な立場の方がいますが、その方々に自分たちの研究成果を発表してもらい、世界中の考古学者があなた方を応援しているということを伝えるための会議でありました。また、シリアでの遺物の保護などに直接必要な梱包材などの贈呈も行っています。幸いなことに、シリアと世界中の一五カ国から二〇〇名に上る研究者が集まって下さり、会議としては非常に成功したのではないかと思っております。

私どもは、このほかにも様々な活動を行っています。例えば、二〇一六年の夏に『一〇〇の遺跡が語るシリアの歴史 A History of Syria in One Hundred Sites』という本をオックスフォードのアーキオプレス社から出版しました（図13）。これは、二〇一〇年あるいは少し前の場合もありますが、その時点でシリアで考古学調査を行っていた世界中の一〇〇人以上の考古学者に参加いただいて、それぞれの遺跡の概要と歴史的意義を説明した本です。このような本をシリアの人々、西アジアの人々、そして世界中の人々に読んでいただいて、シリアの文化遺産が人類史を語るうえでどれだけ大切なのかを知っていただく。そうした活動が、長い目で見れば、遺跡の破壊の抑止とか遺跡の保護に繋がるのではないかと考えております。現在、文化庁から援助をいただいてアラビア語バージョンを準備中であります（二〇一七年三月に出版、シリアの学校とシリア周辺国の難民学校などに配布した。図13・14）。同じ文化庁からの支援プロジェクトでは、破壊の危機にあるシリアのいくつかの遺跡の正確な３Ｄ記録を残す活動なども行っています。

　シリア考古学とシリアの歴史研究の発展に日本の調査隊がさまざまに貢献し、またシリアの文化遺産から私たち日本人の考古学者が研究上多大な恩恵を受けてきたことをお話してきました。人類の歴史の再構成にとって極

図 13　『100 の遺跡が語るシリアの歴史』
（左：英語版　右：アラビア語版）

図 14　ベイルートのシリア人難民学校
バスマ・ワ・ゼイトゥンで
『100 の遺跡が語るシリアの歴史』を配布

めて重要なシリアの文化遺産を破壊と消滅から今こそ護らなければなりません。そのために、世界中の人々とともに、わたくしたち日本人も力を尽くしたいと考えています。皆さんのご理解をいただければ幸いです。

謝辞

本発表に使用させていただいた写真や図は、シリアで活動する日本の各調査隊から提供いただいたり、本文中にも記しました『一〇〇の遺跡が語るシリアの歴史』に掲載された写真を使用させていただいております。掲載にあたり、以下の諸機関と個人に深く感謝申し上げます。

金沢大学考古学研究室、国士舘大学イラク古代文化研究所、古代オリエント博物館、筑波大学西アジア文明研究センター、東京大学総合研究博物館、東京大学東洋文化研究所、東京文化財研究所、奈良県立橿原考古学研究所、日本西アジア考古学会

赤澤威、安倍雅史、大沼克彦、西藤清秀、津村眞輝子、津本英利、西秋良宏、沼本宏俊、藤井純夫、山田重郎、吉竹めぐみ、脇田重雄

参考文献

西秋良宏・小髙敬寛・小川やよい　二〇一六『1957年撮影、シリア史跡写真』東京大学総合研究博物館標本資料報告一〇七、考古学資料目録第11部、東京大学。

Akazawa.,T. and Nishiaki, Y. 2016 "2. Dederiyeh Cave (Aleppo)", in Kanjou, Y. and Tsuneki, A. (eds.) *A History of Syria in One Hundred Sites*, Archaeopress, Oxford, pp.17-20.

Ishida, K., Tsumura, M. and Tsumoto, H.(eds.) 2014 *Excavations at Tell Ali al-Hajj, Rumeilah: A Bronze Age Settlement on Syrian Euphrates*, The Ancient Orient Museum.

Nishiaki, Y. 2016 "16. Tell Seker al-Aheimar (Hassake)", in Kanjou, Y. and Tsuneki, A. (eds.) *A History of Syria in One Hundred Sites*, Archaeopress, Oxford, pp.69-71.

Numoto, H. 2016 "42. Tell Taban (Hassake)", in Kanjou, Y. and Tsuneki, A. (eds.) *A History of Syria in One Hundred Sites*, Archaeopress, Oxford, pp.184-187.

Saito, K. 2016 "80. Palmyra, Japanese Archaeological Research (Homs)", in Kanjou, Y. and Tsuneki, A. (eds.) *A History of Syria in One Hundred Sites*, Archaeopress, Oxford, pp.349-354.

Iwasaki, T. *et al.* 2009 *Tell Mastumura: An Iron Age Settlement in Northwest Syria,* The Ancient Orient Museum.

Tsumoto, H. 2016 "37. Tell Mastuma (Idlib)", in Kanjou, Y. and Tsuneki, A. (eds.) *A History of Syria in One Hundred Sites*, Archaeopress, Oxford, pp.163-166.

第3章 紛争下の文化遺産の現状と保護に向けた取り組み

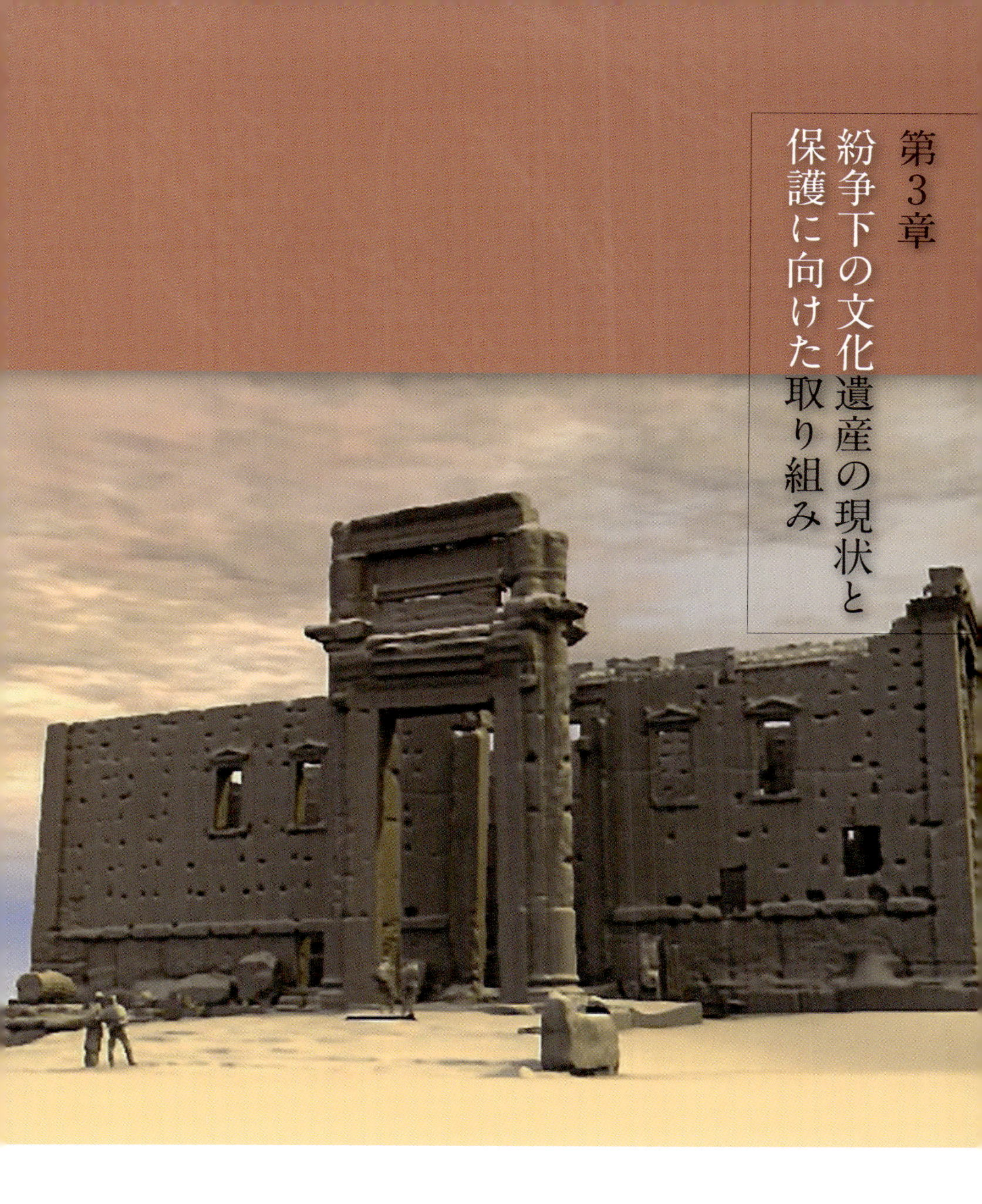

シリアの文化遺産は現在、危機的状況にある。保護に向けた取り組みには、これまでの調査の蓄積も大きな役割を担っている——

1 シリア紛争下における文化遺産の被災状況

安倍雅史 *ABE Masashi*

本文 pp. 127-136

アイン・ダーラ遺跡のライオン像

1 東京文化財研究所が修復を行ったアイン・ダーラ遺跡（筆者撮影）

3 アレッポ城（紛争前に筆者が撮影）

2 クラック・デ・シュヴァリエ（紛争前に筆者が撮影）

4 聖シメオン教会（紛争前に筆者が撮影）

聖シメオンが過ごしたとされる柱跡

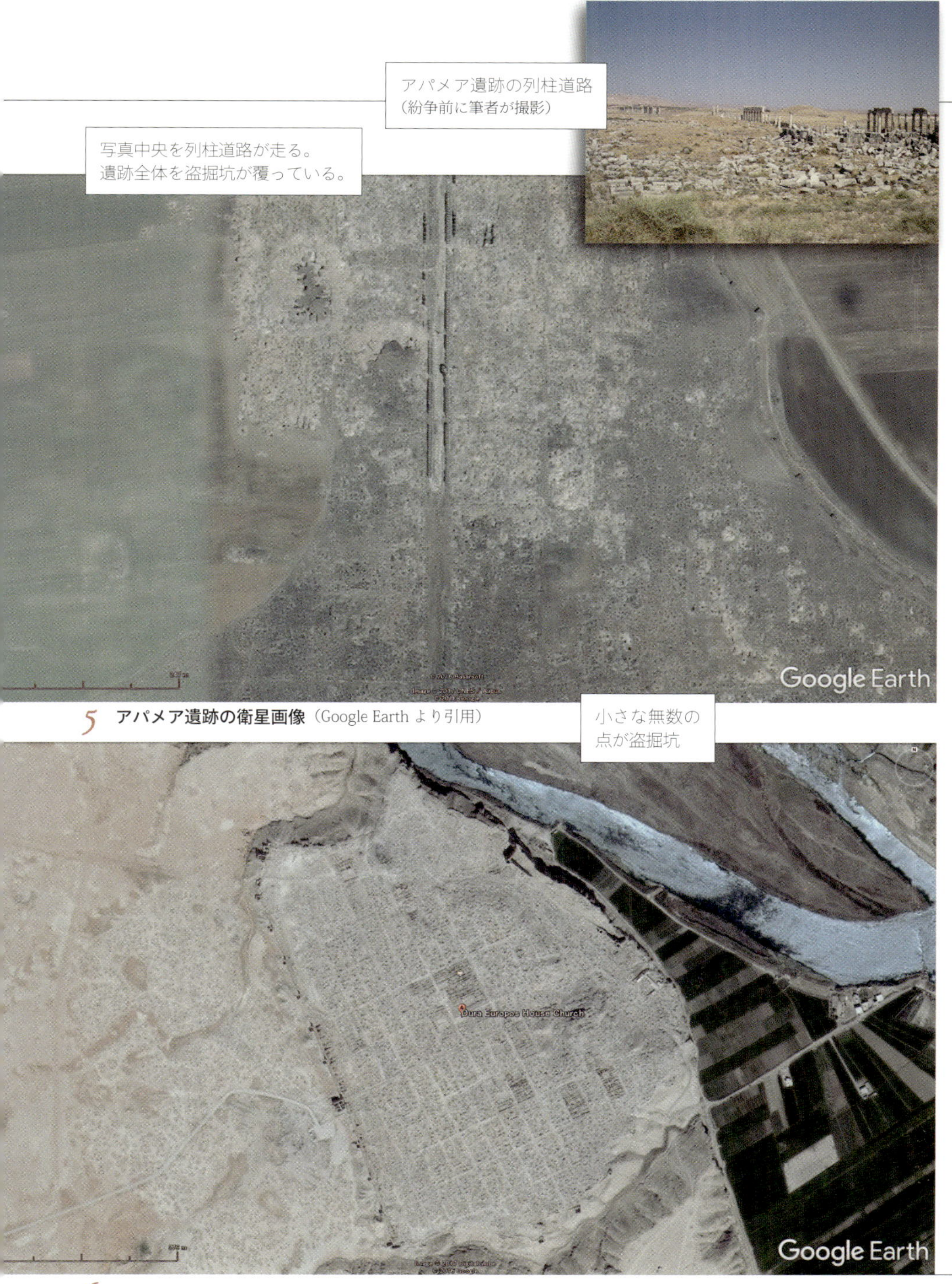

5 **アパメア遺跡の衛星画像**（Google Earth より引用）

6 **ドゥラ・ユーロポス遺跡の衛星画像**（Google Earth より引用）

前１世紀から後３世紀にかけて繁栄した隊商都市遺跡。2015年５月IS（自称「イスラム国」）によって制圧された。

2015年８月にバール・シャミン神殿とベル神殿、続く９月に塔墓、10月には記念門が破壊された。

遺跡遠景	
ベル神殿	バール・シャミン神殿
塔墓	
記念門	

7 パルミラ遺跡
（すべて紛争前に筆者が撮影）

2 シリアにおける文化遺産の保護
現状と課題

山藤正敏 *YAMAFUJI Masatoshi*

本文 pp. 137-148

ベル神殿	バール・シャミン神殿
記念門	
ローマ劇場	
四面門	

I **パルミラ遺跡**
（2011年4月筆者撮影）

2015年5月にパルミラを支配下に置いたISは、バール・シャミン神殿やベル神殿、記念門を次々と破壊した。

2016年3月に一時政府軍が奪還したが、同12月に再びISにより占領され、2017年3月にふたたび奪還するまで、ローマ劇場や四面門が破壊された。

3

パルミラ遺跡の調査から紛争終結後の取り組みを考える

西藤清秀　*SAITO Kiyohide*

本文 pp. 149-160

奈良県立橿原考古学研究所の調査隊は，1990 年から 2005 年まで 7 基の墓を調査した。

1　**パルミラ遺跡・東南墓地の調査区**（A号墓は写真外）

2　**C 号墓・ヤルハイの墓の奥棺室**

紀元前 108 年につくられた地下墓。

3 C号墓から出土した有翼女神・ニケを描いた彫像

5 石棺に彫られた有翼女神

4 3兄弟の墓に描かれた有翼女神

6 C号墓のヤルハイの彫像

7 C号墓ヤルハイの人骨出土状況

8 F号墓・ボルハとボルパ兄弟の墓の全景

辟邪のため、門にかけられていたと考えられている。

9 バッカスの従者サチュロスのレリーフ

10 F号墓主室

発掘当時、主室に並んだ彫像。盗掘に遭い、頭部がなくなっている彫像もある。

神官の格好をしていたため、頭部はいちど切り取られてはいるものの、持ち去られなかった。

11 F号墓奥棺室の石棺彫像

12 修復・復元作業の風景

修復した箇所は白色とし、オリジナルと明確に見分けられるようになっている。

13 修復後のF号墓主室

14 発見されたG号墓

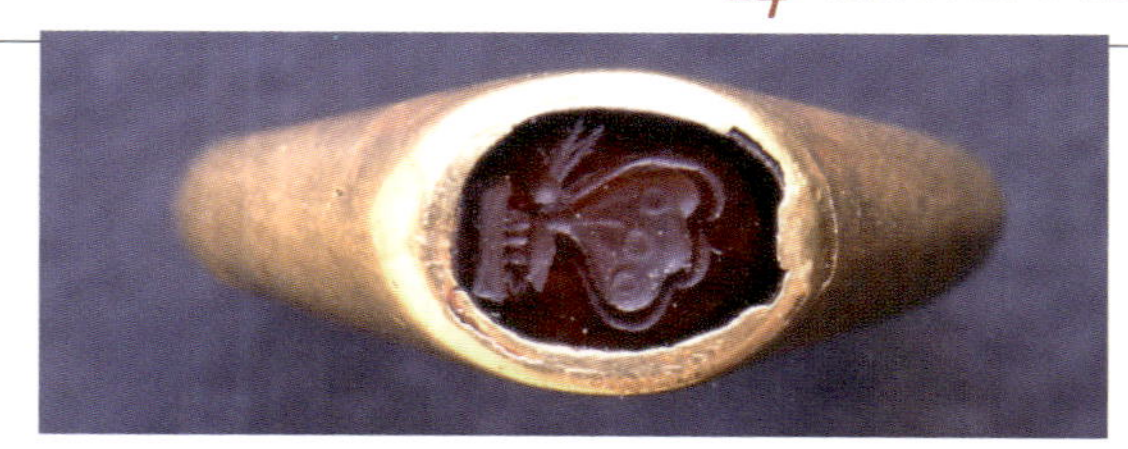

15 G号墓出土の蝶の文様を施した指輪

16 G号墓出土の副葬品

土を掘って木棺を置き、石で蓋をする簡素な構造。

17 H号墓の全景

18 H号墓出土の石棺

19 H号墓の修復

20 修復後に実施した 3 次元計測

修復中に設計図と異なる箇所も出てきたため、復元後に 3 次元計測を行った。

21 F 号墓の 3 次元画像

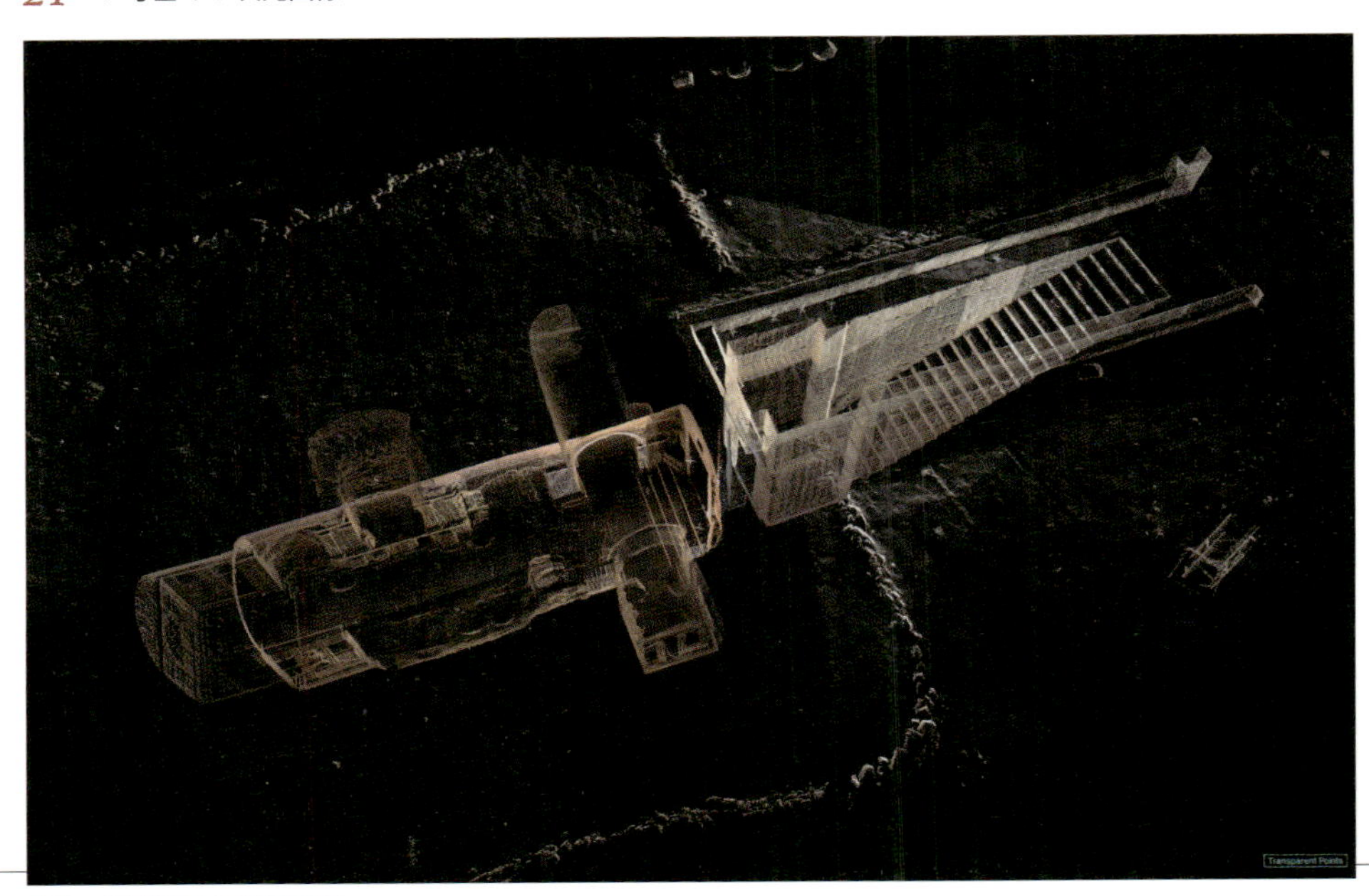

22 H 号墓の 3 次元画像

23 129b 号墓の発掘前の 3 次元計測画像

26 2010 年調査開始段階での遺構

24 石材の移動作業

25 石材の分類・整理

27 129b 号墓の外部復元図
（左：西面、右：南面）

石材を取り上げ、1つずつ3次元計測を行い、外部復元図を作成した。

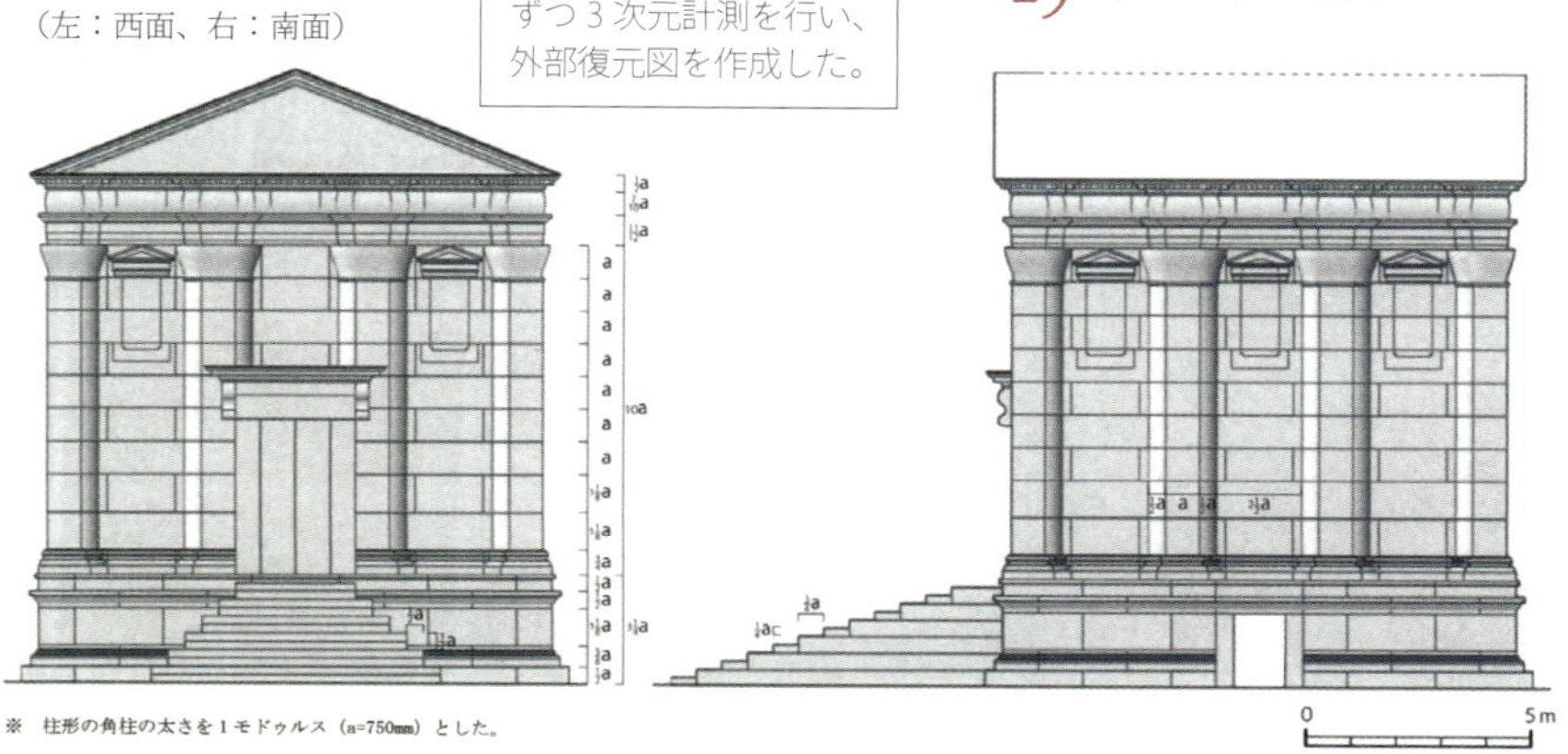

※ 柱形の角柱の太さを1モドゥルス（a=750mm）とした。

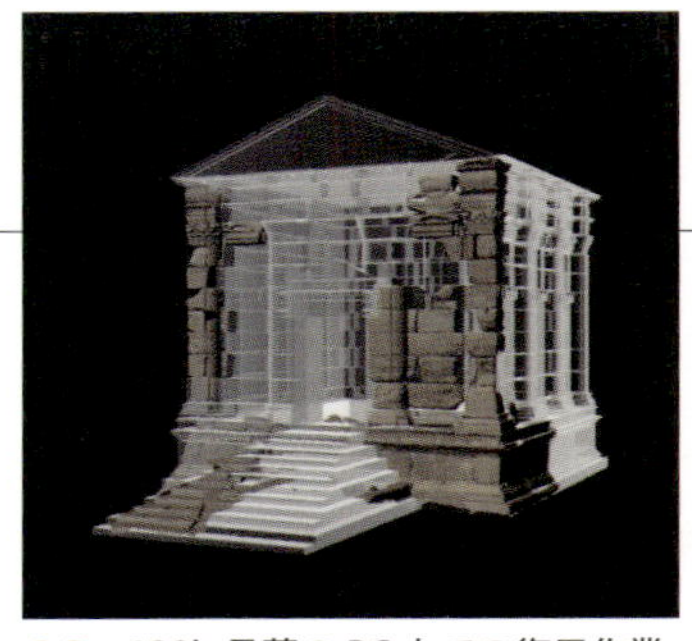

29 129b号墓のPC上での復元作業

28 2016年5月段階での129b号墓
（東上空から撮影）

2011年に覆い屋を整備し、現地での発掘調査は中断したまま。現在、3次元データを利用した復元作業が行われている。

30 墓の埋め戻し作業

31 H号墓の主室北壁・壁龕の家族饗宴像石棺

パルミラ博物館から送られてきた写真を見ると、ほとんどの彫像が盗まれていた。

32 H号墓の南側室西壁

34　ベル神殿へ爆弾を運び込むＩＳの兵士

ベル神殿は、ISにより、大量の爆薬で爆破された。

35　ベル神殿の爆破

33　爆破前のベル神殿

36　爆破されたベル神殿

37 ベル神殿の爆破前と爆破後

パルミラの復興に向けて

Ｈ号墓のより精密な３次元画像を作成。これに、38のような個別の彫像のデータや、新たな写真データを組み込めば、本物に近い復元が期待できる。

38 ３次元計測をした彫像

39 新しいＨ号墓の３次元画像

40 ベル神殿裏側の発掘作業

41 ベル神殿の3次元画像

1 シリア紛争下における文化遺産の被災状況

安倍雅史 *ABE Masashi*
東京文化財研究所文化遺産国際協力センター

カラー pp. *112-114*

はじめに

今回のシンポジウムは、パルミラ遺跡に焦点をあてたものですが、私からは、シリア紛争下における文化遺産の被災状況に関して概説的な話をさせていただきます。

まず簡単に、シリアという国に関して説明します。そののち、シリア紛争下における文化遺産の被災状況に関して報告を行い、最後にシリアの文化遺産を護ろうとするさまざまな活動に関して紹介したいと思います。

シリアの歴史的重要性

皆さまが、シリアの名前を聞いて真っ先に思い浮かぶのが紛争だと思います。日本でも連日、シリア紛争やそれに伴う難民問題に関するニュースが報道されています。シリアでは二〇一一年三月に大規模な反政府運動が発生し、その後、政府軍と反政府軍の紛争状態に投入し、すでに六年の月日が経過しています。さらに困難に乗じてIS（自称「イスラム国」）が台頭しています。シリア国内での死者は四七万人を超え、五〇〇万人以上が難民となり国外へ逃れています。

シリアは、東地中海沿岸にある日本の半分ほどの大きさの国です（図1）。決して大きい国ではありませんが、古都ダマスカスやアレッポ、またパルミラ遺跡など魅力的な文化遺産を多く抱え、紛争が勃発する以前は日本からも多くの観光客が訪れる国でありました。とくにパルミラ遺跡は人気が高く、どのガイドブックにも、ヨルダンのペトラ遺跡、イランのペルセポリス遺跡とともに、中東を旅行する際には必ず訪れるべき遺跡だと記述されていました。

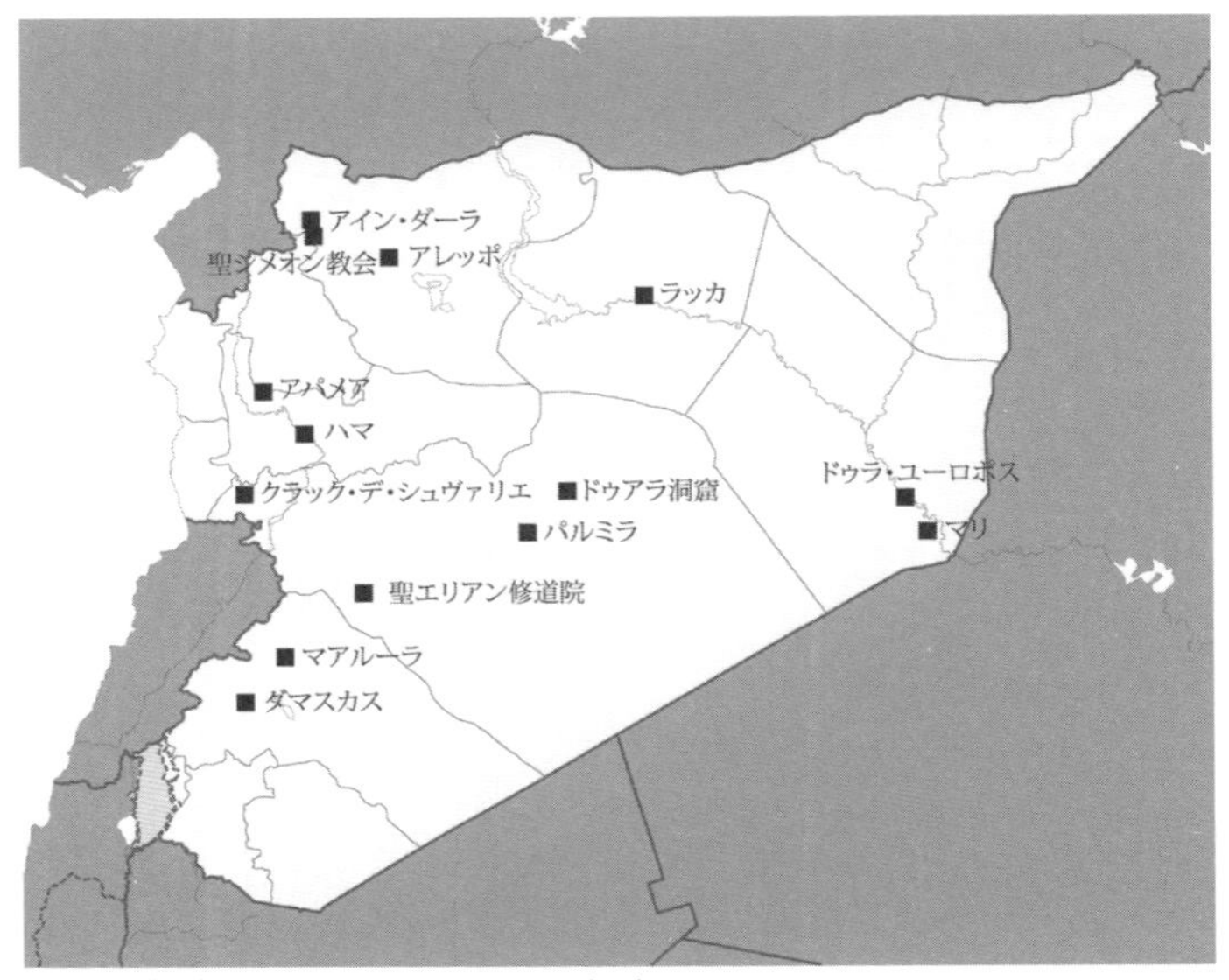

図1　本稿で言及するシリアの史跡

図2　日本人がはじめて発掘調査を行ったドゥアラ洞窟（筆者撮影）

あまり知られていませんが、紛争以前、このシリアという国は、日本の考古学者がもっとも集中して調査を行っていた国の一つでした（第２章２）。シリアにおいて初めて考古学的な踏査を行ったのは、騎馬民族王朝征服説で有名な考古学者江上波夫先生でした。江上先生率いる東京大学イラク・イラン遺跡調査団は、一九五七年の一月から二月にかけて、アレッポやダマスカス、パルミラ遺跡やマリ遺跡などシリアを代表する史跡の踏査を行っています。

続いてシリアではじめて発掘調査を行ったのは、東京大学の鈴木尚先生率いる西アジア洪積世人類遺跡調査団でした。この調査団は、一九七〇年よりパルミラ近郊にある旧石器時代のドゥアラ洞窟で発掘調査を行っています（図２）。

その後、日本人による考古学調査の数は着実に増加し、東京大学や筑波大学、国士舘大学、金沢大学、古代オリエント博物館や奈良県立橿原考古学研究所など、さまざまな学術機関が発掘調査団をシリアに送り込みました。私が所属している東京文化財研究所も一九九四年から一九九六年にかけて、アイン・ダーラという新ヒッタイト時代の神殿跡の保存修復活動を実施しています（カラー頁の写真*1*、以下【*1*】）。

紛争が始まる直前の二〇一〇年度には、シリア国内では六チームもの日本の発掘調査団が活動していました。恐らくこれほどの数の日本の発掘調査団が活動していた国は、シリア以外にないと思います。もちろんシリアに調査団を送っていたのは、日本だけではありません。紛争以前、一〇〇近くもの外国調査団がシリア国内で発掘調査を行っていました。

では、なぜこれほどの数の調査団がシリアで活動していたかと言いますと、答えは単純です。人類史の中でシリアという地域が果たした役割が非常に大きいからです。まずシリアは、世界で最初に農耕・牧畜が行われた肥沃な三日月地帯の一部であります。シリア周辺ではじまったムギ作農耕とヒツジ・ヤギ飼育は、やがて世界中に広がり、現代の文明を支えています。またシリアは、隣のイラクとあわせて世界でもっとも古い文明メソポタミア文明が誕生した土地でもあります。またシリアは、キリスト教揺籃の地でもあります。首都ダマスカスには、キリスト教をユダヤ人以外にも布教し、キリスト教が世界宗教になるきっかけをつくった聖パウロに関連する史跡が数多く残されています。シリアに残されている文化遺産は、シリア国民にとってはもちろんのこと、全人類にとってもかけがえのない遺産なのです。

破壊される文化遺産

しかし今、シリア紛争下において貴重な文化遺産が破壊され、国際的に大きく報道されています。シリアの文化遺産の破壊は、①遺跡の軍事的利用による破壊、②遺跡の盗掘と文化財の不法輸出入、③難民化に伴う無形文化の消失、そして④ＩＳの台頭による新たな脅威、この四つに分類できると思います。

①遺跡の軍事的利用による破壊

まず、遺跡の軍事的利用による破壊に関してご説明したいと思います。クラック・デ・シュヴァリエ（「騎士の城」の意味）は、一二世紀に築城された中東を代表する十字軍の城です【2】。有名なアラビアのロレンスが、オックスフォード大学時代にこの城をテーマに卒業論文を書いたことで、有名です。日本では、「天空の城ラピュタ」のモデルになったともいわれています。この城はその美しさと顕著な普遍的価値が認められ、二〇〇六年にユネスコの世界遺産に登録されています。しかしこの城は残念なことに、シリア紛争の舞台となってしまいました。反政府軍がこの十字軍の要塞に立てこもり政府軍と交戦、その結果、政府軍が城に対し空爆を行い、城の一部が損壊するなどの被害をもたらしました。現在は、反政府軍がこの城から撤退し、状況は落ち着いています。

しかし、このように世界遺産が軍事的に利用されたのは、クラック・デ・シュヴァリエだけではありません。

同じように世界遺産であるアレッポも軍事的に利用され大きな被害が出ています。中世の街並みを残す古都アレッポは、日本人にとっての京都のような存在だと私は思います。しかし、このアレッポでも、中心部にあるアレッポ城に政府軍が籠城し【3】、旧市街を舞台に政府軍と反政府軍が激しく戦闘を繰り返しました。旧市街の建物は崩れ落ち、かつて賑わいをみせたスーク（伝統的市場）も戦闘の舞台となり廃墟と化しています。またアレッポ最古のモスクであるウマイヤド・モスクも、ミナレットが倒壊するなど大きな被害が報告されています。

聖シメオン教会は、ビザンツ時代の五世紀に建立されたキリスト教会です【4】。修行のため死ぬまで四〇年近くを一本の柱の上で過ごした聖シメオンを記念し建立されたもので、現存する世界で最も古いキリスト教会の一つです。二〇一一年にその価値が認められ、世界遺産に登録されています。しかし、この教会は、反政府軍と政府軍が対峙する最前線近くに位置していたため、二〇一六年五月一二日にロシア軍の空爆の結果、大破しています。聖シメオンが過ごしたとされる柱跡にも、その被害がおよんだと報道されています。

②遺跡の盗掘と文化財の不法輸出入

さらに深刻な問題になっているのが、遺跡の盗掘とそれに伴う文化財の不法輸出入の問題です。アパメア遺跡は、セレウコス朝時代を代表する都市遺跡です【5】。世界遺産の暫定リストにも記載されている美しい遺跡です。現在、アパメア遺跡を上空から撮影した衛星画像を見ますと、遺跡全体を覆うように無数の穴が開いているのがわかると思います【5】。これは、すべて盗掘坑であり、ブルドーザーなどを用いて組織的に大規模に盗掘された結果であります。盗掘はこのアパミア遺跡だけの問題ではありません。ドゥラ・ユーロポス遺跡、マリ遺跡などシリア全土の考古遺跡で問題となっております【6】。

こういった盗掘に地域の住民が加わっていることもあります。私もシリアで発掘調査に携わっていましたが、地域の住民による盗掘現場を何度も目撃しています。

しかし、今、問題となっているのは、地域住民による小規模な盗掘ではなく、武装しブルドーザーなどを用いて組織的に盗掘を行っている専門集団の存在です。紛争のドサクサに紛れ、国外からシリアにもぐりこんだ武装盗掘専門集団もいると報道されています。遺跡には、もともと警備員がいました。しかし、紛争がはじまり遺跡どころでなくなり、警備員がいなくなった隙を狙われたのです。

また遺跡だけではなく、博物館や美術館も略奪の対象となり、武装集団などによる襲撃を受けたと報道されています。たとえば、紛争がはじまってまもない二〇一一年七月には、ハマの博物館から、国宝級ともいえる青銅製のバール神像が盗み出されています。この神像は、インターポールが作成した「もっとも重要な盗難美術品リスト」にも掲載されていますが、現在でも、その行方はわかっていません。またラッカの博物館からは、遺跡から発掘された遺物を納めた箱が何百と盗み出されたと報道されています。

このように遺跡から盗掘され、博物館から盗み出された文化財は、欧米諸国や湾岸諸国へと流出していると報道されています。

③ 難民化に伴う無形文化の消失

また、難民化に伴う無形文化の消失も大きな問題になっています。激戦区であったアレッポは、ご存知の方も多いと思いますが、オリーブ石鹸の生産で非常に有名でした。しかし戦闘行為が長引くことによって、工場などの設備が破壊され、石鹸作りの職人が難民となり海外へ流出しています。もし仮に、シリアの紛争が今後一〇年あるいは二〇年続いた場合、こういったオリーブ石鹸で代表されるシリアの無形文化は次の世代に継承されることなく消滅していくことが危惧されています。

また、シリアには、貴重な少数言語も残されています。ダマスカス近郊のマアルーラでは、イエス・キリストが話したとされる古代のアラム語が現在でも使われています。しかし、紛争により住民が離散するなか、この言語は急速に失われようとしています。

また、現在、四八〇万人以上のシリア国民が難民となり国外へ逃れています。しかし、難民の多くが暮らす難民キャンプでは、配給されたものを食べるだけで、自分たちで調理する機会がほとんどないそうです。本来なら日常生活の中で母から娘へと受け継がれていく伝統的な料理、家庭の味ですら、紛争が長期化した場合、失われる可能性が指摘されています。

④ ISの台頭による新たな脅威

そしてここ数年、新たにISによる意図的な文化遺産の破壊、意図的な偶像破壊が大きな問題になっています。二〇一四年の五月に、インターネット上に一枚の写真が流出しました。その写真には、ISの兵士がラッカ周辺で盗掘されたアッシリア時代の彫像を広場に引きずり出し、皆が見ている前でその彫像を、とくに顔を中心にハンマーで破壊している光景が映し出されていました。その後、彼らの行動はますますエスカレートしていきました。

ISは、彼らがイスラム的でないと考えるシーア派の聖者廟やモスク、キリスト教の教会や修道院を次々に破壊してまわりました。たとえば、ホムス近郊の聖エリアン修道院は、三世紀の殉教者聖エリアンの埋葬地として知られ、多くのキリスト教徒が参拝に訪れる場所でした。しかし、ISは、修道院の地下に眠る聖エリアンの遺体を掘りおこし、さらに修道院をブルドーザーで破壊してしまったのです。これらの行為は、文化浄化と呼ばれる明らかな犯罪行為です。

とくに、二〇一五年に入ってからのISの行動には、驚くべきものがあります。まず事件はシリアの隣国イラクで起こりました。二〇一五年二月に、ISはイラクのモースル博物館に侵入し、博物館に展示されてあったアッシリア時代の彫像などをハンマーで次々に破壊してまわったのです。モースルで破壊されたのは、博物館のコレクションだけではありません。ＩＳは、大学や図書館にも侵入し、自分たちの思想に合わないと判断した書物に灯油をかけ燃やしてしまったのです。まさに現代の焚書です。

さらに三月には、ＩＳによる破壊の手は、モースル南東のアッシリアの王都ニムルド遺跡にも伸びます。ここでも、遺跡に残された彫像の多くがハンマーで打ち砕かれ、古代の神殿跡もダイナマイトで爆破されます。同様の破壊行為は、パルティア時代の都市遺跡であるハトラ遺跡でも行われました。

そして二〇一五年の五月に、ＩＳは世界遺産であるシリアのパルミラ遺跡を制圧します【7】。パルミラ遺跡は、シリア沙漠に立地する前一世紀から後三世紀にかけて繁栄した隊商都市の遺跡です。ＩＳは、二〇一五年の八月にパルミラ遺跡の主神殿であるバール・シャミン神殿とベル神殿を爆破し、続く九月に古代パルミラ人の遺体を納めた塔墓を、一〇月にはパルミラ遺跡の象徴であった記念門を破壊します。

しかし、私は、このＩＳによる一連の文化遺産の破壊行為は、イスラームの教義に従ったものではないと考えています。実際に、私のムスリムの友人たちは、ＩＳの行為に憤りを感じています。また、イスラム教スンニ派の最高学府であるアル・アズハル大学総長は、ＩＳに対し、遺跡の破壊をやめるように繰り返し声明を出しています。私は、ＩＳは自分たちの組織を宣伝するため、いわば示威行為のために遺跡を破壊しているに過ぎないと感じています。

また、ＩＳは文化遺産の意図的な破壊をしているだけではありません。二〇一四年六月にイギリスのガーディアン紙が、遺跡の盗掘や文化遺産の不法輸出が、石油と並んでＩＳの重要な資金源になっていると報道し、注目を集めています。ＩＳは、盗掘や文化遺産の不法輸出を管轄する古物省と呼ばれる省庁を新たに設立し、地域住民や盗掘専門集団にライセンスを発行し、さらにブルドーザーなどの重機を貸し与え、遺跡の盗掘を推奨し、利益の一部を税金として還元させていると報告されています。

ただし、シリアで起きている盗掘問題は、私たち先進国の問題でもあります。シリアから流出した文化財の多くは、最終的に欧米諸国や湾岸諸国に流れています。実際に、世界最大のネット・オークションサイトであるイーベイに、シリアから流出した文化財が出品されていたことが近年確認されています。また、スイスのジュネーブでは、違法に流出したパルミラの彫像が警察によって押収されています。この彫像がシリアから違法に持ち出されたのは、シリア紛争が勃発する以前のことでしたが、この彫像がカタール、ＵＡＥを経由してスイスに持ち込まれたという流出ルートが明らかにされています。

私は、文化財を先進国が購入しなければ、シリア国内で不法輸出や盗掘も起きないと感じています。日本を含めた先進国における真摯な対応が求められています。

シリアの文化遺産を護るために

こうした状況のなか、さまざまな団体がシリアの文化遺産を保護するための活動に乗り出しています。シリアには、古物博物館総局という日本の文化庁に相当する組織が存在します。この古物館博物館総局は、紛争が激化する以前に、博物館が略奪の対象になることを予測し、シリア各地の三五の博物館から三〇万点近いコレクションを安全な場所に避難させていたと報道されています。もしこのような行動がなければ、シリアの文化遺産の被害はより深刻なものになっていたと思われます。

また現在でも、多くの古物博物館総局の職員が、危険なシリア国内に留まり文化遺産を保護する活動を継続しています。たとえば、シリア国内で盗掘が大きな問題になりますと、大々的にシリアの歴史、文化の重要性を訴える啓蒙キャンペーンを実施しています。さらに、総裁であるマモーン・アブドゥル・カリーム氏は、頻繁に海外に赴き、シリアの文化遺産の危機的状況を訴える講演を行っています。

シリアで文化遺産の保護活動を行っているのは、国の組織だけではありません。激戦区であったアレッポでは、地域住民が団結し、これ以上、戦闘によって歴史的建造物が被災しないように、建造物の前に煉瓦を積みあげ防弾壁をつくる活動を行っていたと報道されています。

また、ユネスコも二〇一四年三月からシリアの文化遺産を護るために新しいプロジェクト「シリア文化遺産緊急保護プロジェクト」を開始しています。このプロジェクトの資金に関しては、EU（ヨーロッパ連合）が中心となり、二五〇万ユーロの資金を拠出しているとのことです。

また日本国内でも、さまざまな活動が行われています。たとえば日本国内の多くの学術機関や博物館が、シリアの文化遺産に関するシンポジウムや特別展を頻繁に企画しています。私たち東京文化財研究所も、二〇一三年から定期的にシリア紛争下の被災文化財に関するシンポジウムを開催しています。

日本国内で、とくに精力的に活動を行っている団体が、「日本西アジア考古学会」です。日本西アジア考古学会は、二〇〇名ほどの学会員を持つ学会です。日本西アジア考古学会は、シリア紛争下で文化遺産の被災が問題になりますと、すぐに学会全体で、文化遺産の軍事的利用と文化財の不法輸出を止めるよう求める声明文を発表しています。さらには、シリアの文化財を救済するために寄付金を集め、博物館から収蔵品を緊急避難する際に必要となる梱包材などを、シリア古物博物館総局に寄贈しています。また、二〇一五年一二月には、レバノンのベイルートにて「シリア考古学文化遺産国際会議」を主催しています。この会議には、日本、海外の専門家のほか、シリア古物博物館総局のスタッフも招待され、今後、どのようにシリアの文化遺産を護っていくか協議されたとのことです。

一日でも早くシリア紛争が終結すること、また難民生活を送るシリアの方々が無事祖国に帰国できる日が来ることを心より祈っています。

2 シリアにおける文化遺産の保護
現状と課題

山藤正敏　YAMAFUJI Masatoshi
奈良文化財研究所

カラー p.115

はじめに

本稿では、今日、シリアの文化遺産が紛争下においてさらされている現状、また、それに対する保護の取り組みについて概略をお話しいたします。図1は、二〇一一年四月のパルミラ遺跡の遠景です。この後、盗掘や意図的な破壊により、この遺跡の多くは破壊されてしまいました。私たちは、シリアの文化遺産をどのように護っていけるのでしょうか。

以下ではまず、シリアについて記述した後に、現在シリアが置かれている状況について、ごく簡単に振り返ります。その後、シリアにおける文化遺産が現在どのような状況に置かれているのかということについて、概括的に説明します。現在のシリアと国際社会では難民問題がクローズアップされており、そうした人々がこれまで担ってきた伝統文化もまた危機に瀕しているといえます。こうした問題についても触れます。これらの話を踏まえて、こうした悪い状況の中でも、文化遺産を護るためにいかなる努力がされているのかということについて記述します。

シリアの地理・歴史

現在のシリア、シリア・アラブ共和国は地中海東岸北部に位置し、日本のほぼ半分の面積に約一八〇〇万人が

図1　ファフル・エル＝ディン・エル＝マアニ城より臨むパルミラ遺跡
(2011年4月筆者撮影)

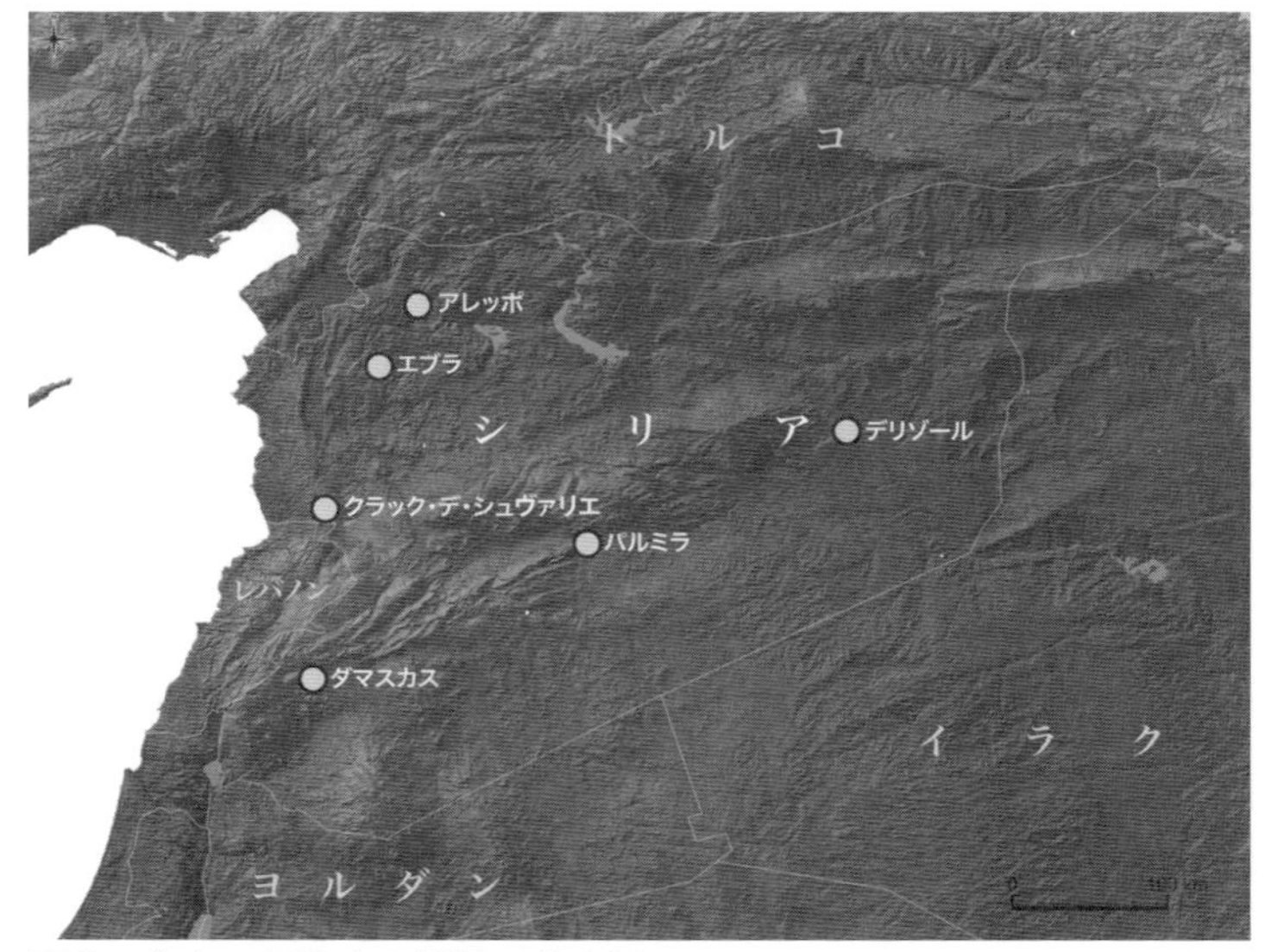

図2　本文で言及する遺跡の分布図

暮らしていました（図２）。そのほとんどがムスリムのアラブ人であり、なかでもスンナ派が約七割を占めています。西部には地中海、北部にはトルコから続くタウルス山脈、南部にはシリア沙漠があり、国土の中央を北西から南東の方向にユーフラテス河が流れています。

この地域は、いわゆる「肥沃な三日月地帯」の西部を占めており、人類史における数々の画期が認められ、きわめて重要です。その歴史は旧石器時代に辿ることができ、とりわけ、先土器新石器時代における農耕・牧畜の開始、前四千年紀における都市社会の形成やその後の古代国家の形成、アッシリア帝国及びアケメネス朝ペルシア帝国による支配など、人類史上もっとも古く、かつ画期的な歴史的事象の舞台としても知られています。また、今日世界中に拡がっている一神教を初期に受容した地域の一つでもあり、発信源でもありました。紀元後一世紀には、パウロがシリアから小アジアにかけてキリスト教の伝道活動を行いました。当初キリスト教を熱心に迫害していたユダヤ教徒のサウル（のちのパウロ）は、ダマスカスへの途上でイエスの声を聞いて回心したと伝えられています。上記のような歴史的重要性から、日本の調査隊も長い間シリアにおいて調査に従事してきました。

このように人類史上重要な位置を占めるシリアでは二〇一一年以降、激しい紛争が続いています。紛争の発端は、二〇一〇年一二月にチュニジアにおいて起こった民主化運動に遡ります。高い失業率に抗議するデモは、やがて反体制運動に発展し、ついには政権を打倒するに至りました。こうした反体制運動はアラブ世界全体に広がり、いつしか「アラブの春」と呼ばれるようになりました。

こうした流れがシリアにも到来し、二〇一一年二月末から徐々に民主化運動が拡大していきました。そしてついに、二〇一一年三月末には政府軍と反政府勢力の武力衝突が起こるようになり、事態は泥沼化します。二〇一四年六月にはＩＳ（自称「イスラム国」）がシリアとイラクにまたがるカリフ制国家の樹立を一方的に宣言し、事態はさらに混迷します。二〇一五年五月には、ＩＳがパルミラを制圧し、その後、破壊しました。このことは、世界中に爆破の映像が流れるとともに、二〇一六年三月に政権側がパルミラを回復した後で、被害の状況が確認されています。現在、シリア紛争の死者は四七万人を超え、国外難民は五〇〇万人に達しようとしています。

シリアにおける文化遺産の被災状況

シリアには、数多くの重要な文化遺産が今も存在しています。世界遺産には、文化遺産が六件登録されています。一九七〇年代から一九八〇年代にかけて四つの古代都市が、また、二〇〇六年には十字軍に関わる城塞遺跡、また、二〇一一年にはシリア北部の古代村落群が新たに登録されました。さらに、こうした世界文化遺産以外にも、報告されているだけで約四五〇〇遺跡、衛星画像解析によればさらに一二〇〇〇遺跡が認められ、そして、博物館・図書館や歴史的モニュメントは約六〇〇箇所が所在しています。こうしたシリアの豊富な文化遺産は観光客を魅了し、日本からの観光客も例に漏れず、紛争前には数多くの人々がシリアを訪れていました。

しかし、シリアの文化遺産は現在、大規模な破壊にさらされています。破壊には主に三つのカテゴリーが認められます。一つは、軍事利用による破壊です。また、二つめは、遺物の売買目的の盗掘です。最後、三つめは新しい脅威として出てきた宣伝を目的とした政治的・意図的破壊です。これらのカテゴリー別に、現状を見ていきたいと思います。

軍事利用・軍事衝突による破壊

遺跡などの文化遺産は多くの場合、見晴らしが良く、あるいは防御に適した要衝に位置しています。この利点は現在でも活用できるため、文化遺産が軍事基地に転用される事例は後を絶ちません。また、現在も生活の場となっている古都の場合、狭くて複雑な街路が縦横無尽にめぐるため、戦闘が起こった場合には壊滅的な打撃を受ける可能性が高いと言えます。こうした事例を以下で見ていきます。

世界文化遺産クラック・デ・シュヴァリエは、シリア西部、地中海岸域に位置する中世の城塞遺跡です。一一世紀にホムスの領主により築造され、その後、十字軍の手に落ち、修築を受けました。シリア紛争では、同城塞は反体制派により軍事拠点として占拠されていたため、政府軍による空爆にさらされました。その結果、城塞の一部が無残に崩壊し、内部には瓦礫が散乱しています。なお、二〇一六年一一月時点では反政府勢力が撤退し、状況は落ち着いているようです。

同じく世界文化遺産である古代都市アレッポは、政府軍と反政府勢力の間の戦闘で破壊にさらされています。前二千年紀までその歴史を遡る古都アレッポは、アレッポ城やスーク（市場）で有名であり、ローマからオスマン帝国まで様々な勢力に支配された結果、現在では様々な建築様式が混淆して見られる美しい都市です。ところが、政府軍と反政府勢力による勢力争いの場となり、泥沼の様相を呈しています。この過程で街は破壊されていきました。破壊の被害がもっとも酷い、アレッポ城南の二〇一一年と二〇一四年の衛星写真を比較すると、反体制勢力のトンネル爆弾等で、二〇一四年にはかなりの建物が破壊されてしまったことがわかります（Pinholster 2014）。この中には、カールトン・シタデル・ホテルやフシュリウィヤ・モスクなどの歴史的建造物も多く含まれています。

また、軍事拠点の構築によっても遺跡は破壊されています。地中海岸域の古代都市遺跡エブラは、前三千年紀後半から都市国家を形成しており、長年イタリア隊により発掘調査が行われてきました。発掘調査により、約一五〇〇〇枚の粘土板文書が出土したことは有名です。学術上著名で重要性が高いエブラですが、二〇一二年から政府軍の軍事拠点が構築され、遺跡の一部が削平されてしまいました。シリアの古代遺跡の多くは遺丘（テル Tell）を形成しており、丘状に高まっているため見通しが良く、軍事的拠点に好都合だからです。こうした事例は多くの遺跡で報告されています。

盗掘による破壊

次は、二〇一一年の紛争以前と紛争後（二〇一三・二〇一四年）に盗掘された遺跡数とその程度を衛星画像から解析した結果を見ていきます（Casana 2015）（図3）。全体のサンプル数は一二八九遺跡です。二〇一一年以前には、分析に供することのできた九六六遺跡の衛星データのうち、二二七遺跡において盗掘行為が認められました。このうち一六六遺跡、約七割が盗掘坑一五未満の軽微な盗掘でした。一方、二〇一三・二〇一四年には、評価可能な九四五遺跡中二〇五遺跡で盗掘が認められました。この場合も、大半の一六〇遺跡、約八割が軽微な盗掘でした。両者を見ると、あまり盗掘が進んでいないような印象を受けますが、事実は全く異なります。紛争以前のデータは、何十年もの盗掘の結果を表しているのに対して、二〇一三・二〇一四年のデータは、たったの二年間で起きた盗掘を示しています。さらに、二〇一三・二〇一四年に盗掘された二〇五遺跡のうち約半数の一〇一遺跡は、それ以前には手つかずの遺跡でした。遺跡の盗掘は、紛争勃発後、確実に増加しているのです。しかも、お見せしたデータは、衛星画像上で確認できるごく一部、シリアの遺跡は未確認のものも含めて一五〇〇〇あると言われますから、二〇一一年以降、全体の約二割にあたる約三〇〇〇遺跡が盗掘の被害に遭っている可能性があり、きわめて酷い状況と言えます。

こうした盗掘行為がどのような地域で起きているのか、二〇一五年時点の支配地域別に見ていきます。現在シリアは、政府勢力、反政府勢力、クルド人勢力、そしてＩＳにより四分されていますが、遺跡の盗掘はとくに北部全域に広がっています。支配地域別に盗掘を受けた遺跡の割合を見てみます（図4）。各支配地域でおおよそ二割程度の遺跡が被害を受けていることがわかります。各支配地域間で比較すると、政府勢力支配地域がもっとも

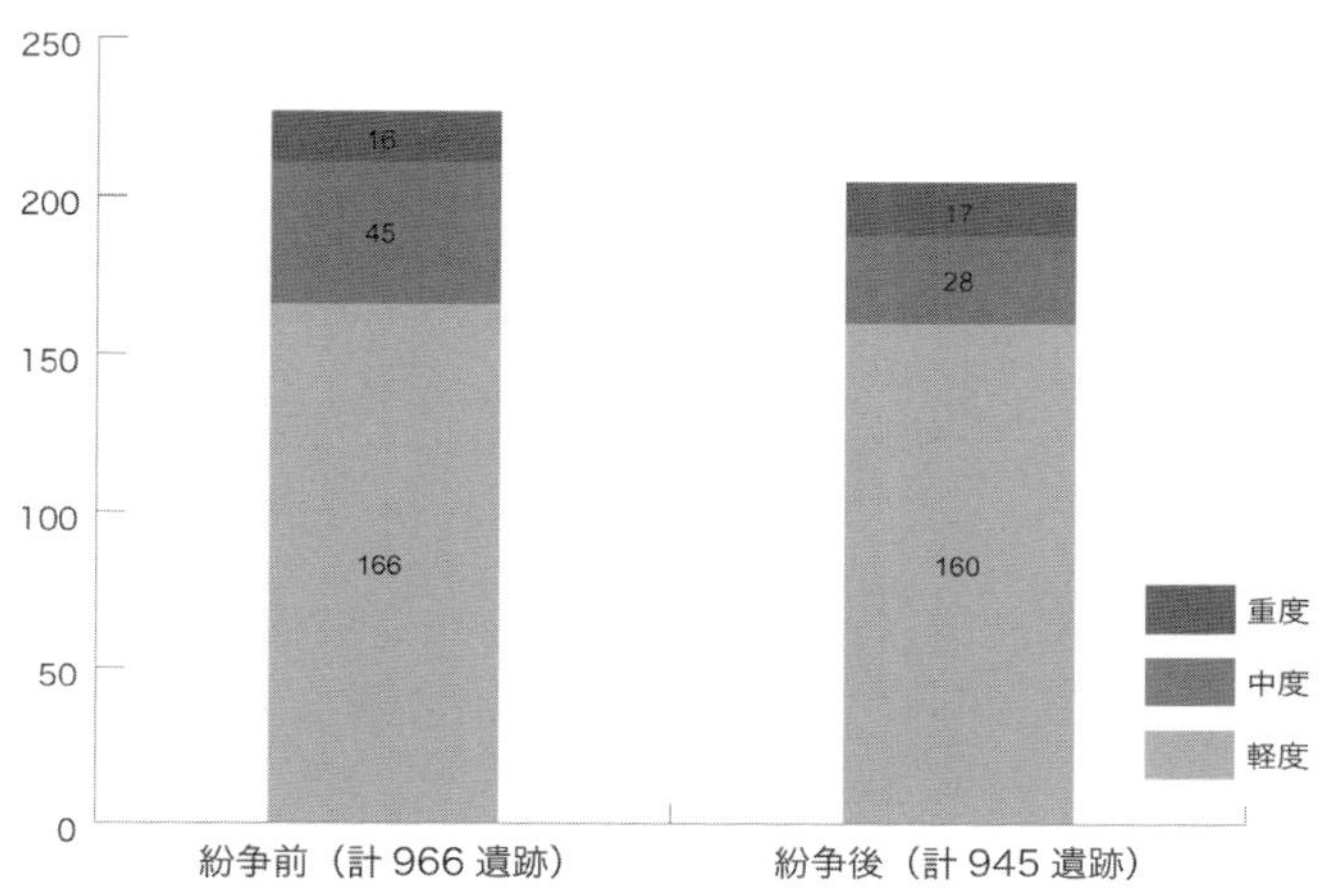

図3　遺跡の盗掘被害（Casane 2015 に基づき作成）

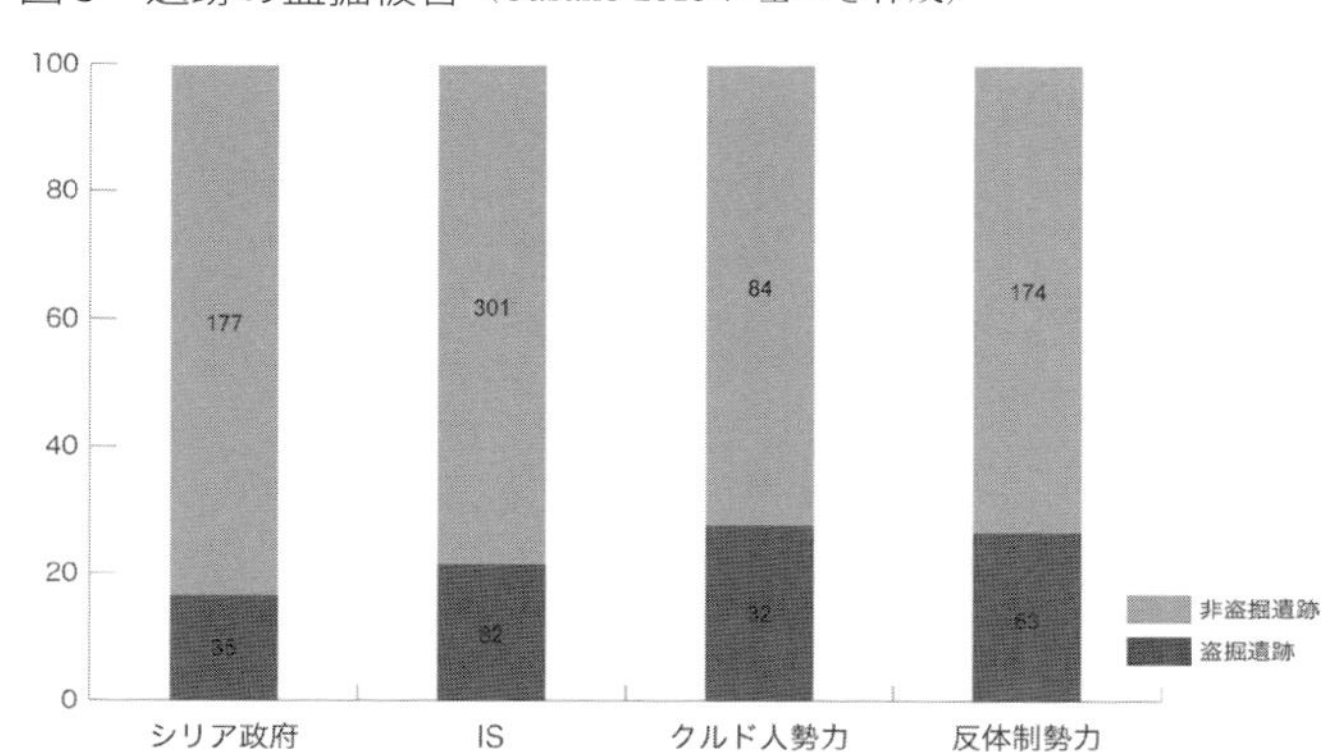

図4　支配地域別の文化遺産盗掘割合（Casane 2015 に基づき作成）

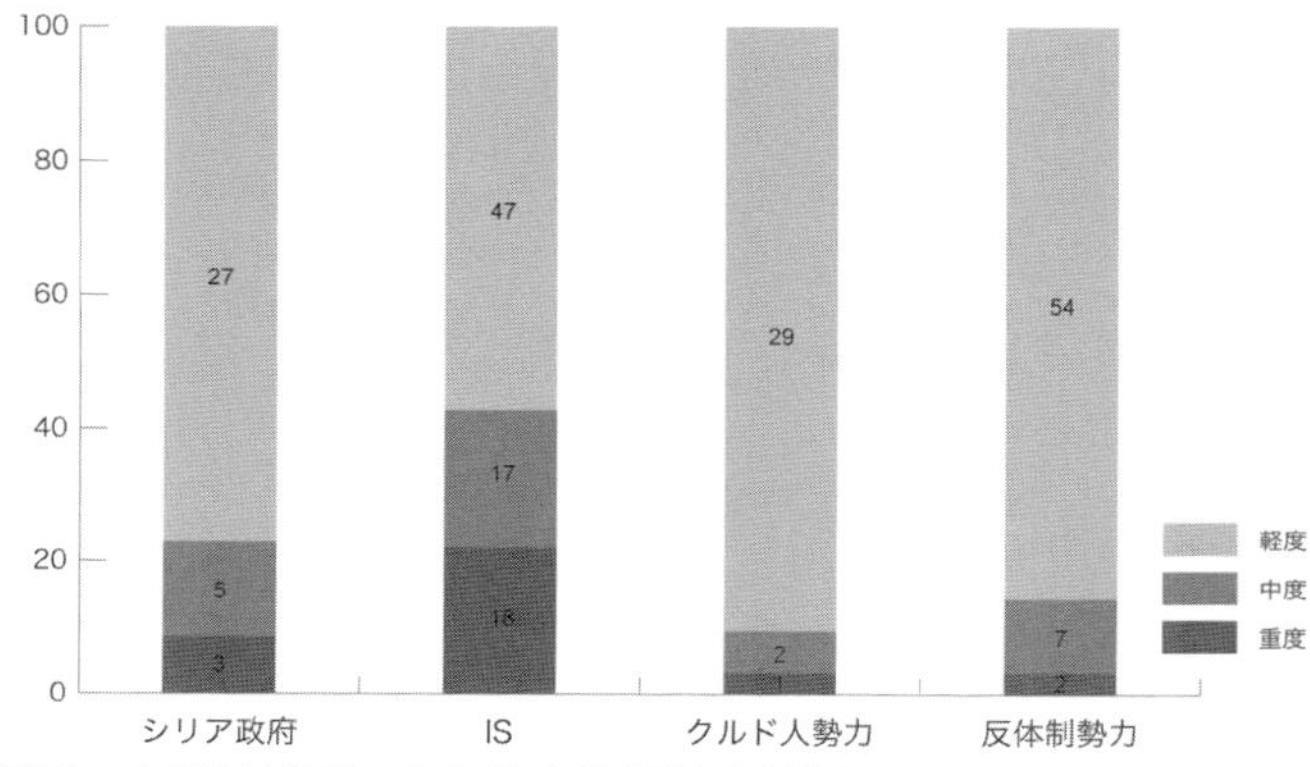

図5　支配地域別の文化遺産盗掘被害状況（Casane 2015 に基づき作成）

被害が少なく、反対にクルド人勢力と反体制勢力の支配地域で盗掘被害が相対的に多いと言えます。

しかしながら、盗掘の被害に遭った遺跡のみについて遺跡の盗掘被害の程度を重度、中度、軽度に分類して示した図5を見ると、全く異なる状況が見えてきます。ＩＳ支配地域における重度の盗掘が、ほかの地域に比べてきわめて多いということが明らかです。二〇一四年六月にイギリスのガーディアン紙に報じられたように、ＩＳが盗掘ライセンスを発行し、盗掘専門集団に重機を貸与して大規模な盗掘を行わせて、その利益の一部を税金として納めさせているということと何らかの関係がありそうです。

こうした盗掘により不法に取得された文化財はいったいどこに行くのでしょうか。現在、シリアやイラクから不法なルートで流出した多くの文化財が売買されていることが知られています。シリア東部デリゾール近辺からもたらされた古代の印章やビーズ、また、パルミラの地下式墓から盗まれた三つの彫像の一つが、盗掘後に売買されていたことがわかっています（Danti 2015）。二〇一四年に、アメリカのオリエント学会（ASOR: The American Schools of Oriental Research）によりシリアの闇市場で売買されているのが確認されました。こうした盗難文化財は高値で売買され、多くは欧米など先進国や湾岸諸国に流出していると言われています。また、その利益は、石油と並びＩＳの主要な活動資金となっていると、二〇一四年六月にイギリスのガーディアン紙に報じられました。

意図的な破壊

これまで紹介した軍事利用や盗掘による破壊以外に、現在、意図的な破壊活動が大きな問題となっています。とくに、ＩＳによる破壊活動は衝撃的です。彼らは、自らの信仰にそぐわない偶像や建造物を次々と破壊しています。ターゲットは彼らから見て異教徒の作ったものばかりではなく、シーア派などイスラーム他宗派のモニュメントへも攻撃の矛先を向けています。

シリアにおけるＩＳによる破壊でもっとも衝撃的だったのは、商業都市遺跡パルミラの爆破です。ＩＳは二〇一五年五月にパルミラを支配下に置きましたが、この間に数々の意図的な破壊活動を行いました。記念門と、遺跡の南に存在した有名なベル神殿とバール・シャミン神殿もＩＳの標的にされ、爆破の様子がセンセーショナルなかたちで全世界に配信されました（カラー頁の写真*I*、以下【*I*】）。二〇一六年三月に政府軍によりパルミラは一度奪還されましたが、その直後にドローンにより撮影された動画には、瓦礫の山が映し出されていました。その後、二〇一六年一二月に再びＩＳにより占領され、二〇一七年三月に再奪還するまでの間に、残っていたローマ劇場や四面門が破壊されてしまいました【*I*】。

伝統と日常生活文化の衰退

長引く紛争の中で、工芸などの伝統文化も断絶の危機にあります。例えば、ダマスカスでは螺鈿細工が伝統工芸品として作られ続けてきました（ＡＦＰ通信二〇一六年一月一〇日報道）。下町にはかつて三〇軒の工房があったそうですが、職人が国外などに退避したために閉鎖を余儀なくされ、今では三軒が残るのみです。しかも、物価の高騰の影響、紛争による収入の減少のせいで、庶民には手の届かないものになってしまいました。日本でも有名なアレッポのオリーブ石鹸工場についても同様の状況です。このようなことがシリア全土で起きているのです。

また、このような伝統文化を支えていた日常生活が根底から破壊されています。国内国外合わせて一三〇〇万人に達する難民は、以前の日常とはかけ離れた生活を送らざるを得ません。さらに、多くの難民を受け入れているトルコ、ヨルダン、レバノンといった周辺諸国の負担も大きく、これらの国々の産業構造や社会関係に大きな影響を及ぼし、地域全体の不安定化にも繋がりかねない状況です。こうした状況が長く続くと、シリアのみならずトルコ・アラブ社会の生活文化そのものが徐々に切り崩されていく事態になりかねず、周辺諸国を含めて、紛争後の文化復興に暗い影を落としかねません。

文化遺産保護の活動

これまでご覧いただいたように、シリア紛争での文化財破壊はきわめて深刻です。こうした事態に対処するために、国際的及び各国の組織が活動を活発化させています。国連系のユネスコ（ＵＮＥＳＣＯ）やユニタール（ＵＮＩＴＡＲ）、シリアの古物博物館総局やアプサ（ＡＰＳＡ）、文化財不法輸出を監視するインターポール（Ｉｎｔｅｒｐｏｌ）、また、各国学術団体、博物館、ＮＰＯが多数活動しています。こうした組織は、シリア文化財保護のためのワークショップや国際会議の開催、シリアの文化財に関する情報収集、また、衛星画像を用いた遺跡や歴史的モニュメントの監視活動を主な活動内容としています。以下では、国際的組織による活動を概観しておきたいと思います。

ユネスコは、二〇一四年三月から三ヶ年の計画で、シリアの文化遺産を守るための新しいプロジェクト「シリア文化遺産緊急保護プロジェクト」を開始しています（Observatory of Syrian Cultural Heritage website）。資金は、ヨーロッパ連合が二五〇〇万ユーロ以上を拠出しています。

総合的な活動を行っているのは、国連系の組織だけではありません。シリアをフィールドとする考古学・歴史学の研究者が集まって組織されたＮＰＯ団体Shirin（シーリーン）もまた、活発な取り組みを展開しています。例えば、紛争前に調査隊が発掘していた遺跡の被害状況について把握し統合する活動（Damage Assessment Files）では、各国の発掘調査隊長からの情報提供により、二〇一六年現在一二九遺跡の情報を収集し、ウェブサイト上で公開しています（shirin website）。ここでは、遺跡の被害情報を閲覧者側から提供することも可能です。また、シリア古物博物館総局との協力のもと、シリア国内の博物館の収蔵物のデジタル目録の作成（Digitized Inventories of

Museums of Syria）が、まずはデリゾール博物館について進められています。さらに、シリア国内の歴史的遺産・モニュメントの統合的なデータベース作成（Historic Environmental Record of National Sites and Monuments for Syria）も、既存のデータベースを活用して進められています。さらに、ユネスコ・ベイルート事務所を通じて、シリア現地での遺跡警備員への賃金を支払い、遺跡の保護に努めています。

シリア国内でも積極的な取り組みが行われています。シリア古物博物館総局は、紛争が激化する以前に、将来的に博物館が略奪の対象になることを予期し、シリア各地の三五の博物館から三〇万点近いコレクションを安全な場所へと避難させたと報道されています。また、現在でも二〇〇〇人近い古物博物館総局の職員がシリア国内にとどまり、文化遺産の保護活動、また被災した文化遺産の情報収集などを行っています。

日本でもまた、様々な学術機関や博物館が、シリアの文化遺産に関するシンポジウムや特別展を開催してきました。日本西アジア考古学会も、シリア国内の文化遺産の破壊と文化財の不法輸出入が問題になった直後に、文化遺産の軍事的利用と文化財の不法輸出の禁止を求める声明を出しました。また、シリアの文化財を救済するために集めた寄付金・協賛金により購入した文化遺産保護に必要な資財を、シリア古物博物館総局に寄贈しました。

このように、シリアの国内外で様々な保護活動が行われる一方、シリアの考古学に携わってきた専門家が一堂に会せる学術的な会合として、二〇一五年一一月にレバノンのベイルートにて「シリア考古学文化遺産国際会議」という学術会議が開催されました。こうした会議は、二〇一一年の紛争勃発以後は開催されておらず、シリア及び海外の多数の調査隊同士の情報交換が滞っていました。学術会議の開催にあたっては、日本西アジア考古学会の諸氏（西藤清秀氏、西山伸一氏、常木晃氏）がレバノン大学のジャニン・アブドゥル＝マッシーハ氏と協力し、実行委員となりました。この会議では、「シリアの文化遺産の将来を考える」という特別セッションも設けられ、シリアの文化遺産の保護について議論されました。

まとめにかえて

現在のような紛争下で、シリアの文化財を保護することは大きな困難を伴います。国際的な枠組みでこれに対処していますが、各組織間の情報共有や協力関係など、様々な課題も浮き彫りになってきています。こうした問題・課題を克服して、文化遺産を未来に伝えるために、私たちはより一層努力しなければなりません。

引用文献

ＡＦＰ通信「動画：シリアで消えゆく伝統工芸、紛争で「絶滅」の危機」（二〇一六年一月一〇日報道）http://www.afpbb.com/articles/-/3072712（最終アクセス日二〇一七年六月一二日）。

Casana, J. 2015 Satellite Imagery-Based Analysis of Archaeological Looting in Syria. *Near Eastern Archaeology* 78(3): pp.142-152.

Danti, M.D. 2015 Ground-Based Observations of Cultural Heritage Incidents in Syria and Iraq. *Near Eastern Archaeology* 78(3): pp.132-141.

Observatory of Syrian Cultural Heritage website: The Emergency Safeguarding of the Syrian Cultural Heritage Project http://en.unesco.org/syrian-observatory/emergency-safeguarding-syrian-cultural-heritage-project（last visited on June 10, 2017）.

Pinholster, G. 2014 AAAS Satellite Image Analysis: Five of Six Syrian World Heritage Sites "Exhibit Significant Damage". https://www.aaas.org/news/aaas-satellite-image-analysis-five-six-syrian-world-heritage-sites-exhibit-significant-damage（last visited on June 10, 2017）.

shirîn website http://shirin-international.org/?page_id=808（last visited on June 10, 2017）.

3　パルミラ遺跡の調査から紛争終結後の取り組みを考える

西藤清秀　*SAITO Kiyohide*
奈良県立橿原考古学研究所

カラー pp. 116-126

はじめに

ただいまご紹介に預かりました西藤です。私は樋口隆康先生のもと、一九九〇年から二〇〇四年までパルミラ東南墓地での調査を実施し、その後、調査を引き継ぎ、二〇一一年の紛争勃発まで発掘調査を行ってきました。この発表では、その調査の内容と、二〇一一年以降にパルミラで起こったこと、さらにはそれらをどのように受け止め、われわれの調査の成果をいかにパルミラの将来に役立てていくか、話をしたいと思います。

私は奈良県に勤務していますので、奈良とパルミラの位置関係をご紹介します（図1）。じつは、奈良とパルミラは緯度がほとんど一緒で、東大寺の西大門を出てずっと西に歩いていくとパルミラの街に到着する、ということになります。地理的に、奈良とパルミラは非常に深い縁があると思っています。

パルミラとは

パルミラは紀元前一世紀から紀元後三世紀にかけて、ローマ、ペルシャ、クシャン、

図１　シルクロードの地図

漢という大国の東西交易のなかで繁栄していきます。紀元後二七〇年前後には、ゼノビアという女王が活躍しました。これは三〇、四〇年ほど時代差はありますが、女王卑弥呼が活躍した日本と似通っています。

ここにパルミラの地図があります（図2）。中央右側にあるのがベル神殿です。紀元後三二年に建造された建物ですが、残念ながらＩＳ（自称「イスラム国」）によって爆破されてしまいました。パルミラの街並みは、ベル神殿の西方にまず造られ、それが二世紀前後には北側に移りました。そのため、列柱路はベル神殿から斜め方向の北西方向につくられました。

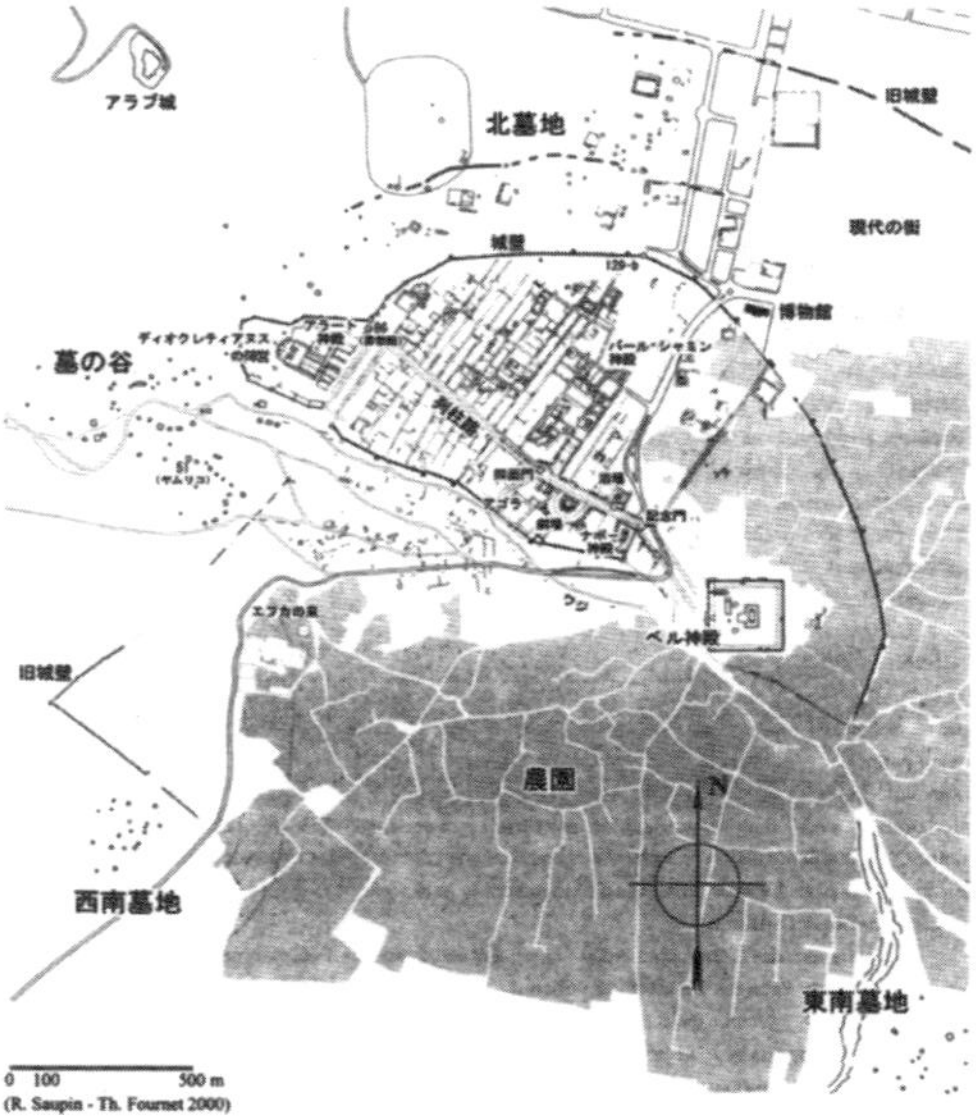

図2　パルミラの地図

図3　パルミラの衛星写真

パルミラには北墓地、墓の谷、西南墓地、東南墓地という四箇所の墓地がありますが、われわれが調査していたのは、そのなかの東南墓地です（図2）。図3の衛星写真のなかで、右側と下部の黒色の部分が農園です。その農園を南東方向に超えたところで、われわれは調査を実施しました。

パルミラの主要な構造物としては、街の中心的な存在としてベル神殿があり、その北西に記念門（図4）、そこから列柱路が延びています（図5）。列柱路は、北側には浴場、南側には劇場、商店街が設けられ、四面門を経て、葬祭殿に至ります。葬祭殿の南西にはアラート神殿、さらにディオクレティアヌスの陣営がありますす。このアラート神殿とディオクレティアヌスの陣営は、ポーランド隊が継続的に調査を実施してきました。

パルミラには四箇所の墓地が存在すると話しましたが、そこには塔墓、地下墓、そして家屋墓という形態の墓が存在します（図6）。塔墓は紀元前一世紀から紀元後一世紀、地下墓は紀元後二世紀、家屋墓は紀元後三世紀のものです。このように、形を変えながらパルミラの墓は作られ続けました。いずれの墓の側面図にも、小さな人が貼りつけられたような箇所がありますが、これが人の遺体を収めるところです。幅五〇センチ、高さ六〇センチ、奥行き二メートルくらいのコインロッカーのような形で、このような小さな空間に遺体を納めていました。そして、すべての墓が家の形をしています。塔墓の時代から、碑文に「永遠の家」と書かれており、塔墓の内装は室内の様相を示していました。地下墓に関しても門構え

図4　記念門

図5列柱路（西北より撮影）

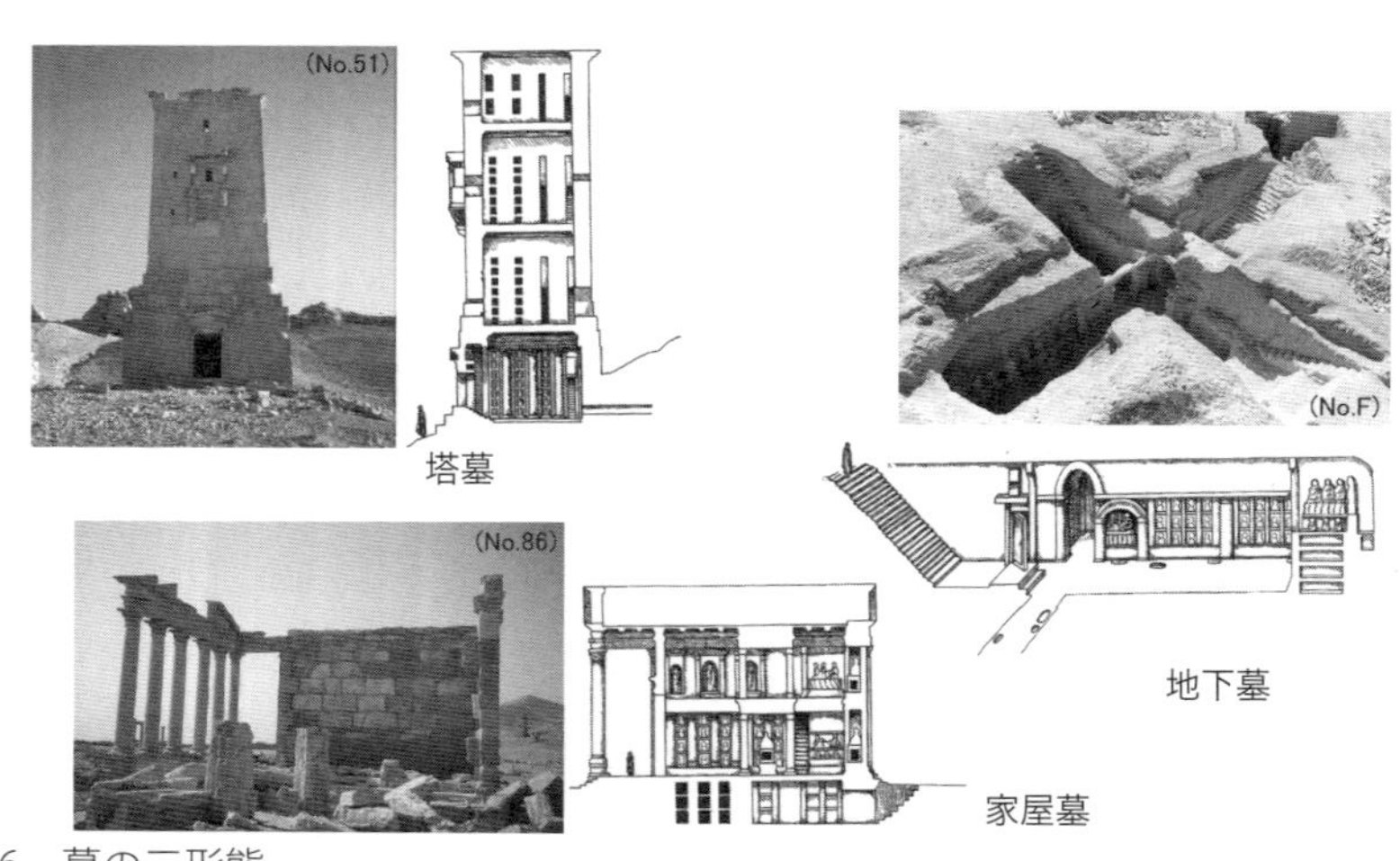

図６　墓の三形態

や内装は家のようですし、家屋墓の場合には墓自体が家の形をしています。

では、なぜ、パルミラでは、このように墓が形を変えていったのでしょうか。ベル神殿が紀元後三二年に造られ、古い街並みはちょうどその西側に造られます。ドイツ隊が二〇一〇年まで、そこで発掘調査をしていました。古い街並みは日干しレンガ造りであったため、ワディ（枯れ川）による洪水などによってかなりの被害を受けた結果、少し北側の高台に、石造の新しい街並みが造られることになったのだと考えています。その街が移動した時期が、ちょうど地下墓が建設されるようになる時期に相当します。地下墓は石材をそれほど使わずに建設することができます。門や石棺、彫像などだけに固い石灰岩を用い、墓室の内装には、爪でも傷を付けられるような柔らかい石灰岩が使われています。これが塔墓の場合ですと、かなりたくさんの固い石灰岩が必要になります。ですから、街を復興するにあたって、固い石灰岩が必要となったために、墓が地下に造られるようになったと考えられます。塔墓には小さな地下構造が存在しますが、この地下構造が地下墓として発展したと思われます。そして街並みができ上がった後に、家屋墓が造られることになったと考えています。

奈良隊による調査

われわれは一九九〇年から二〇〇五年まで東南墓地においてA号墓、C号墓、D号墓、E号墓、F号墓、G号墓、H号墓の七基の調査をしました（カラー頁の写真*1*、以下【*1*】）。そのうちの四基が地下墓で、二基を修復・復元しました。【*1*】の左端が、F号墓（ボルハ・ボルパの墓）です。【*1*】の中央に写っているのがC号墓（ヤルハイの墓）、右端に写っているのがH号墓（タイボールの墓）です。これらの墓を発掘し、さらにE号墓とG号墓も発掘しました。このほか、入口を見つけたD号墓もあります。A号墓は、家屋墓のちょうど地下の部分、基壇の下の部分にあたる残骸ですが、こういう墓を東南墓地で発掘しました。

C号墓は、紀元後一〇八年にヤルハイという人物が造った墓です【*2*】。パルミラの地下墓のなかでも古いものです。このC号墓では重要な発見があり、ニケすなわち勝利の女神と呼ばれる、有翼女神を描いた彫像が出土しました【*3*】。有翼の女神が死者を天空に運ぶシーンが描かれており、パルミラでは今まで発見されたなかで一番古いものです。

ほかに、紀元後一四〇年ころに造られた、三兄弟の墓という墓にも有翼の女神が死者を天空に運ぶ壁画が描かれています【*4*】。さらには三世紀の家屋墓に収められた石棺のレリーフにも同様の図柄が施されています【*5*】。樋口先生は、このような有翼の女神が、シルクロードを経由して、法隆寺の飛天になるのではないかと、よくおっしゃっていました。

C号墓では、被葬者ヤルハイの彫像【*6*】と、ヤルハイの人骨【*7*】が見つかりました。日本の場合、死者と共に、死後の世界で使うための土器や、死者を護り災いを避けるための鏡など、さまざまな副葬品を棺内に入れます。一方で、パルミラでは墓は「永遠の家」と呼ばれ、門は家の形をしており、そこには鍵もついていて、鍵を持っている家族はいつでも墓に入ることができました。残された家族は、いつでも彫像を見に行くことができる、死者に対面することができたのです。日本でも、写真が導入され、遺影というものが存在するようになってからは、死者にいつでも対面し話ができるようになりました。死者自身が遠くに行くわけでもなく、死後の面倒をみる必要もないので、パルミラでは、いわゆる明器としての副葬品をほとんど納めなくなったのだと思われます。

C号墓の次にF号墓を発掘しました【8】。これはボルハとボルパという兄弟が、紀元後一二八年に造ったものです。バッカスの従者サチュロスの怖い顔のレリーフが、おそらく門の上にかけられていました【9】。これは悪いものが墓の中に入らないようにする、辟邪的なものであったと考えられています。また、パルミラは商人の町ですので、墓でさえ余った空間をほかの人に売り払っています。F号墓に関しては、紀元後二二〇年と二二四年に売却されたことがわかっています。碑文によると、ボルハとボルパの息子の世代の人間が行政長官になっています。この墓はパルミラでは非常に有力な一族の墓だったようです。

F号墓の主室には、彫像が並んでいます【10】。近くでみると、残念ながら盗掘を受けており、頭がなくなっているものもあります。帽子を被った彫像も被害に遭いましたが、恐らくこの彫像が神官の格好をしていたため、盗掘者がそれに気が付き怖がって、切り取った頭部を途中で放り投げたのではないかと考えています【11】。

われわれは、この墓を修復・復元しました【12】。発掘調査をする際にシリア古物博物館総局と取り交わした契約のなかに、立派な墓が発見された場合には、その墓を修復・復元し一般公開するという項目があったためです。奈良県が経費を出し、修復・復元を実施しました。この事業では、パルミラひいてはシリアの観光に少しでも役立ちたいという思いがありました。修復・復元した部分とオリジナルの部分とを明確にしたいというコンセプトに基づき修復したため、新しい箇所は白色の素材を用いて修復しました【13】。オリジナルの墓も、当初は真っ白だったと思われますが、土の色が染み込み、色が変わってしまっています。

F号墓を修復後に、G号墓を発見しました【14上】。放射性炭素年代によりますと、紀元前四世紀から紀元前二世紀、ちょうどパルミラの栄える少し前に造られたことがわかりました。ベル神殿が建っているところがテルと呼ばれる大きなマウンドになっています。発掘調査によって、紀元前一九世紀まで遡る土器が出土しています。そのため、それくらい古い時代からパルミラに人が住んでいたと思われます。さらに、イラク国境に近いマリという遺跡から出土した紀元前一九世紀の楔形文書とトルコのカッパドキアから出土した紀元前一四世紀の楔形文書には、タドモル人が来たと書かれています。このタドモルとはパルミラのことであり、東西交易のために、古くからパルミラ人は移動をしていたことがわかります。このG号墓は、アレクサンドロス大王がシリアに来たヘレニズム時代に造られたものです。

G号墓は、土を掘って、遺体の入った木棺を置き、石で蓋をしたという簡素な構造の墓です【14下】。被葬者は壮年の男性ですが、非常に立派なネックレスや、金の腕輪を身に着けていました。指輪は印章になっており、かわいらしい蝶の文様が施されています【15】。これは薬指にはめていました。緑色のトゲがあるような副葬品も見つかりました【16】。これは馬に乗る際に、人間の足の踵につける拍車です。これを二の腕につけ、力を表していました。先ほど、ヤルハイという人の墓には副葬品はなにも入ってないと話しましたが、G号墓の時代の墓には副葬品が入っています。副葬品としての装身具を身に着けています。つまり、パルミラの葬制も紀元前後に変わっていく、墓が家族墓として造られるようになった時に、副葬品のシステムも変わっていくのだろうと考えています。

二〇〇二年からは、タイボールという人物の墓であるH号墓を発掘しました【17】。扉の柱と、まぐさ石のところに碑文が書かれており、紀元後一一三年に造られたことがわかります。この墓も何度も譲渡されています。このH号墓では、パルミラで初めて、すべての頭がそろった家族饗宴の場面を表した彫像付き石棺が見つかりました【18】。パルミラでは、ほとんどの場合、盗掘を受けて頭部の一部が失われています。そのため、この石棺の発見は、パルミラの彫刻史を研究するうえでも非常に重要な発見になりました。

この墓は、住友財団からの助成を受けて修復をしました【19】。経費が少ないということもありましたが、H号墓修復にあたっては発掘の雰囲気を残した形で修復を行いました。水が入って土が崩れている箇所もありますが、そういう部分も残しながら、調査した後の臨場感を見せる修復、そういうコンセプトでこの墓を修復しました。

さて、われわれが家を建てる際にも、設計図と出来上がった家が少し違うということがあります。そういうことが修復のなかで起こってきたものですから、発掘調査の図面だけではなく、修復後の図面も残すべきだと考え、修復後の墓を3次元計測システムを使って計測しました【20】。

このデータから、3次元画像を作成しました【21・22】。のちにこれが幸いしました。今まで、3次元計測は、地下構造物を理解しやすい、色々な比較がしやすい、築造の工程を研究しやすいなど、そういうものに役立つと考えられていました。それが、今回、パルミラでさまざまな事件が起こり、3次元計測のデータを所有していることの利点に、遺構の将来の再現性の担保になるということが付け加わりました。たとえ、どのような状況になったとしても、3次元データが非常に役に立つことが、シリア紛争下で起こった問題のなかで明らかになってきました。

四基の地下墓を発掘したおかげで、埋葬のスタイルや地下墓の構造などがいろいろわかってきました。そのため、H号墓の修復を終えた後、次に家屋墓を発掘したいと考えました。パルミラ博物館からも、129b号墓という家屋墓の発掘・修復をして欲しいという依頼がありました。この墓は地震などの自然災害によって崩れていた状況でした【23】。ここでは発掘をするというより、石を移動するという調査でした。この墓は、北墓地に位置し、パルミラ博物館から非常に近い場所にあります。調査は、二〇〇六年から始めました。

この調査では、クレーンで石材を取り上げ【24】、その石材が崩れた様子と東西南北の壁を考えながら、取り上げた石材を分類・整理しました【25】。この調査では、まず３次元計測を行い、石材を移動して、石材の間に入っている土を取り除き、また３次元計測を行う、という作業を毎年繰り返し行いました。そして取り上げた石材を一つずつ３次元計測し、ＰＣ上でそれを組み上げ家屋墓を復元することを試みています。

【26】が二〇一〇年の調査開始段階の写真です。この墓は三世紀の建物になります。一辺一二メートル程度です。城壁に取り込まれていますが、この城壁は新しく四世紀の建造です。この家屋墓129ｂ号墓を復元すると【27】のような形になります。

私は、紛争は始まっていましたが、最後に二〇一一年に墓の様子を見に行き、覆い屋のトタンを変えるなどの作業をしましたが、そのまま発掘作業は中断し現在に至っています。

二〇一六年五月に、ホマーム・サードさんがパルミラに行って、129ｂ号墓の現状をドローンで撮影しました【28】。風で覆い屋のトタンが一部飛んでいますが、トタンが盗まれるようなことはなかったようです。

現在、３次元計測をした石材を、一つずつＰＣ上で組み上げ、地下墓を復元しようとしています【29】。このような作業が、ＩＳによって破壊されたベル神殿やバール・シャミン神殿でも非常に重要になってくると考えています。

二〇一一年以降のパルミラ

さて、二〇一一年以降いろいろなことが起こりました。私は二〇一一年九月にパルミラに行き、われわれが修復・復元した墓をすべて埋め戻してきました【30】。シリア紛争下では、おそらく盗掘や強奪など、さまざまなことが起こると考え、一応の防御を施してきました。

修復したタイボールのＨ号墓では、ＩＳがパルミラに侵攻する前の二〇一三年に、ほとんどの彫像が盗まれてしまいました【31】。これはパルミラ博物館から送ってもらった写真です。当然、これはパルミラの人の仕業だと思います。また、発掘調査で出土した全ての彫像を元の位置に戻していたのですが、剝ぎ取られてしまい、今はどこにあるかわからない状況です【32】。

爆破される前のベル神殿【33】は、神殿の内部も非常にきれいで、北と南には祠がありました。南側の祠には神輿に乗せて運べるような神様が祀られ（図7）、北側の祠には神殿の床と祠を分かつ溝状のものがあり、人が立ち入れないようになっています（図8）。そこに造り付けの神様が祀られていました。天井は非常にきれいな模様で飾られています。南側の天井にはロゼッタ（花）文様が施され、北側の天井には宇宙を司るユピテルを中心に惑星神と、皆さんもご存知の星座が浮き彫りされています（図9）。

図7　神殿内部の南側の祠

図8　神殿内部の北側の祠

図9　ベル神殿の祠の天井
（上：南側　下：北側）

ＩＳはベル神殿に爆弾をしかけました【34】。服装から見てアフガニスタンやパキスタン系の人もいるようです。パルミラ人が、加わっていなかったことを信じています。神殿は、大量の爆薬で爆破されてしまいました【35・36・37】。爆破後の写真は、シリア古物博物館総局とポーランド隊が撮影したものです。

パルミラの復興に向けて

さてパルミラの将来に向けて、何ができるかということですが、われわれは一九九〇年以来、墓を中心に調査してきました。まずは、この墓をどうすればよいのか、考えてみました。

幸いなことに、盗掘されてしまったＨ号墓出土の彫像は、一点ずつ３次元計測をしていました【38】。近年、大塚オーミー株式会社は、高野山の木製弘法大師像を、セラミックで複製することに成功しています。この複製品は、ほとんど実物そのものです。３次元データを利用して、同様にセラミックでパルミラの彫像を作れば、本物と変わらないものが出来上がると考えています。それを地下墓に将来的に戻し、墓を復元することを考えています。

オランダの画像会社が、パルミラで３次元計測を実施した㈱アコードの画像に手を加えて、Ｈ号墓の新しい３次元画像を作成しました【39】。このように個別に３次元計測した一点一点の彫像のデータを組み込んでいけば、よりリアルに再現できると思っています。平和になり、計測された３次元データからセラミックの彫像を作り上げることができれば、色も同じように再現することができます。しかし、石棺の彫像に関しては大型だったため【18・31】、運び出して計測することができず、現状では粗い３次元画像しかありません。

今、パルミラに関わった調査団の人たちやさまざまな方に声をかけて、写真を集めています。それらの写真を上手く合成し、３次元計測したデータに組み込むことができれば、よりよい３次元画像になっていくと思います。

さらに、世界遺産を撮影し番組を制作しているＮＨＫさんやＴＢＳさんはハイビジョン・カメラでパルミラを撮影していますので、その映像が役に立つと考えています。ＮＨＫさんもＴＢＳさんも、データの提供を申し出てくださっています。

シリア古物博物館総局は、昔からベル神殿の裏側で発掘調査をしていました【40】。二〇一〇年に、日本人は土層図を描くのが上手ということで、ベル神殿裏側の調査区の図を作成してくれないかという話があり、３次元スキャナーを使用して計測の手伝いをしました。これが不幸中の幸いと言いますか、その際にベル神殿の本殿も含めて３次元計測しました【41】。神殿の内側の３次元画像は一回しかスキャンしていないのですが、その割にはきれいに撮れていると思います。しかし細部が荒いので、解像度の良いデジタル・データがあれば、ここに付け加えて補正できると考えています。外側の３次元画像も、今のままですと欠損部も多いので、これをもっと補正できればと考えています。

また、われわれが129ｂ号墓の倒壊した石材をＰＣ上で組み上げた画像を見せましたが【29】、爆破された神殿などの構造物もこのような形で復元することができるのではないかと考えています。爆破された状態を３次元計測し、破片は小さいですが、破片の一点一点を３次元計測をして、ＰＣ上で組み上げていくことができると考えています。爆破されたバール・シャミン神殿やベル神殿でも、こういう作業が必要になってくると思っています。だから私は、シリア古物博物館総局に対して、絶対に壊れたあの状態を片付けないでほしいとお願いをしています。非常に時間がかかると思いますが、いくつものチームが入って、このような作業を行えば、少しは時間が短縮できると思っています。

現在では、パルミラにほとんど人が住んでいません。パルミラの街に早く人が戻り、またパルミラ人の笑顔を見られる日が来ることを願っています。

4 ユネスコによる紛争下における文化遺産の保護活動

ナーダ・アル＝ハッサン *Nada Al Hassan*
ユネスコ世界遺産センター

はじめに

これから、紛争国とくにシリアの文化遺産を保護するためにユネスコが行っている活動に関して紹介します。お互いの経験に関して情報交換をし、シリアの文化遺産を保護するための将来的な協力について議論できればと思います。

いままで日本の考古学者、研究者の方々は、シリアの文化遺産の研究に尽力されてきました。私にとって、今回のシンポジウムは、日本の研究者が行ってきた活動や研究について学ぶよい機会だと思っています。日本の研究者が持つ知識や専門性を、シリアの貴重な文化遺産を保護し、修復していくことに役立てていくことができればと考えています。

シリア紛争は、国家そして国民を疲弊させています。悲惨な状況は続き、人々は苦しみ、何百万人もの国民が難民となっています。そして、多くの村や街が破壊されています。紛争による被害は、文化遺産にもおよんでいます。また文化遺産は意図的に破壊され、大々的な略奪が行われています。

まず、中東そしてシリアにおいて、紛争がどのような影響を文化遺産におよぼしているのか、簡単に説明したいと思います。そして、このような状況下で、ユネスコがどのように行動し、またシリアの文化遺産を保護するため、どのような活動を行っているか詳細に説明します。

また、世界遺産パルミラを含むシリアの文化遺産を保護するために現在行われている諸活動に、国際社会がどう参加すべきか、日本の研究所や大学、国際協力のための組織また専門家がどのように加わるべきか、提案させて頂きます。

中東、シリア紛争下における文化遺産の被災

現在、多くの文化遺産に紛争の被害がおよんでいます。シリア紛争下では、アレッポが戦場と化し、ウマイヤド・モスクやスーク、アレッポ城など多くの歴史的建造物が被災しました。同様の状況は、イエメン内戦下でも起きています。イエメンの首都サナアやサアダにある歴史的建造物の多くが内戦の被害にあっています。

また、シリア、イラクでは、多くの遺跡が、ＩＳ（自称「イスラム国」）によって意図的に破壊されました。ＩＳは、パルミラ遺跡で、ベル神殿やバール・シャミン神殿、記念門、塔墓の破壊を行いました。また、悲しいことに、ローマ劇場は、ＩＳによって処刑場として利用されたのです。西藤先生は、パルミラの人間が、この破壊行為に加わることはなかったと信じていると述べました。しかし、残念なことに、この破壊行為にパルミラの人間が加わっていたことが、明らかになっています。しかし、その場に誰がいたのかは、問題ではありません。若い人たちが、政治的、文化的、社会的、宗教的に分断されてしまっていることが問題なのです。解決すべきは、若い人たちの心の問題なのです。

世界遺産に登録されているイラクのハトラ遺跡やニムルド遺跡、イラクのモースル国立博物館にも、ＩＳの兵士が侵入し、多くの彫像や展示品をハンマーで破壊してまわりました。

また、ＩＳは異教徒のものだけではなく、イスラムの文化遺産をも破壊しています。ＩＳはイマーム・ドゥルの聖廟の爆破も行っています。この聖廟は、中世を代表する建築として有名でした。

また、シリアのアパメア遺跡やドゥラ・ユーロポス遺跡では、盗掘が大きな問題となっています。紛争下のシリアでは、遺跡の盗掘や博物館の略奪が大々的に行われています。たとえ、略奪されたものを回収できたとしても、それを同定することは困難です。なぜなら、もともと博物館に台帳が存在しないからです。パルミラ遺跡でも、多くの地下墓から彫像が盗取されたことが確認されています。

ユネスコの活動

このように文化遺産が破壊されるなか、ユネスコは未曾有の事態に直面しています。もちろん、バーミヤーンの事例もありますし、ほかの紛争例もあります。しかし、このように意図的な文化遺産の破壊がエスカレートした事例は、まったく新しい現象です。

私は、二〇一五年のことを今でも覚えています。私はオフィスに来るたび、「今日は、どのような悲劇が起きたのですか」と尋ねることが習慣になっていました。パルミラの悲劇が起こる前から、イラクでは、ほぼ毎日ISによって何かしらの文化遺産が破壊されていたからです。

ユネスコとして、現地に入れない状況で、なにができるのか考えました。まず、外交レベルで活動を行うことにしました。ユネスコは国連機関ですので、まずは、国連を通じて外交レベルの活動を行うのが通常です。ユネスコのイリーナ・ボコヴァ事務局長は、公式・非公式の外交活動を行い、各国の首脳や国連安全保障理事会に、文化遺産の重要性を訴えました。紛争下の文化遺産の問題は、安全保障上そして人道上の問題でもあります。なぜならば、文化遺産の破壊は、人々を動揺させ、恐怖させ、そして心理戦で勝利を収めるための手段として利用されているからです。また、文化遺産の破壊は、他者を攻撃し、文化的な多様性を破壊し、最終的に社会を破たんさせるために利用されているからです。

国連の安全保障理事会は、当初、文化遺産は、自分達が取り扱う問題ではないと考えていました。しかし、現在は、中東の人道上の問題あるいは安全保障上の問題を論じる際には、必ず文化遺産の問題も含まれるようになってきています。現在、文化遺産に関してさまざまな決議が採択されています。たとえば、ユネスコの執行委員会と総会は、紛争と災害に対して新しい方針の採用を決定しました。また国際連合人権理事会や欧州議会なども決議を採択し、アル・アズハル大学の総長も声明を出し、世界全体の責任として、文化遺産を保護していくことの重要性を訴えています。政治的、和平構築の取り組みのなかに文化遺産保護を取り込んでいくべきだと現在、主張されています。

国連安全保障理事会も、二〇一五年二月に国連安全保障理事会決議二一九九号を採択しています。これは、私達にとって一番重要な決議です。この決議は、シリアに関しては二〇一一年の三月以降、イラクに関しては一九九〇年以降に、両国から不法に持ち出された文化財の取り引きを禁止したのです。この決議がなぜ重要かといいますと、この決議はテログループの資金源に関するものだからです。この決議では、文化財の不法取り引きがテログループの資金源になっていることを認め、国連加盟国に、国内でシリアとイラクから不法に持ち出された文化財が取り引きされることを防止するために適切な措置をとることを求めています。この決議は、国際法にもとづいて加盟国に課せられた義務であり、推奨ではありません。

ユネスコとインターポールには、この決議を支援することが求められています。ユネスコは、国連加盟国に、各国の動産文化財に関する法律を改正し、シリア、イラクからの不法な文化財の持ち出しに関する情報を提供することを呼びかけています。また、各国で認められている法的手段をとることを求めています。法的手段を有していても、実際には実行されていないことが多いからです。また、将来返還するために、押収された文化財の記録を残すことも求めています。また啓蒙活動を行い、しかるべき人材を育成していくことも各国に求めています。

とくに紛争国周辺の国々で啓蒙活動を行い、人材育成をすることが重要です。

ユネスコは報告制度を持っています。しかし、現段階で加盟国が、シリア、イラクからの不法な文化財の持ち出しに対してなんらかの対策を講じたという報告は三七件しか寄せられていません。国連加盟国が一九二カ国、ユネスコ加盟国が一九五カ国であることを考えると、この数は非常に少ないと言えます。

ユネスコは、インターポールや世界税関機構、イコモス、イクロム、イコムなどさまざまな組織と頻繁に会議を行っています。不法に取り引きされた文化財の真贋を見極め、その文化財はどの遺跡から出土したものなのか、そのような情報をインターポールに提供できるよう、関係組織のネットワーク作りを推進しています。また各国がどのように対応すべきかをまとめたガイドラインも作成しています。

ユネスコは、この国連安全保障理事会決議二一九九号の履行を各国に求めています。せっかく日本に来ましたので、日本にも協力をお願いしたいと思います。ユネスコは、日本に対しても、この国連安全保障理事会決議二一九九号の履行をお願いしています。

ユネスコレベルでの活動も行っています。ユネスコは、紛争下において文化や文化的な共存を護っていくために、新たな方針を採用しました。これにより、ユネスコはいままでの活動に加え、新たな活動を行っていくことになりました。新しい方針を採用した結果、国際赤十字赤新月社連盟や国連マリ多面的統合安定化ミッションのような国連平和維持軍といったこれまで一緒に仕事をしてこなかったような組織と協力するようになりました。たとえば、アフリカのマリにおいて、国連平和維持軍に対して、四五の研修を実施しました（図１）。マリ

図１　ユネスコが実施したマリにおける研修
（Copyright UNESCO）

では、世界遺産トンブクトゥにあった聖廟が過激派グループによって破壊されたため、国連平和維持軍に、マリには重要な世界遺産があること、そして国連平和維持軍にはそれを保護する責任があり、文化遺産の破壊は、国の崩壊につながるということを知ってもらう必要があったからです。

次に条約に関して、紹介したいと思います。ユネスコにはいくつかの条約がありますが、紛争下の文化財を護るための条約に、ハーグ条約がございます。この条約に関連して、ユネスコは、紛争の際には、かならず、紛争に関わるすべての国家に文化遺産の位置を知らせるための書簡を送っています。たとえば、イラクのモースル奪還作戦が始まる前に、ユネスコは、モースル奪還作戦に従事するすべての国家に書簡を送り、モースルにある文化遺産の位置を知らせました。シリア、リビア、イエメンでも同様のことを行いました。これにより、すべての文化遺産が攻撃の対象から外されるということはありませんが、少ないながらも価値の高い文化遺産を護ることができています。

文化財不法輸出入等禁止条約に関しては、国連安全保障理事会決議二一九九号と関連付け、さまざまなことを実行しています。文化財の不法輸出入に関しては、シリアや隣国の税関職員や警察職員を対象に研修を行ったり、ネットワークを構築して文化財の不法輸出入に関する情報を共有できるようにしています。また、オークション会社にも協力をもとめ、文化財を転売する際に、倫理規定を尊重するよう求めています。オークション会社や民間企業は非常に重要です。なぜなら彼らが、不法な文化財やブラックマーケットから流出した文化財を購入してしまう可能性があるからです。

また、皆さまがご存知のように、一九七二年に採択されたユネスコ世界遺産条約があります。この条約にもとづき、現在、シリアの世界遺産のすべては危機遺産に登録されています。ユネスコは、遺跡保護のための資金を調達するために、国際社会にシリアの文化遺産を護る必要性を訴え、各国政府にシリアの文化遺産を保護するためにさまざまな行動をおこすよう促しています。

また、無形文化遺産保護条約も存在します。シリアでは、何百万人もの国民が難民となり国外へ逃れています。これにともない、アレッポの素晴らしい伝統音楽や伝統工芸など、シリアの無形文化が失われようとしています。そのため、無形文化遺産に関する知識を持つ人間を保護し、シリア社会の将来的な復興のために、シリアの無形文化遺産の伝統を守っていく必要があります。

これらの条約のもと、ユネスコは加盟国に、条約にもとづく義務を果たすよう求めています。そして、条約が履行されているかモニタリングを行い、人材育成や緊急支援なども実施しています。

次に、ユネスコが博物館のために行っている活動を紹介します。ユネスコは、すべての紛争国で利用していただけるような書籍も出版しています。たとえば、イクロムと共同で、図２のような博物館の収蔵品の緊急避難に関するマニュアルを作成しています。このマニュアルに関しては、近いうちにアラビア語版も出版する予定です。

また、ユネスコは、二〇一五年に「ミュージアムとコレクションの保存活用、その多様性と社会における役割に関する勧告」を採択しました。これは非常に重要かつ斬新な勧告ですが、あまり知られておりません。この勧告において最も重要な点は、地域社会こそが動産文化財の保護に重要な役割を果たさなければならないとした点です。紛争下のシリアでは、地域社会が文化遺産を護る

図２　ユネスコが作成した博物館収蔵品の緊急避難マニュアル
(Copyright UNESCO)

最後の砦となっています。この勧告では、ほかにも国際的な協力の必要性やオークション会社や民間企業向けの倫理規定を強化していく必要性などが述べられています。

また、ユネスコは、ユネスコのベイルート事務所が中心となって「シリア文化遺産緊急保護プロジェクト」を実施しています。このプロジェクトは私たちにとって試験的なプロジェクトでありますし、もちろんほかにもさまざまな活動を行っています。このプロジェクトは、二〇一三年の八月に採択された活動計画にもとづき、二〇一四年三月に開始されました。二〇一四年の五月には、活動計画の細部をつめるために国際会議が開催され、多くの国際専門家やシリア古物博物館総局のスタッフ、また海外在住のシリア人専門家が集いました。

このプロジェクトは、おもに三つの活動を行っています。この三つの活動はシリア国外で実施するものですが、シリアの文化遺産をめぐる危機的な状況を少しでも緩和し、将来的な復興に向けた土台作りになると考えています。一つ目の活動は、情報収集とドキュメンテーションです。シリアの文化遺産のドキュメンテーションを行い、専門家の情報を収集しています。どこにどのような専門家がいるのか、大学や研究機関、専門家がどのような情報を持っているのか調べています。ユネスコが将来的にシリアの遺跡や歴史的建造物、博物館や博物館の収蔵品の修復などを行っていく際に、これらの専門家が重要となってくるからです。また、私たちは専門家の登録を行っています。将来的にシリアの文化遺産の復興を担う専門家のデータベースがあり、専門家は自分達で登録することができます。

二つ目の活動は啓蒙活動で、三つ目の活動がシリア人専門家の人材育成とシリア人専門家に向けた技術的支援となっています。啓蒙活動のため、シリアの文化遺産保護を訴えるビデオ映像などを作成しました。また、多くの専門家と研究機関が参加し、さまざまな人材育成を実施しました。さらには、フランス、スイスから提供された七トンにもおよぶ梱包材などの資材をシリアに輸送しました。

また、専門家会議をいくつも実施しています。二〇一六年六月にベルリンで実施した専門家会議には一五〇名もの専門家があつまり、過去二年間のユネスコの活動を振り返り、今後、どのようにプロジェクトを展開していくべきかを話し合いました。この会議には、日本の専門家である筑波大学の常木晃先生や東京大学の西秋良宏先生が参加されたのを覚えています。

ここで、私が日本に来る直前に参加した、ダマスカスで開催された会議に関してご紹介させてください。二〇一六年の四月にダマスカスの旧市街で火災が発生し、アスローニヤ地区一帯が延焼しました。ダマスカスの旧市街は商業地区であり、ここで引火性の物質が販売されていました。この引火性の物質が原因となり、今回の火災が発生しました。ユネスコは、二〇一三年の時点で、シリア人の専門家に、ダマスカスの旧市街で引火性の物質を販売すべきではないと忠告をしていました。焼失したアレッポのスークでは、爆弾が爆発し、引火性の物質に引火し、火が燃え広がったのです。三年前に、アレッポのスークは失われましたが、そのおもな要因は爆弾ではなく、そのあと発生した火災だったのです。しかし、残念なことに、ダマスカスで、必要な対策が取られることはありませんでした。今回の会議では、ダマスカスで、同様の悲劇を繰り返さないために、予防処置を講じる必要があると議論されました。会議の場で、あるシリア人専門家が、「アレッポを失ってしまった私たちは、ダマスカスまでをも失うわけにはいかないのです。」と発言しました。私は、彼の言葉に、はげしく心を動かされました。

また、ユネスコは、被災した遺跡でシリア古物博物館総局が行っている応急措置を技術的に支援しています。ほかの講演者も述べられたように、紛争中には、急いで遺跡の本格的な修復を行う必要はないと考えています。将来のために、応急措置、最低限の安定化を行うだけで十分だと思います。もし急いで本格的な修復を行った場合、おそらく間違った選択をすると思います。本格的な修復作業を開始する前に、しっかりと研究を行い、専門家と協議し、包括的に考える必要があります。国際的な専門家やシリア人専門家が集い、どのように修復していくか、話し合う必要があります。

ユネスコは、「シリア文化遺産緊急保護プロジェクト」のホームページを持っています。パスワードを入力することでシリアの文化遺産の情報を見ることもできますし、専門家は、このホームページ上で、将来的な復興プロジェクトのための人材データベースに登録することができます。

このホームページには、ユネスコが行っている活動に関する詳細な情報が記載されています。Googleで、「UNESCO」、「Syria」、「Project」で検索していただくと、私たちのホームページにたどり着くと思います。

専門家の登録に関してですが、ユネスコは会議を開く際は、いつも新しい専門家を見つけようとしています。これによって、私たちは自分たちのネットワークの拡大を目指しています。ユネスコでは、常時二〇〇人ほどのスタッフが働いていますが、専門的な知識を有する専門家を巻き込んでいくことが重要だと考えています。日本の専門家にも登録いただければと思います。

啓蒙活動に関してですが、若者に対し行うことが重要だと思います。国籍を問わず、アラブ人だろうと、シリア人だろうと、インド人であろうと、ムスリムだろうと、仏教徒であろうと、無神論者であろうと、文化遺産を護るのは自分たちの責任だという意識を若者たちの間に根付かせる必要があると思います。たとえアラスカに暮らしていようと、シリアで起こったことを悲しいと思うようにならなければなりません。図3は、ユネスコのイリーナ・ボコヴァ事務局長が中心となってイラクのバグダッドで実施した文化遺産啓蒙キャンペーンの写真です。ユネスコは、最初このような取り組みをアラブの若者を対象に実施していましたが、世界中の若者を対象に実施することが重要だと考えるようになりました。トンブクトゥの聖者廟が過激派組織によって破壊されましたが、ユネスコはこの聖者廟の再建の手助けをしました。図4は、そのプロジェクト後に撮影したものです。同じようなキャンペーンは、ＩＳが占拠する前のパルミラでも行いました。このキャンペーンは拡大し、多くの成果をあげつつあります。ユネスコは、希望を若者たちに託します。

また、ユネスコは、マリの人々や、マリに滞在する国連平和維持軍の兵士のために、図５のようなマリの文化遺産を紹介するハンドブックを作成しました。シリアに国連平和維持軍が派遣される際にも、同様のハンドブックを配布したいと考えています。

私たちは、文化遺産というものを国家間の仲裁や平和構築のために利用できると考えています。成功事例もありますし、失敗した事例もあります。失敗事例や成功事例から多くのことを学び、シリアの問題にいかさなければなりません。人道上の支援や安全保障上の支援に、文化遺産も取り込んでいく必要があると考えています。な

図３　イラクのバグダッドで実施した「ユニット・フォー・ヘリテイジ」キャンペーン（Copyright UNESCO）

図４　マリで実施した「ユニット・フォー・ヘリテイジ」キャンペーン（Copyright UNESCO）

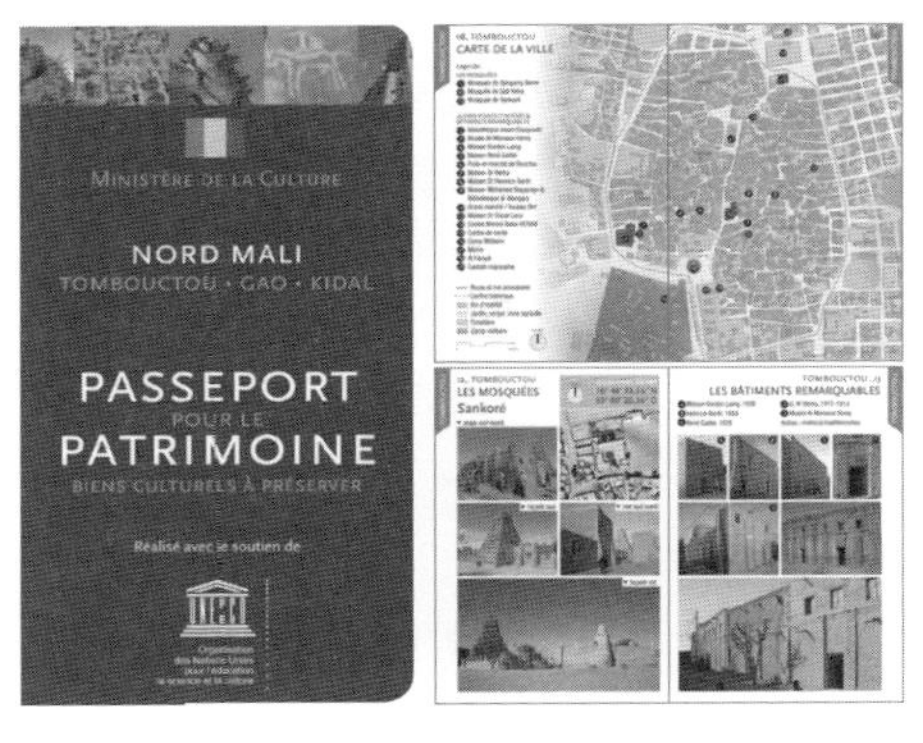

図５　ユネスコが作成したマリの文化遺産を紹介するハンドブック（Copyright UNESCO）

ぜなら、まっさきにシリアに入っていくのが、この分野での支援活動だからです。アレッポを例にしてみましょう。アレッポに平和がおとずれた際に、まっさきにアレッポに入っていくのが、軍と消防です。軍と消防は、被災した文化遺産の瓦礫をすべて撤去してしまう可能性があります。バルトシュ先生やロバート先生がパルミラ博物館で実施したような作業を軍や消防がするとは思えません。ですから、被災したウマイヤド・モスクの重要性などを軍や消防に説明し、モスクの瓦礫を撤去しないよう説得する必要があります。軍や消防と協力していかなければならないのです。軍や消防に建物が不安定だからといって、すべての建物を撤去してはいけないということを伝える必要があります。文化遺産に関しては、応急的措置を行い、安定化させる必要があるのです。しかし、現状では、人命、人々の安全を確保すること、病院や学校、避難所を整備していくことが最も優先される事項です。文化遺産が優先されない困難で複雑な状況に対し、うまく対応していくことが必要です。そのため、軍や消防などと協力し、一緒に計画していくことが非常に重要です。

また、専門的知識を持ったシリア人の多くが、紛争のために国外に流出してしまったということを理解する必要があります。有能な人材が流出してしまったのです。紛争によって故郷があまりにも変わり果ててしまった結果、故郷に戻らないと決断する難民もたくさん出てくると思います。有能な労働者も、今後不足することになると思います。このような事態に、今から対応を考えておく必要があると思います。

また、無計画な復興を止めるためにも、法整備に取り組む必要があります。シリアでは、多くの民間企業が、タダ同然の値段で、逃げ出した人々から土地や家屋を買収しています。現在、アレッポでも、ホムスでも、民間企業が土地の大半を所有しています。このような状況で、アレッポの伝統的な街並みは、どのように復興されていくのでしょうか。復興のなかで、文化遺産を保護していくためにガイドラインや優先事項を定める必要があると思います。ユネスコ世界遺産委員会が重要な存在になると思います。適切な復興計画と、街の復興と文化遺産保護の調整をしていくことが重要だと思います。

アレッポでは、近い将来、民間企業が土地を買い占め、利益を優先し、高層ビルを乱立させ、歴史的景観が失われることが、現実的に起こりえるのです。ベイルートの事例を思い出してください。私はベイルート出身ですが、ベイルートは今やセメントの街と化しています。今から、ワクフや地方自治体、シリア古物博物館総局、住宅省といった街のインフラに関わるすべての官公庁と協力していく必要があります。アレッポは世界遺産ですので、ユネスコには、このような事態が起こらないように行動する責任があります。

日本への提案

次に、日本と国際社会がどのように国際協力に参加すべきか、提案させて頂きます。まず、日本が所有するシリアにおける過去の発掘や修復プロジェクトの図面、写真、測量図、台帳、研究成果などを提供していただければと思います。また、今から遺跡や都市の復興に関してガイドラインを作成していく必要があると考えています。また、ユネスコは、応急的な措置を行うことに特化した修復プロジェクトを必要としています。このようなプロジェクトがあれば、本格的な保存修復作業を開始する際に、三週間から四週間ほど時間を節約できることになります。また、ぜひ、日本にユネスコが実施している人材育成に協力いただければと考えています。ユネスコは、現在、ダメージ・アセスメントや破損した収蔵品の取り扱い方、応急的な強化処置、被災した博物館の安定化措置、動産の文化財の保護に関する人材育成を実施しています。また、紛争後にどのような形で遺跡などを修復していくか、理論的、哲学的に、検討する必要もあります。シリアの復興には何十年という月日が必要だと思います。シリアの関係者と一緒に、どのように文化遺産を復興していくか考えていく必要があります。それは、文化遺産だけではなく、今後のシリア社会にも影響するからです。

パルミラ遺跡

最後にパルミラ遺跡に関してお話しさせてください。私も、二〇一六年の四月二五日にパルミラ遺跡に行く機会がございました。はじめてロバート先生やバルトシュ先生にお会いしたのも、パルミラ遺跡でした。図6は、私個人が二〇一六年の四月に破壊されたパルミラ遺跡を撮影したものです。私は、かつてパルミラ遺跡で働いた経験があります。破壊された神殿や塔墓をみたとき、衝撃を受けました。しかし、遺跡に立って、私はパルミラ遺跡は、まだここに存在すると感じました。文化的景観、周囲の砂漠やナツメヤシの農園は残されています。パルミラ遺跡は、景観のなかで、その存在感を決して失っていません。これが私の印象です。

ユネスコの世界遺産委員会が提案したように、シリア古物博物館総局は、パルミラ遺跡のダメージ・アセスメントを実施しました。これは、ホマーム先生によって行われました。また、シリアの建築局は、被災した遺跡に対して最小限の応急的措置を行っています。そして徹底してドキュメンテーションを行っています。

図6　2016年4月のパルミラ遺跡の状況
（ナーダ・アル＝ハッサン撮影）

実際に、作業を現在行っているのは、古物博物館総局といったシリアの関係者です。しかし、パルミラ遺跡は世界遺産ですので、パルミラで今後どのように活動を行うか、私たち全員で考える責任があります。プロジェクトを最善のものとするため、シリア関係者に協力していかなければならないのです。ですから、国際的な水準で、協力してプロジェクトを作りあげていく必要があるのです。

パルミラ遺跡に関しては、ユネスコは、短期的、中期的、長期的な目標を掲げております。短期的な目標は、ダメージ・アセスメントとドキュメンテーション、最低限の応急的措置を行うことです。中期的な目標は、より詳細なドキュメンテーションを実施することです。そして、紛争終結後の保存修復計画を練り上げていくことです。これには、遺跡だけではなく、地域全般も含まれます。パルミラの街が復興し、住民が戻ってきますと、さまざまな建設プロジェクトがはじまると予測されます。電話会社の電波塔が建設されるかもしれませんし、学校に新しい階が増築されるかもしれません。また、遺跡を横切るような道路が建設されるかもしれません。遺跡の保護と都市開発の調整を行う必要があります。

長期的な目標は、破壊された遺跡を修復することです。しかし、カンボジアのアンコール遺跡のことを思いだしてください。東京文化財研究所の友田正彦先生は、カンボジアで長年仕事をしておられます。しかし、アンコール遺跡の修復はいまだに継続しているのです。崩れた建材のブロックを科学的根拠にもとづき元通りに戻すには、何年もの月日を必要とします。パルミラ遺跡の修復は非常に長い作業になると思われます。こういった作業は、シリア人専門家や技術者の人材育成と一緒に行われるべきだと思います。

ユネスコは、パルミラ博物館に関しても同様の提案をしました。シリア古物博物館総局は、博物館の現状を記録し、ダメージ・アセスメントを行い、被災した建物の安定化を行いました。しかし、さらに補強を行い、建物をより安定化させる必要がありますので、パルミラ博物館の実情を調査するために、建造物補強の専門家を一二月にパルミラへ派遣する予定になっています。中期的な目標は、博物館内に散乱した収蔵品の破片を回収し、安全な場所に移送し、適切な環境のもとで保管することです。これは非常に難しいことですが、プロジェクトは進行中です。長期的な目標としては、博物館を元通りにしたいと考えています。シリアでは、博物館の拡張案も出されています。すべてが落ち着いたときに、博物館の新しい展示案を考える必要もあると思います。パルミラ遺跡は、全世界にとって重要な遺跡です。そのため、パルミラ遺跡で起こったことを未来に伝えることが重要だと思います。パルミラ遺跡の歴史を紹介する展示のなかで、遺跡で起こった悲劇的な出来事を紹介すべきだと思います。

ほかにも、提案があります。パルミラ遺跡に関して、世界遺産に認定されている範囲を定めなおす必要があります。パルミラ遺跡の場合、塔墓は、遺跡の構成要素に含まれていません。そのため、塔墓は、遺跡のバッファゾーン内に位置しているのです。そのため塔墓なども含めるよう、世界遺産パルミラ遺跡の範囲を修正する必要があると思います。都市開発から遺跡を護っていくためにもこのような作業は不可欠です。

最後に、ユネスコが行っている「ユニット・フォー・ヘリテイジ」キャンペーンに関してもう一度紹介させてください（図7）。ぜひ、皆様にこのキャンペーンに加わって欲しいと考えています。博物館もこのキャンペーンに参加することができます。参加した博物館は、決められた日に、シリアの文化遺産に関する展示を行い、シリアの文化遺産の重要性を世界にアピールする活動を行っています。同じ活動をかつてイエメンのためにも実施しました。大英博物館やルーブル美術館など多くの博物館が、特定の週にイエメンに関するコレクションを展示しました。このようなプロジェクトをぜひ日本でも行っていただければと思います。東京国立博物館でもシリアに関連するコレクションを展示していただいて、シリアの文化遺産の重要性を日本国内で訴えていただけばと思います。

図7　ユネスコが実施している「ユニット・フォー・ヘリテイジ」キャンペーン（Copyright UNESCO）

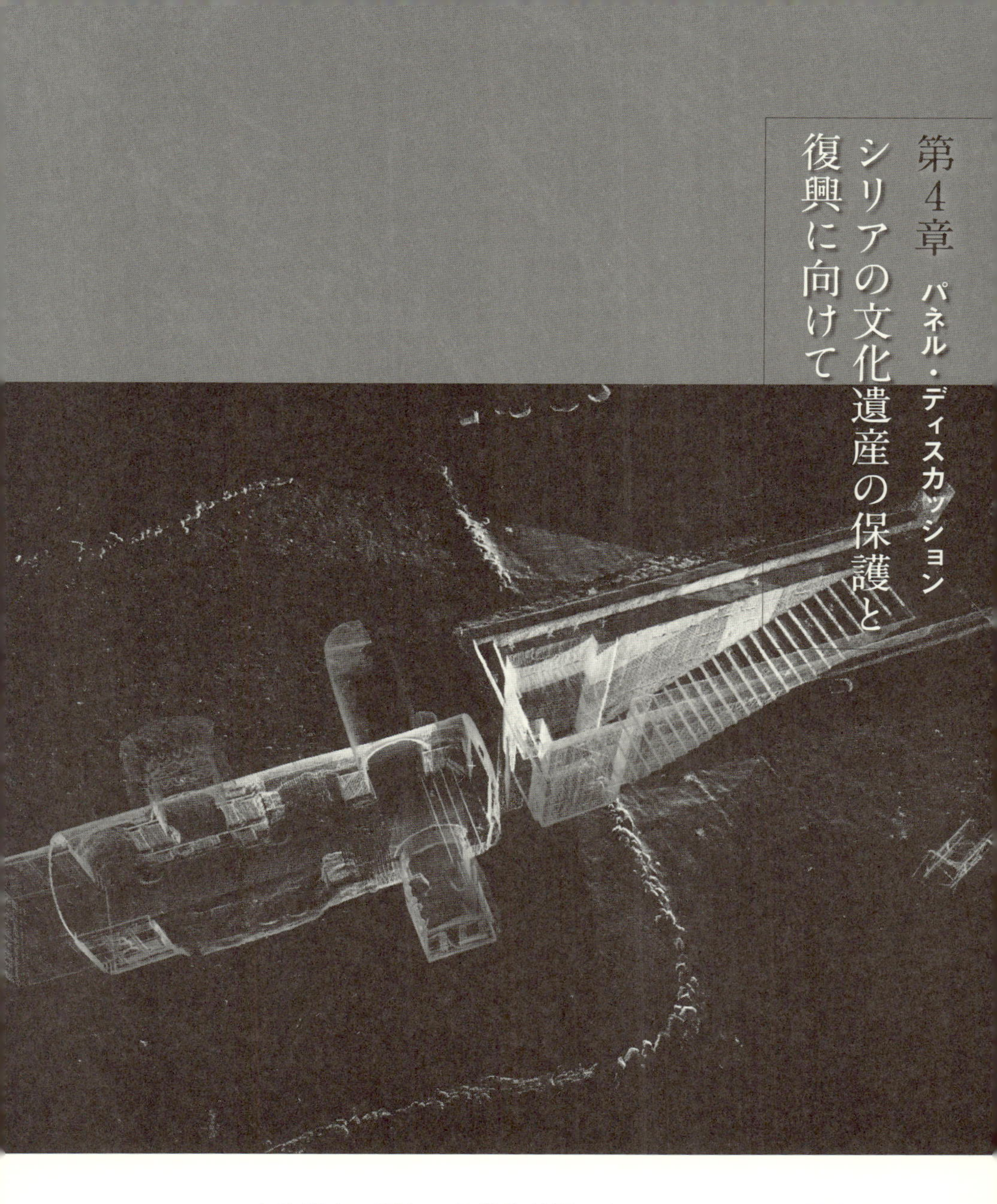

第4章 パネル・ディスカッション

シリアの文化遺産の保護と復興に向けて

シリアの文化遺産は現在、危機的状況にある。これまでの調査の蓄積をもとに、遺跡を護るために何ができるのかを議論する ——

第1部　東京シンポジウム

二〇一六年一一月二〇日　東京国立博物館大講堂

司会
常木　晃（筑波大学）
パネラー
友田正彦（東京文化財研究所）
安倍雅史（東京文化財研究所）
西藤清秀（奈良県立橿原考古学研究所）
ロバート・ズコウスキー（ポーランド科学アカデミー考古学民族学研究所）
バルトシュ・マルコヴスキー（ワルシャワ大学ポーランド地中海考古学センター共同研究員・石造物修復専門家）
ホマーム・サード（ソルボンヌ大学）
ナーダ・アル＝ハッサン（ユネスコ世界遺産センター）

常木晃　本日は長時間にわたり、シンポジウム「シリア内戦と文化遺産」にご参加くださりありがとうございます。最後の三〇分間は、パネル・ディスカッションとなります。今日のシンポジウムをつうじて、シリアのホマーム先生やポーランドのロバート先生、バルトシュ先生のように、実際にパルミラに入り文化遺産を護る活動をされている専門家がいるということを知っていただけたかと思います。文化遺産を護るためには、さまざまな活動が必要です。たとえば、監視団のような組織を作ったり、現状の記録をとったり、文化遺産の重要性を広く周知することが重要です。また、シリア人の専門家の人材育成をしていくことも重要だと思います。

このパネル・ディスカッションでは、実際に、日本は何ができるのか、考えていきたいと思います。最初にシリアのホマーム先生に、日本に何を期待するか、お聞きしたいと思います。

ホマーム・サード　私としては、日本の専門家の方々にダマスカスに来ていただけたら、それが一番ありがたいと思っています。日本の専門家とシリア古物博物館総局は、五〇年にわたり協力してきました。たくさんのことが必要ですが、遺跡を護るために、将来の修復のために、古物博物館総局と一緒に何ができるのかを議論していただければと思います。

たとえば、シリア人専門家の人材育成が必要です。政治的な問題により、多くの国際的な専門家はシリアに入国できないからです。また修復材料や情報も必要です。現在、新しい技術が世界で開発されていますが、私たちにそのような技術はありません。修復のための材料も必要です。私たちだけでは何もできないので、もっと一緒に議論する場が必要です。私たちは、世界の専門家の方々に関わってもらうことこそが重要だと考えています。

常木晃　ホマーム先生が、最も私たちに求めていることは、一緒にやって欲しいということだと感じました。日本には、協力できることがたくさんあると思います。また、自分たちは一人ではない、日本も含めた国際社会はシリアを見捨てていないということを態度で示すことも重要だと感じています。それでは、実際にパルミラの緊急保存修復事業に参加したロバート先生は、考古学者はいったい何をすべきと、お考えでしょうか。

ロバート・ズコウスキー　私は、日本が持っているシリアの文化遺産に関する写真や図面などのすべてのドキュメントを準備し、データベースを作成して、シリアやパルミラのために、提供することが重要だと考えています。

シリアの専門家が、日本人による発掘成果などを把握する必要があるからです。遺跡の略図のようなものから、本日の発表にあったようなベル神殿の３Ｄデータまで、すべてのドキュメントです。図面や写真を紙媒体で提供することも重要ですが、重くてかさばるため、輸送上困難で保管場所にも困ります。そのため、ほかの国の専門家も利用できるような、データベースを作成することが重要だと思います。

常木晃　西藤先生が行っているベル神殿の3Dデータ作成作業と、ほかの国際機関が実施している同様のプロジェクトがうまく協力し合うことも重要だと思いますが、いかがでしょうか。

西藤清秀　お互いがドキュメントを持ち合うことに関してですが、四月にワルシャワでパルミラ研究会が開催された際に、パルミラで発掘調査を行ってきた全ての調査団が、古物博物館総局とパルミラ博物館に、発掘調査で出土した遺物の台帳を提出しようという提案があり、それにより、どういった遺物が博物館に収納されていたかを確認しようと準備を進めています。

また、ベル神殿の3次元データに関しては、データが少し粗いので、改良を加えてシリア政府やホマーム先生に渡したいと考えています。この作業を一番優先して行っています。この3次元データを改良するためにも、NHKやTBSが撮影したハイビジョン映像をお借りできればと、考えています。

常木晃　最終的に、ドキュメンテーションのとりまとめは、どこがやれば良いと思いますか。

西藤清秀　それは、シリア古物博物館総局だと思います。しかし、技術的な問題がありますので、フランスやユネスコなど技術を持っている組織にお願いすることになると思います。

常木晃　ありがとうございました。実際に、そういうデータを受け取った場合、古物博物館総局が中心になれますでしょうか。

ホマーム・サード　シリアの文化遺産に関して多くの会議が開催されていますが、そこでは必ずデータベースの必要性が議論されます。フランスやドイツ、日本など、さまざまなところでデータベースが作成されています。しかし、問題は、個別にプロジェクトが行われていることです。私たちには、どこでデータベースが作成されているのかわからないのです。古物博物館総局はデータベースを受け取っていないのです。古物博物館総局に提供が難しい場合は、ユネスコ経由で提供してください。多くの調査団が紛争前、シリアで活動していましたが、彼らが作成した図面や写真類はシリアにはほとんど残されていないのです。

常木晃　日本やフランス、ユネスコなどが、協力してやっていかなければならないと思います。そのような体制がうまく作れればと願っています。

ホマーム・サード　おっしゃる通りです。すべての専門家が連携すべきです。

常木晃　バルトシュ先生いかがでしょうか。日本に何ができるか、また、考古学者や修復家に何ができると思いますか。

バルトシュ・マルコウスキー　私は、本格的な保存修復作業ではなく、レスキュー事業こそ支援すべきだと考えています。現段階で本格的な保存修復作業を急いで行う必要はありませんし、本格的な保存修復事業を行う前によく議論し入念に準備する必要があると思います。最も緊急性の高い事業は、私たちがパルミラの解放直後にパルミラ博物館で実施したようなレスキュー事業だと考えています。

近い将来、アレッポやイドリブでも同様の事態が起こると思われます。修復家こそが、いち早く博物館入りし、破片などを拾い集めるべきだと考えています。しかし、多くの問題もあります。このため、レスキュー事業を支援する組織などが必要だと思います。

常木晃　具体的に、日本はどの組織をサポートすればよろしいでしょうか。修復に関しては、助言などの支援が必要だと思います。勝手にどんどん修復されてしまうのは問題だと思いますので、その評価や助言などの支援は絶対に必要だと思います。

バルトシュ・マルコウスキー　私は、中心的な組織はシリアの古物博物館総局だと思います。しかし、古物博物館総局には、レスキュー事業などを実施する十分な予算はありません。

常木晃　知識や予算面でも、日本や諸外国のさまざまな機関が、古物博物館総局を支援していく必要があると思います。一方で、各組織が、シリア古物博物館総局を個別に支援していくことで、難しい問題を引き起こす可能性もあります。ユネスコなどがイニシアティブを取っていただければ一番良いと思うのですが、ナーダ先生いかがでしょうか。

ナーダ・アル＝ハッサン　われわれユネスコは、すでに国際的な調整を行っています。専門家の活動を調整し、相乗効果を生むため、日々、古物博物館総局と連絡をとっています。たとえば、さまざまな発掘調査団が持つ遺物の台帳を統合するための会議も開催しました。こういった遺物の台帳は、考古学的な活動だけではなく、将来的に略奪された文化財を取り戻すことにも役に立つと考えています。また、シリアが抱えている問題の規模は大きすぎます。もちろん古物博物館総局は、情報を収集し、意思決定をし、プロジェクトを実施する上での、中心的な組織であると考えています。しかし、問題の規模が大きすぎるため、古物博物館総局への支援を整理整頓する必要があります。また、多くの専門家や海外の大学が重要な知識を有しています。特定の問題に対し最適の専門家を動員することが重要だと考えています。

　また、ダメージ・アセスメントこそ、最初に行うべき活動だと思います。西藤先生は、とくにパルミラで破壊された墓のダメージ・アセスメントを行う上で最適な人物だと思います。西藤先生と彼の調査団メンバーこそが、将来の修復に向け、状況を最も的確に分析できる専門家だと思います。このように支援というものは、具体的である必要があります。どのような専門家が、どこにおり、どのような情報を持っているかを把握する必要があります。破壊された建造物の破片をどう取り扱うか、残された残骸の価値をどう定めるか、将来何をすべきか、このようなことは、すべて専門家と決めなければならないのです。こうした専門家は非常に重要で、ユネスコはこういった専門家と協力しています。

常木晃　かつてシリアで調査をしていた考古学者のほとんどは、シリアの文化遺産の保護に携わりたい、また携わる義務があると考えていると思います。しかし、実際に協力する際には、個別の事項になるかと思います。例えば、墓に関しては、どう復元し、どう保存していくか、どの専門家が担当し、どのようなことを実施するか、いずれも個別の話になると思います。

ホマーム・サード　日本政府は、さまざまなことができると思います。西藤先生や常木先生は、かつてシリアで仕事をしていたのですから、日本は何かプロジェクトを開始できると思います。各調査団の団長には、かつて発掘していた遺跡で、何かプロジェクトを開始する準備をしていただきたいです。時が来たら、シリアに来て下さい。私たちは、受け入れる準備ができています。問題は日々、重要なものが失われているということです。五年後には、すべてが失われると思います。

常木晃　私たちが、すごく責任を感じることを言っていただきました。その通りだと思います。たとえばドキュメンテーションに関してですが、まずは、私たちは自分たちが発掘した遺跡や、修復した遺跡の報告書をしっかりと出版していくことが一番重要だと感じました。それでは、今回のシンポジウムを企画された東京文化財研究所の友田先生、安倍先生は、日本としてはどのような貢献ができると考えていますか。

友田正彦　私は西アジアの専門家ではありませんが、本日のシンポジウムに参加して、状況は非常に深刻だということがわかりました。さきほどバルトシュ先生がおっしゃったことに非常に共感します。長期的な計画も必要ですが、まず目の前にある問題に対してどう対応していくかが重要だと思います。パルミラに関しては、幸いなことに、状況が改善しつつあると思います。しかし、今まさに、同じようなことがたくさんの場所で起こっていると思います。そういった場所に、将来的に日本の専門家が入り活動が開始できるよう、情報の収集も含めてきちんと準備を行なっていくことが重要だと思います。

また、まっさきに現地に入り作業を行うのは、恐らくシリアの専門家の方々だと思います。そのため、シリア古物博物館総局の専門家のために、緊急対応のガイドラインなどを用意することも重要だと考えます。また、今回の問題として、遺跡が破壊されると同時に、国の体制自体が危機にさらされていることがあると思います。文化遺産を護るための体制の再建ということに対して、どのように日本を含めた国際社会が、協力していけるか、今の段階からきちんと検討していく必要があるでしょう。そういった意味で、今、シリアで何が起きているかを知るために、シンポジウムなどの機会を継続して設けていく必要があると思います。

また、今後、状況が改善した段階で、どのような順序で作業を進めていくか、ロードマップのようなものを用意しておくことも重要だと思います。

安倍雅史　今回、さまざまなことを考えさせられました。シリアの紛争が終結するまで、日本の専門家が、ポーランドの専門家のように、現地に入って作業を行うことは非常に難しいと思います。そのため、将来に向けて自分たちに何ができるか、どういった組織が何をするか、しっかり考え、準備をすすめ、古物博物館総局などから情報を収集し続けることが重要だと思います。また、紛争が継続するなかでも、多くの支援ができると思います。

本日の講演者は、三日前には日本に到着されていたので、毎日のように議論をさせていただきました。そこでは、かなり具体的な話もできました。シリアでは、保存修復やレスキュー事業に必要な、テンバコや梱包材が圧倒的に足りないとのことでした。物を保管したり、分類・整理するためのテンバコを提供するだけでも、十分役に立つという話でした。シリアが必要とする物品のリストを頂き、提供できればと、個人的には考えています。

常木晃　実際にそのような活動をされている西藤先生は、いかがでしょうか。

西藤清秀　一二月一〇日と一一日にシリアのダマスカスで、文化遺産の復興に関する会議が開催されます。私も古物博物館総局から招待状をいただきました。私としては公に行きたかったため、レバノンのベイルートにある在シリア日本国大使館に連絡をとり相談させていただきました。しかし、いまは難しいとのお返事でした。私としては、できるだけ早くシリアに入り、協力できればと考えています。

パルミラに関しては、シリアの専門家が現地に入れるようになりましたので、３Ｄレーザースキャナーを使用して、破壊された神殿などをきっちりと計測することが必要だと思います。そのため、シリア人専門家の研修や機材供与が重要になってくると思います。ほかの機関もベイルートでシリア人専門家を対象に3次元計測の研修を行ったとのことですが、その研修は、三、四日と非常に短く、シリア人専門家は技術を身につけることができておりません。そのため、長期間の研修を実施し、実際に、シリアの専門家の方々に3Dレーザースキャナーを使っていただき、計測から画像処理までを自分達だけでできるように研修することが必要だと思います。研修は日本でも行えますが、シリア人専門家がベイルートならば来やすいことを考慮すると、ベイルートで実施することが望ましいと思われます。

またテンバコの話ですが、東日本大震災の文化財のレスキュー事業の際に、東京文化財研究所の亀井所長が中心となって、日本中に余っているテンバコの寄付を呼びかけ、日本の多くの自治体がテンバコを寄付し、レスキュー事業に大いに役立ったということがありました。わざわざ大金を使わなくても、日本の自治体に呼び掛け余っているテンバコを寄付していただくことも、できるのではないかと思っています。

ホマーム・サード　シリアには修復作業に必要な資材がございません。そこで、私は、フランスの研究機関に手紙を書き、資材の提供を呼びかけました。三ヵ月の間に、七トンもの資材が集まり、私たちはユネスコに連絡し、資材をベイルートにあるユネスコ事務所に輸送しました。そして、資材はベイルートからダマスカスに送られました。この一部はパルミラにも送られ、パルミラ博物館のレスキュー事業にも使用されました。

また人材育成に関してですが、西藤先生がおっしゃったように、四日間、六日間程度の短期の研修は十分ではありません。

ナーダ・アル＝ハッサン　日本にどのような支援ができるか、述べさせてください。講演でも述べましたように、さまざまなレベルでの支援があると思います。国際レベルにおきましては、日本は、国連安全保障理事会や国連総会、ユネスコ総会で、非常に重要な地位を占めています。日本政府には、人道的な平和構築に文化遺産保護を取り込んでいくことにご協力いただければと思います。また、国連安全保障理事会決議二一九九号にもとづく義務を日本国内でしっかりと履行していただければと思います。

次に技術的なレベルでの支援があると思います。友田先生がロードマップに関して言及しましたが、ユネスコはすでに詳細なロードマップをつくっています。このロードマップを日本と共有できればと思います。二〇一四年の五月に、シリアの建築、動産、無形文化遺産に関するロードマップを作りあげ、二〇一六年の六月にベルリンにおいて、それを改訂しています。このロードマップには、どのような活動が必要かが書かれています。日本がどのような分野で力を発揮できるか、どの分野で協力できるか、考える上で、このロードマップは非常に参考になると思います。また、日本人の専門家がすでに詳細な情報をもっている特定の遺跡や特定の博物館などを対象にプロジェクトを開始することは非常に重要だと思います。

常木晃　日本の場合ですと、たとえばパルミラ博物館やパルミラ遺跡の修復にまず取り組んでみるというご提案でしょうか。

ナーダ・アル＝ハッサン　はい。しかし、すべての作業を一気に行う必要はありません。まず、ドキュメンテーションから始め、次にダメージ・アセスメントを行えば良いと思います。現在、衛星画像を用いてダメージ・アセスメントを行っている専門家もいます。しかし、墓に関しては、衛星画像には写りませんので、現地での調査が必要となります。現地に入ることができるならば現地でダメージ・アセスメントを行えば良いですし、現地に入れないならば、衛星画像などを用いてダメージ・アセスメントを行えば良いと思います。それから保存修復作業を開始すれば良いと思います。

ドキュメンテーションやダメージ・アセスメントを通じて、一つの墓を修復するのに、どのような人材が必要かがわかると思います。例えば、破壊された墓の破片をまずはコンピューター上で復元することを目指すならば、どのような専門性が必要で、何人ぐらいの専門家が必要か、具体的に考える必要があると思います。そして、シリア古物博物館総局にどのような人材が不足しているかも知る必要があります。このようなことを通じて、どの分野で何人ぐらいの専門家をシリアで育成すべきなのか、どのようなものが優先順位が高いのかが、見えてくると思います。非常に具体的な活動を行っていくことが重要だと思います。

常木晃　非常に具体的な提案をしていただきました。いろいろな問題があると思いますが、私は、ぜひ今後、東京文化財研究所が中心となって活動を行っていただければと思っています。東京文化財研究所が中心となり、日本の考古学者や修復家、シリアの文化財に関心を持っている人たちが力を結集して、シリアの文化財の保護にあたっていければと思います。それに対し、私たちは全力で協力するつもりです。友田先生、いかがでしょうか。

友田正彦　東京文化財研究所も限られた人員でやっていますので、私たちの力だけでできることとは限られています。私たちの研究所も含め、さまざまなセクターや大学の先生方、専門家の方々、民間の方々が、知識と経験を結集して取り組んでいくことが必要だと思います。

　また、国際的なコーディネーションの前に、国内的なコーディネーションも当然必要になりますので、東京文化財研究所や文化遺産国際協力コンソーシアムが、そのような役割を果たせればと思っています。

常木晃　ありがとうございました。会場から質問をいただく時間がなくなってしまい、大変申し訳なく思います。質問のある方はシンポジウム終了後にぜひ個人的に質問してください。シリアの文化遺産の無事と将来に祈りをささげつつ、これでパネル・ディスカッションを終わりにさせていただきます。皆さま、どうもありがとうございました。

東京シンポジウムの講演者

第２部　奈良シンポジウム

二〇一六年一一月二三日　東大寺金鐘ホール

司会
西藤清秀（奈良県立橿原考古学研究所）
パネラー
森本　晋（奈良文化財研究所）
山藤正敏（奈良文化財研究所）
常木　晃（筑波大学）
ロバート・ズコウスキー（ポーランド科学アカデミー考古学民族学研究所）
バルトシュ・マルコヴスキー（ワルシャワ大学ポーランド地中海考古学センター共同研究員・石造物修復専門家）
ホマーム・サード（ソルボンヌ大学）
ナーダ・アル＝ハッサン（ユネスコ世界遺産センター）

西藤清秀　このパネル・ディスカッションでは、日本に対しどのような期待があるのか、このことに焦点をあて、講演者一人一人にご意見を聞いていきたいと思います。

現在、日本人が、シリアに入れない状態が続いています。このような中で、日本がどのような形でシリアに貢献できるのか、ご意見をうかがいたいと思います。まずは、以前、シリア古物博物館総局に所属していましたソルボンヌ大学のホマーム・サード先生に、日本になにを期待するか、お聞きしたいと思います。

ホマーム・サード　ありがとうございます。日本の方々から、さまざまな面でご協力いただけるかと思います。まず、日本には、文化遺産の保存修復分野の経験が蓄積されています。また、博物館学の知識もあります。

たとえば、二〇〇五年には、奈良県立橿原考古学研究所の尽力のもと、パルミラの地下墓がフィールド・ミュージアムとして修復・復元されています。

現在、シリアに渡航することは難しいですが、われわれは研究者としてできることがあると思います。たとえば、ユネスコの枠組みのなかで、日本人の専門家がシリアに入国することも可能だと思います。なにもできないと言い切ってしまうと、本当になにもできなくなってしまいますので、なにかできるという視点で考えていただければと思います。また、西藤先生や常木先生に、シリアにぜひ来て頂きたいです。先生方以外に、できる人がほかにいないのです。まずは日本でプロジェクトを開始していただいて、そして実際に、現地入りする許可が得られたときに、現地での活動に発展させるという方法もあるかと思います。

ユネスコは国際機関ですから、研究者がなにかできるように、色々アレンジしてくださると思います。

西藤清秀　私も常木先生も、シリアの友人たちから、早くシリアに来てほしいと言われます。それは実際、自分の目で見て、遺跡の状況をきちんと把握して、それを日本に持ち帰り、シリアやユネスコと相談をして、色々なことを計画してほしいということだと思います。

二〇一六年の一二月一〇日、一一日にも、ダマスカスでシリアの文化遺産に関する復興会議が開催されます。実は、私も招待されていました。現在レバノンのベイルートにある、在シリア日本国大使館に相談させていただきましたところ、シリアに渡航するのは、まだ待ってくださいというお返事でした。今、ホマーム先生は、ユネスコから派遣される形を取れば、もしかするとシリアに入れるのではないかと話されました。あとは日本政府の方々が、どのような形で協力されるかということだと思います。

次に、実際にパルミラに行かれたお二人にお話を聞きたいと思います。まず、ロバート先生、日本として、なにをしていったらいいとお考えでしょうか。

ロバート・ズコウスキー　ご質問ありがとうござい

ます。現時点でできることは、二つあると思います。

一つは、シリアに協力していくことだと思います。西アジアの文化遺産修復支援プロジェクトというものを立ちあげて、シリアの古物博物館総局からの招聘という形をとれば、レバノンのベイルート経由で入国できると思います。現在、たとえば、物を収蔵するための箱などはすべて盗まれてしまい、資材は圧倒的に不足しています。今、一時的な形で保存されているものが沢山ありますが、一時的な保存といっても方法があります。経験のある人が現地にいるのですが、必要な資材を国外から購入することができない状況です。たとえば、そういった資材をベイルートに送っていただいて、ユネスコの協力のもと古物博物館総局などを支援することも可能だと思います。

もう一つは、バルトシュ先生からも同様の意見が出るかもしれませんが、私の発表のなかで、一九五七年に、江上波夫先生率いる東京大学イラク・イラン遺跡調査団が撮影したシリアの写真を紹介させていただきました。パルミラのものだけではなく、調査団が撮影したシリア全土の写真が存在します。私は建築の専門家ではありませんが、専門家の方々がこれを見たら、今回の紛争で破壊されてしまった建造物の３Ｄモデルを作ることができると思います。日本でしたら、こうした写真から３Ｄモデルを作ることができると思います。日本にいながら、支援ができるのです。こういった支援も、一つの貢献ではないでしょうか。

西藤清秀　人が直接行かなくても、資材供与をできるようなセンターをレバノンなどにつくり、そこを経由してシリアに不足しているさまざまな資材を供与するというのも、一つの考えだと思います。外務省や文化庁と協力をして、シリアに限らず、西アジア全地域を含めて支援できるセンターを作ることができれば、一番だと思います。

ロバート先生は、今後の遺跡の復元に、東京大学の調査団が一九五七年にシリアで撮影した写真が利用できると述べました。また、当時は石油関係の仕事で日本の商社の方々も大勢シリアに行かれていましたので、そういった方々も、もしかすると写真をお持ちではないかと思います。では、バルトシュ先生は、どうお考えでしょうか。

バルトシュ・マルコヴスキー　私は修復専門家ですので、遺物を相手にしています。ですから遺物の重要性については理解しています。このような観点から申し上げますと、遺物が破壊された時に、どれだけそれが重要な遺物なのかを理解したうえで、誰がそれを最初に触れるのかということが重要になります。修復専門家など知識を持った人が最初に触れるのと、知識や能力が十分でない人が最初に触れるのとでは、状況は大きく変わってしまいます。私が重要だと思うのは、シリアにおける短期的な活動を支援するということです。

たとえば、今回、私達がパルミラで行ったような短期的なレスキュー活動などです。私達がパルミラに入れたのは、二〇一六年四月一日に、ワルシャワでパルミラに関する会議が開催されたからです。何ヵ月もかけて準備をしてきた結果、会議の場で、シリア古物博物館総局と共同でなにを行うか決めることができました。これは幸運なことでしたが、あれだけ早くパルミラに入れたのは、そういった準備があったからです。

つまり、突然なにかが起きた場合に、誰が準備をし、誰が早く入るのか、そのような手続きをあらかじめ準備しておくことが必要だと思います。どの組織がということはわかりませんけれども、民間組織や大学が中心となって計画を立てておくことが重要だと思います。まずは、現地にいち早く入ることです。たとえば、地震災害のあとすぐに現地に入って救出できるよう準備をしておくのと同じように、文化遺産に対しても、すぐに行動にうつせるよう手続きを考えておくことが必要だと思います。

西藤清秀　地震や津波が起こった場合は比較的すぐに対応できますが、今回のシリアのような場合には、すぐに行動するというのは難しい面もあります。遺物のことを理解しているという理由で、たとえば私や常木先生がシリアに来てくれと依頼されても、渡航するには国からの許可も必要ですので難しいところもあります。しかし、確かに、遺物のことを理解している人間、あるいは遺跡で調査をしたことがある人間が現地に行かないと、なかなか前に進まないと思います。

バルトシュ・マルコヴスキー　その通りです。知識のある人が行くべきです。

西藤清秀　それでは、ナーダ先生に伺います。ユネスコとして日本に期待することがあるとのことでしたが、お答えいただけますか。

ナーダ・アル＝ハッサン　ありがとうございます。私の発表のなかでも、色々な提案をさせていただきました。早い段階で現地に入ることに関してですが、昨年、紛争への対応に関して、ユネスコの会議の場で話し合われました。そこでは、地震などの自然災害が起きた後すぐに医療などの専門家が現地に入っていくのと同じように、文化遺産に関する世界中の専門家のリストを作っておいて、緊急対応が必要な際に、なにをすべきか分かっている専門家たちに、すぐに対応を依頼するという、先ほどバルトシュ先生が話したのと同じようなシステムが必要だと、話し合われました。

またたとえば、軍と消防が入っていきますと、遺構や遺物の破片などはすべて撤去されてしまいます。そういうことが行われないように、対処しておくことが必要です。ユネスコも着手し始めたばかりですが、そういった考え方を日本の知見なども活用しながら発展させていきたいと思います。

西藤清秀　日本は、東日本大震災後に文化財のレスキュー事業を行ってきた経験があります。その経験をうまくいかし、シリアを含めた全世界と一緒に活動していく、そういうシステムを作る必要があると思います。それでは常木先生、日本ができることとして、ほかになにがあるでしょうか。

常木晃　紛争地においてブルーシールドのマークがついた文化財を攻撃してはならないという国際的な協定があるわけですが、それが実際に現在のシリアのなかで守られているかと言えば、そうではないと思います。こういったなかで、私たちが実際にシリアに赴いてなにかをするということは、非常に難しいと思います。

ですが、シリアのなかで今、実際に文化財の保存活動のために集まっている人たちがいます。もちろんシリア古物博物館総局が中心となって活動をしていますが、アレッポをはじめとして、色々な所でさまざまな人々が活動しています。ですから、その人たちを支援することが一番重要だと思います。その人たちが、どのようなものを必要とし、困っていることは何なのかを知らなければなりません。

たとえば、文化財の保存や保護のためにどうすればいいのかという、ノウハウを持っていないという場合もあると思います。そのため、質問された際に、いつでもアラビア語や英語で応えられるような、少なくともインフォメーションを与えることができるように、そして必要な資材があれば、たとえばベイルートやアンマン、アンタキアなどを通して送れるように、そのような文化財の保護活動をする人々を応援するシステムをつくれないかと考えています。とくに東京文化財研究所や奈良文化財研究所などが、そういう緊急性のある情報を集約し、それに対し答えられるようなシステムを作れれば素晴らしいと思っています。

西藤清秀　今の常木先生のご意見に関しまして、奈良文化財研究所を代表して森本先生、なにかございますか。

森本晋　奈良文化財研究所は、調査・研究だけではなく、研修事業も行っています。おもに日本国内の研究者、文化財担当者を対象に研修を行っていますが、そのほかにもカンボジアやミャンマーといった内戦を経験した国、あるいは発展途上国から日本に研究者を呼んで研修も行っています。また、日本から海外に赴いて、特定の分野に関して研修する場合もあります。

これまでにも、アフガニスタンやイラクの研究者に対して研修を行ったことがあります。アフガニスタンに関しては、現地に赴いて研修することはできませんので、別のやり方を取っています。前回は、東京文化財研究所がアフガニスタンの隣国キルギス共和国で測量研修を実施した際に、奈良文化財研究所から講師を派遣しました。このキルギスで実施した研修にはアフガニスタンからも人を呼んで、一緒に研修を受けてもらいました。

シリアには現在直接入ることはできませんが、シリアの近隣の国で研修を行う事業が計画されれば、奈良文化財研究所の職員が講師として行くこともできます。あるいはシリアの方が日本まで来ることができれば、日本での研修をお手伝いすることもできると思います。

西藤清秀　ありがとうございます。力強いご発言だったと思います。さて、これからも情報収集が大事になってくるということで、山藤先生に伺います。私や常木先生は、シーリーン（Shirīn-Syrian Heritage in Danger: an International Research Initiative and Network）という団体に情報を提供しています。シーリーンとは、我々の発掘した遺跡がどのような盗難にあったのか、また、どのように破壊されたのか、そういったことに関する情報を集めデータベースを作成し、次になにをしていくのか考えようとする組織です。山藤先生は先日、シーリーンの会議に出席しておりますので、お話ししていただけますでしょうか。

山藤正敏　今、名前の出ましたシーリーンという組織について、簡単に説明いたします。シーリーンというのは、シリアで発掘調査をしていた世界中の研究者が集まって、二〇一四年六月一〇日に結成された組織です。政府系・非政府系組織にかかわらず、シリアに関する文化財の情報を提供しています。日本にもシーリーンの国内委員会がありまして、委員である東京大学の西秋良宏先生の代理として、二〇一六年四月二五日にウィーンで開かれた定例会議に私が出席してまいりました。

さきほども簡単に説明しましたが、現在シーリーンが行っているプロジェクトは三つあります。一つ目は、発掘された遺跡のダメージ・アセスメントです。常木先生から、現地の方への支援をしなければならないというお話がありましたが、このダメージ・アセスメントについては、現地のシリアの方から情報を提供してもらって、遺跡のモニタリングを行っています。調査隊の隊長のなかには、現地の人とコンタクトを密にとられている方も多いので、そういった方々から情報を得ています。

二つ目は、シリア国内にある博物館の収蔵品目録のデジタル化です。これはまだ本格的に進んでいないようですが、シリア古物博物館総局とドイツ考古学研究所が協力して、シリア東部のデリゾール博物館の目録のデジタル化に着手しています。ほかにも、オランダがラッカの博物館のデータベース作成を行っていると報告されました。また、シリアの文化財を護っていくにあたり、包括的なデータベースが必要だということが、さまざまな組織の共通認識だと思います。

そのため、三つ目の活動として、「シリアの歴史環境の記録」と題して、考古学踏査や発掘調査が行われた遺跡の記録を集積しています。これは大きな遺跡だけではなく、周辺の小さい遺跡もすべて含めたものです。ただ作業を行う人員が足りていないようで、寄付金によってようやく一名を雇って、現在データベースのプラットホームを作っている最中という報告がありました。また、現在日本を含めた七カ国で国内委員会が発足していまして、少しずつ広がりを見せているのですが、人員などの制約があるために活動内容が限られているような印象を受けました。

他方で、西藤先生からのお話にもありましたように、パルミラの情報は日本から提供されていますし、そういった情報を統合して会員に還元していくことで、シリアの文化遺産保護に関して、大きな効果をもたらしていけるのではという印象を持ちました。

西藤清秀　シーリーンの国内委員会がある国では、その国の言語で情報を発信していただくのが一番良いかと思います。そうすれば、研究者だけではなく、一般の方々にもシリアの現状をよく理解していただけるのではないでしょうか。

山藤正敏　確かに英語ではレポートが出ていますが、日本ではあまり知られていません。各国国内委員会のウェブサイトが国際委員会のホームページに用意されていますが、日本の国内委員会のページはまだ作成中となっていまして、これからどのように展開していくのか、非常に重要だと思います。

西藤清秀　我々に仕事が返ってくる可能性もありますが、やはり情報を一般の方々と共有することも我々の義務だと思いますので頑張って活動していきたいと思います。本日、我々をいつも支援してくださる文化庁の荻原先生が会場にいらっしゃいます。本日のお話をお聞きになって、日本としてなにができるのか、まとめていただければありがたいです。

荻原知也（文化庁）　文化庁伝統文化課の荻原でございます。本日は、非常に濃密な議論をしていただき、大変ありがとうございます。たしかに日本の専門家の皆様が、これまで蓄積してきた知識や技術は大変貴重なものです。本当に今すぐにでもシリアに行っていただいて現地でいろいろな協力をしていただくのが一番だと私もわかっていますが、現状ではなかなか難しいところです。

では、どのようなことができるかということですが、たとえばカンボジアなど内戦を経験した国に対して、それぞれの国の中で専門家を育てていって、自分たちの手で文化の復興に携わってもらうという方法で、日本はこれまでさまざまな国の支援をしてまいりました。同様に、シリアに対しても、人材育成の面で協力できればと考えています。奈良文化財研究所の森本先生からもありましたように、たとえば、シリアの隣国のレバノンなどにシリアから人を呼んで研修を行うということであれば、日本からも専門家を派遣することができますので、そういった可能性はあると考えています。

また、常木先生からのお話にもありましたように、現地で頑張っている方たちをどうすれば支援できるのか、ということも非常に重要です。シリアの古物博物館総局の方々と緊密に意見交換をしていただいて、そこでどのような需要があるのか、日本がどのような協力をできるのかということを考えていくことも重要だと思います。今、われわれの方でも、東京文化財研究所の皆さんの協力も得まして、そういったミッションを派遣することも考えています。

支援に当たっては、ナーダ先生からのお話にもありましたように、長期的な視点に立った支援と、今すぐやらなければならない支援というのがあります。そのなかで長期的な支援については、シリアの国民の皆様方に、自分たちの国が持っている文化遺産の素晴らしさというものに気づいていただくということが、時間がかかるものではありますが、非常に重要なことだと思っています。長い目で見たときに、そのことが、草の根レベルで文化遺産を守っていくことに繋がっていくのだと思います。そういった方面であれば、テキストを作成して配布するなど、シリア国外に避難されている子供たちや学生たちに対しても支援できると考えています。

また日本の場合、国内でも災害からの文化財の復旧支援を行っておりますし、無形文化遺産保護についても日本は非常に大きな蓄積を持っています。たとえば東日本大震災の時にも、伝統的なお祭りの復興というのが、その地域コミュニティの復興に非常に大きな役割を果たしているということもありました。そういった無形文化遺産の面でも、できるところがあれば今後協力をしていきたいと考えています。

西藤清秀　ありがとうございました。荻原先生のお話に、非常に勇気づけられました。そろそろパネル・ディスカッションの終了時間ですので、これで終わらせていただきたいと思います。会場の皆さまからのご質問を受け付けられなかったことをお詫びいたします。これにてパネル・ディスカッションを終わらせていただきます。どうもありがとうございました。

奈良シンポジウムの講演者

あとがき──シンポジウム後のパルミラ遺跡──

世界遺産パルミラ遺跡は、二〇一五年五月からＩＳ（自称「イスラム国」）に実効支配されます。そして二〇一五年八月から一〇月にかけて、ＩＳは遺跡を代表するモニュメントであるベル神殿やバール・シャミン神殿、塔墓、記念門を次から次へと破壊していきます。

二〇一六年三月になって、パルミラ遺跡は政府軍によって奪還されます。今回のシンポジウムでは、奪還直後にパルミラ入りし、現地で生々しい状況を目の当たりにしたロバート・ズコウスキー氏やバルトシュ・マルコヴスキー氏、ホマーム・サード氏に、パルミラ遺跡の現状に関して講演していただきました。

シンポジウムでは、シリア古物博物館総局の元職員であるホマーム・サード氏から、遺跡の修復のために日本人専門家にもシリア入りしてほしいと提案されるなど、会場にいた誰もが、パルミラ遺跡の状況は、今後、好転していくだろうと感じていたと思います。

しかし、奈良の東大寺金鐘ホールで行われたシンポジウムからわずか一八日後の二〇一六年一二月一一日に、パルミラ遺跡は再び南下してきたＩＳによって占拠されます。そして、二〇一七年一月には、ＩＳがパルミラ遺跡を再び破壊したというニュースが世界中を駆け巡りました。ＩＳは、残されたモニュメントであるローマ劇場（図1）と四面門（図2）に再び爆薬をしかけ爆破したのです。

その後、シリア政府軍が、二〇一七年三月二日に再度パルミラ遺跡を奪還しています。すぐさま現地入りしたシリア古物博物館総局のスタッフによれば、四面門とローマ劇場を除くと、遺跡の被害は比較的軽微であったとのことです。

このようにシリアの文化遺産をめぐる情勢は、まったく予断を許しません。しかし、良いニュースもあります。今年からＵＮＤＰ（国際連合開発計画）のもと、奈良県立橿原考古学研究所

図１　あらたに破壊されたローマ劇場（紛争前に安倍雅史撮影）

図２　あらたに破壊された四面門（紛争前に安倍雅史撮影）

を中心にさまざまな大学や学術機関が連帯し、シリアの文化遺産を保護することを目的に、保存修復分野において、シリア人専門家の研修を実施することが決まったのです。これは大きな進展であります。

最後に本書の出版をお引き受けいただいた株式会社雄山閣の桑門智亜紀氏また文化庁に厚く御礼申し上げます。

二〇一七年五月三〇日

奈良県立橿原考古学研究所
西藤清秀

東京文化財研究所文化遺産国際協力センター
安倍雅史
間舎裕生

ナーダ・アル＝ハッサン

1966 年生まれ
ユネスコ世界遺産センター
　アラブ諸国ユニット主任
ルーベン大学修士課程修了

ユネスコが 2014 年 4 月から実施する「シリア文化遺産緊急保護プロジェクト」を担当し、シリアの文化遺産を保護する活動に尽力している。

西村　康（にしむら・やすし）

1942 年生まれ
公益財団法人 ユネスコ・アジア文化センター 文化遺産保護協力事務所 所長
立命館大学大学院 文学研究科日本史学 修了　専門は考古学

1969 年、奈良国立文化財研究所に入所。発掘技術研究室長、測量研究室長、遺跡調査技術研究室長などを歴任。2007 年から現職。著書に「遺跡の探査」（日本の美術 422 号、至文堂、2001）などがある。

バルトシュ・マルコヴスキー

1975 年生まれ
ワルシャワ大学ポーランド地中海考古学センター共同研究員・石造物修復専門家
ワルシャワ美術アカデミー美術作品保存修復部学士修了　Diploma

2002 年より、ポーランド隊の一員として、パルミラ遺跡から出土した石彫の保存修復を担当した。シリア政府軍が 2016 年 3 月に IS からパルミラを奪還すると、ロバート・ズコウスキー氏らとともにパルミラに駆けつけ、被災したパルミラ博物館の収蔵品の緊急レスキュー事業を実施した。

ホマーム・サード

1979 年生まれ
ソルボンヌ大学研究員
ダマスカス大学博士課程修了　PhD
元シリア古物博物館総局職員

2014 年に祖国を離れパリへ渡った以降も、シリアの文化遺産を保護する活動に尽力する。シリア政府軍が 2016 年 3 月に IS からパルミラを奪還すると、すぐさまパルミラに駆けつけ、パルミラ遺跡やパルミラ博物館の被害状況を記録した。

森本　晋（もりもと・すすむ）

1958 年生まれ
奈良文化財研究所企画調整部部長
京都大学大学院文学研究科博士後期課程研究指導認定退学

1988 年より、文化財関連データベースの整備に携わっており、ミャンマーやカンボジアでの調査・文化財保護活動に従事している。2003 年以降はアフガニスタン、カザフスタン、キルギス、ウズベキスタンなどでの事業にも参加。

山藤正敏（やまふじ・まさとし）

1981 年生まれ
独立行政法人国立文化財機構　奈良文化財研究所都城発掘調査部研究員
早稲田大学大学院文学研究科博士後期課程修了　博士（文学）

2001 年より中東各国、キルギス、タジキスタンにおいて考古学調査及び文化遺産保護のための国際研修事業に従事。近年は、世界遺産「古都奈良の文化財」の構成遺産、特別史跡平城宮跡においても考古学調査や文化遺産保護に携わっている。著書に『戦後歴史学用語辞典』（共著、東京堂出版）、訳書に『掠奪されたメソポタミア』（ローレンス・ロスフィールド著、共訳、NHK 出版）などがある。

ロバート・ズコウスキー

1974 年生まれ
ポーランド科学アカデミー考古学民族学研究所研究員
ワルシャワ大学考古学研究所修士課程修了　MA

シリア政府軍が 2016 年 3 月に IS からパルミラを奪還した直後、パルミラに駆けつけ、被災したパルミラ博物館の収蔵品のレスキュー事業を実施した。

◉執筆者紹介◉（50 音順）

安倍雅史（あべ・まさし）

1976 年生まれ
東京文化財研究所文化遺産国際協力センター研究員
英国リヴァプール大学博士課程修了　PhD

1997 年より、シリア、ヨルダン、イラン、バハレーン、キルギス、アフガニスタン、カンボジアなどで考古学調査と文化遺産保護に従事している。著書に『イスラームと文化財』（共編著、新泉社）などがある。

亀井伸雄（かめい・のぶお）

1948 年生まれ
東京文化財研究所所長
東京大学大学院修士課程修了
博士（工学）

1973 年から文化庁などで建造物や遺跡の調査研究およびその保護行政に従事。建造物課長、文化財鑑査官を経て 2010 年から現職。著書に『城と城下町』、『近代都市のグランドデザイン』（日本の美術 至文堂）などがある。

間舎裕生（かんしゃ・ひろお）

1983 年生まれ
東京文化財研究所文化遺産国際協力センター アソシエイトフェロー
慶應義塾大学文学研究科後期博士課程満期退学

2004 年より遺跡の発掘調査や文化遺産保存修復事業に携わっており、現在はパレスチナ自治区、ネパール、アルメニアなどをフィールドに活動している。近著に『イスラームと文化財』（野口淳・安倍雅史編著）の「パレスチナ—土地の歴史と文化財」（新泉社、2015）がある。

西藤清秀（さいとう・きよひで）

1953 年生まれ
奈良県立橿原考古学研究所技術アドバイザー、前副所長
米国アリゾナ大学修士課程修了
関西大学博士課程前期修了

1990 年から 2011 年まで、シリア・パルミラで発掘調査と修復復元事業を展開。2016 年より湾岸・バハレーンでパルミラと並行期の古墳の発掘調査を主導。著書に『隊商都市パルミラの東南墓地の調査と研究』、『Tomb F-Tomb of BWLH and BWRP-Southeast Necropolis Palmyra, Syria』（共編著、シルクロード学研究センター）などがある。2013 年から 2016 年まで日本西アジア考古学会会長を務める。

常木　晃（つねき・あきら）

1954 年生まれ
筑波大学人文社会系教授
筑波大学博士課程単位取得退学
ギリシア・テサロニキ大学博士課程中退　博士（文学）（金沢大学）

1977 年より、イラン、シリア、イラクで考古学調査を行ってきた。近年はシリアの文化遺産の保護活動にも従事。2016、2017 年には、『The Emergence of Pottery in West Asia』（Oxbow Books）、『Ancient West Asian Civilization』（Springer）、『A History of Syria in One Hundred Sites』（Archaeopress）などの編著書を出版。

友田正彦（ともだ・まさひこ）

1964 年生まれ
東京文化財研究所文化遺産国際協力センター 保存計画研究室長
早稲田大学大学院理工学研究科建設工学専攻修士課程修了
技術士（建設部門）　一級建築士

カンボジア、ミャンマー、ネパールなど東南アジア及び南アジア地域を中心に、歴史的建造物の調査研究及び保存修復、遺跡保存管理計画策定、人材育成等の国際協力事業に従事している。主な著書に『チベット—天界の建築』（INAX 出版）、『世界宗教建築事典』（共著、東京堂出版）などがある。

2017年11月25日 初版発行 《検印省略》

世界遺産パルミラ　破壊の現場から
シリア紛争と文化遺産

編　者　西藤清秀・安倍雅史・間舎裕生
企　画　東京文化財研究所・奈良文化財研究所・
公益財団法人ユネスコ・アジア文化センター文化遺産保護協力事務所
発行者　宮田哲男
発行所　株式会社　雄山閣
〒102-0071　東京都千代田区富士見2-6-9
TEL 03-3262-3231　FAX 03-3262-6938
振替 00130-5-1685
http://www.yuzankaku.co.jp
印刷・製本　株式会社 ティーケー出版印刷

ISBN978-4-639-02539-9　C0022
N.D.C.227　202p　21cm